Case Tutorials for Web Pragram Design

Web 程序设计实例教程

主　编　吕　冰

副主编　梁胜彬　楚广琳　王龙葛　刘金锋

　　　　李小丽　马玉军　王　冬　高丽燕

河南大学出版社

·郑州·

内 容 简 介

本书在《Web 编程与设计教程》的基础上，对全书内容进行了大量更新。本书对目前最新的 Web 前端开发技术进行了系统全面的介绍，每章针对具体的知识点选取了实用的案例进行说明。全书包括 7 章内容，第 1 章从 HTML4 入手引入 HTML5 的概念，对比 HTML4 技术介绍了 HTML5 的文档结构及常用元素和属性；第 2 章介绍了 CSS 样式表及其具体应用，突出介绍了 CSS3 的新增功能；第 3 章介绍了 JavaScript 语言的语法基础及其典型应用；第 4 章引入了 DOM 对象及其事件处理机制；第 5 章介绍了包括绘图、拖放、多媒体在内的 HTML5 的高级应用；第 6 章则介绍了 Web 前台框架技术 jQuery 的语法，以及 AJAX 和 JSON 等技术；第 7 章则结合全书内容给出了一个综合性案例，以方便读者参考。

本书的每章都提供了小结和丰富实用的案例，力图让读者掌握最新的主流 Web 前端开发技术。

本书立足于教学体系创新，教学内容也随着开发技术的发展不断更新，并结合计算机类高等教育的实际情况，努力提升教材的可读性和实用性。本书可作为普通高校、高职院校计算机及相关专业课程的教材，同时也可作为 Web 开发人员的参考用书。

图书在版编目(CIP)数据

Web 程序设计实例教程/吕冰主编. —郑州：河南大学出版社，2014.12(2016.3 重印)
ISBN 978-7-5649-1804-0

Ⅰ.①W… Ⅱ.①吕… Ⅲ.①网页制作工具—程序设计—教材 Ⅳ.①TP393.092

中国版本图书馆 CIP 数据核字(2014)第 310748 号

责任编辑 阮林要
责任校对 文 博
装帧设计 郭 灿

出版发行 河南大学出版社
地址：郑州市郑东新区商务外环中华大厦 2401 号
邮编：450046
电话：0371-86059750(职业教育出版分社)
0371-86059701(营销部)
网址：www.hupress.com
排 版 郑州市今日文教印制有限公司
印 刷 开封智圣印务有限公司
版 次 2015 年 3 月第 1 版
印 次 2016 年 3 月第 2 次印刷
开 本 787mm×1092mm 1/16
印 张 25.25
字 数 599 千字
定 价 48.00 元

前　言

Web 技术发展非常迅速,从 Web 页面的结构、样式、服务器交互方式到数据共享以及第三方框架等各方面都取得质的提升。其中,最有代表性的技术,如 HTML5、CSS3、AJAX、JSON 和 jQuery 等,已广泛应用在 Web 应用开发中。

本书与时俱进,把这些新技术及时反映到教材中以适应技术发展需求。第 1 章主要介绍 HTML 的基础内容,如 HTML4 常用元素与属性、HTML5 页面结构及新增元素和属性等。第 2 章介绍 CSS 基础、盒模型、定位与列表等内容,突出介绍了 CSS3 的新特性。第 3 章主要介绍 JavaScript 语法基础和 JavaScript 事件处理机制。第 4 章介绍了 DOM 编程技术和 BOM。第 5 章引入了 HTML5 的高级特性,如 HTML5 拖放、绘图和多媒体等内容。第 6 章介绍了 jQuery 与 AJAX 技术,特别是 jQuery 的各种选择器以及 jQuery 对 AJAX 技术的支持等。第 7 章则提供了一个基于 HTML5、CSS3 和 jQuery 的综合案例,以帮助读者理解 Web 开发技术。

本书继承了《Web 编程与设计教程》案例突出的特点,每个知识点都附以典型案例加以说明,每章都提供了小结、注意事项等环节,帮助读者总结和重点关注相关知识点。尽管本书主要关注的是 Web 前端开发,但仍不可避免地会介入一些 Web 服务器端开发,本书在介绍服务器端开发时以 Java 语言和 Tomcat 容器为例介绍。

本书由吕冰担任主编,梁胜彬、刘金锋、李小丽、王龙葛、楚广琳、马玉军、王冬、高丽燕参与了本书的编写工作,全书由吕冰负责制订大纲,梁胜彬负责统稿。本书具体的撰写分工如下:第 1 章由王冬编写,第 2 章由楚广琳编写,第 3 章由李小丽编写,第 4 章由刘金锋编写,第 5 章由王龙葛编写,第 6 章由梁胜彬和马玉军编写,第 7 章由高丽燕编写。

本书在编写过程中得到了河南大学和河南大学出版社的大力支持,本书为河南大学 2014 年度校级规划教材项目,获得了河南大学教材建设基金的资助支持。本书的出版亦与阮林要编辑付出的大量辛勤工作分不开,在此表示感谢!

本书可作为普通高校计算机相关专业的“Web 编程与设计”、“网站开发技术”、“网页设计与制作”等课程的教材,同时也可作为 Web 前端设计与开发人员的参考用书。

为了便于教学,本书还提供了 PPT 和书中实例的源程序,读者可通过电子邮件与我们联系索取。由于作者水平有限,加之编写时间仓促,编写过程中难免出现纰漏,恳请广大读者和同行给予批评指正,任何批评和建议请发至 liangsbin@126.com。

编　者

2014 年 12 月

目　　录

第 1 章　HTML 概述

本章要点

- HTML4 基础
- HTML4 常用元素与属性
- HTML5 页面结构
- HTML5 新增元素与属性
- HTML5 表单新特性
- HTML5 废弃的元素与属性

HTML5 是最新的 HTML 标准，之前的版本 HTML4.01 于 1999 年发布，10 多年过去了，互联网已经发生了翻天覆地的变化，原有的标准已经不能满足各种 Web 应用程序的需求。本章在 HTML4 的基础上对 HTML5 进行了介绍。

1.1　HTML4 基础

对于初学者来说，在学习 HTML5 之前应该了解一下 HTML4 的基础知识。

1.1.1　HTML 简介

HTML 是 HyperText Markup Language（即超文本标记语言）的缩写，它是通过嵌入代码或标记来表明文本格式的国际标准。用它编写的文件扩展名是.html 或.htm，这种网页文件的内容通常是静态的。

HTML 语言中包含很多 HTML 标记，它们可以被 Web 浏览器解释，从而决定网页的结构和显示内容。这些标记通常成对出现，如 < html > 和 </html > 就是常用的标记对。HTML 标记的语法格式如下：

```
<标记名> 数据 </标记名>
```

HTML 文档基本结构可以分为两个部分，即文件头和文件体。文件头中提供了文档标题，并建立 HTML 文档与文件目录间的关系；文件体部分是 Web 页的实质内容，它是

HTML 文档中最主要的部分,定义了 Web 页的显示内容和效果。

HTML 的基本结构标记如表 1－1 所示。

表 1－1 HTML 的基本结构标记

结构标记	具体描述
<html>…</html>	标记 HTML 文档的开始和结束
<head>…</head>	标记文件头的开始和结束。HTML 文档的头部中可以包含脚本、CSS 样式表和网页标题等信息。这里指的脚本通常是 JavaScript 脚本
<title>…</title>	标记文件头中的文档标题
<body>…</body>	标记文件体部分的开始和结束
<! --…-->	标记文档中的注释部分

【例 1－1】1－1.html。一个使用基本结构标记文档的 HTML 实例。

```
<! DOCTYPE html>
<html>
  <head>
      <title> HTML 文件标题 </title>
  </head>
  <body>
      <! --HTML 文件内容-->
  </body>
</html>
```

这些标记只用于定义网页的基本结构,并没有定义网页要显示的内容。因此,在浏览器中查看此网页时,除了网页的标题外,其他部分与空白网页没有什么区别。

1.1.2 HTML 的历史

HTML 的历史可以追溯到上个世纪。1993 年,HTML 首次以因特网草案的形式发布。20 世纪 90 年代,人们见证了 HTML 的大幅发展,从 2.0 版到 3.2 版和 4.0 版,再到 1999 年的 4.01 版。随着 HTML 的发展,W3C(万维网联盟)掌握了对 HTML 规范的控制权。

然而,在快速发布了这四个版本之后,业界普遍认为 HTML 已经“无路可走”了,对 Web 标准的焦点也开始转移到了 XML 和 XHTML 上,HTML 被放在次要位置。不过在此期间,HTML 体现了顽强的生命力,主要的网站内容还是基于 HTML 的。为了能支持新的 Web 应用,同时克服现有的缺点,HTML 迫切需要添加新功能,制定新规范。

2004 年,超文本应用技术工作组(Web Hypertext Application Technology Working Group,WHATWG)开始研发 HTML5。2007 年,万维网联盟(World Wide Web Consortium,W3C)接受了 HTML5 草案,并成立了专门的工作团队,并于 2008 年 1 月发布了第 1 个 HTML5 的正式草案。

2010 年,时任苹果公司 CEO 的乔布斯发表了一篇名为《对 flash 的思考》的文章,指出随着 HTML5 的完善和推广,以后再观看视频等多媒体时就不再依靠 flash 插件了。这引起了主流媒体对 HTML5 的兴趣。

目前,HTML5 的标准草案已进入了 W3C 制定标准五大程序的第一步,预期要到 2022 年才会成为 W3C 推荐标准。HTML5 无疑会成为未来 10 年最热门的互联网技术。

1.1.3　HTML5 的新特性

HTML5 融合了多种设计理念,这些理念体现了对可能性和可行性的新认识,接下来对 HTML5 的新特性进行介绍。

1. 新的文档类型(New Doctype)

目前,许多网页还在使用 XHTML 1.0,并且要在第一行像下面这样声明文档类型:

```
<! DOCTYPE html PUBLIC "-//W3C//DTD XHTML 1.0 Transitional//EN"
"http://www.w3.org/TR/xhtml1/DTD/xhtml1-transitional.dtd">
```

在 HTML5 中,上面的声明方式将失效。下面是 HTML5 中的声明方式:

```
<! DOCTYPE html>
```

2. HTML5 的新结构

HTML5 的设计者认为网页应该像 XML 文档和图书一样有结构,通常,网页中有导航、网页体内容、工具栏、页眉和页脚等结构。HTML5 中增加了一些新的 HTML 标签以实现这些网页结构,新增的结构标签如表 1-2 所示。

表 1-2　HTML5 的新增结构标签

标签	具体描述
<section>	用于定义文档中的区段,如章节、页眉、页脚或文档中的其他部分
<header>	用于定义文档的页眉(介绍信息)
<footer>	用于定义区段(section)或文档的页脚。通常,该元素包含作者的姓名、文档的创作日期或者联系方式等信息
<nav>	用于定义导航链接
<article>	用于定义文章或网页中的主要内容
<aside>	用于定义主要内容之外的其他内容
<figure>	用于定义独立的流内容(图像、图表、照片、代码等)

3. HTML5 新增的内联元素

HTML5 新增了几个内联元素,内联元素一般都是基于语义级的基本元素,只能容纳文本或者其他内联元素。

4. 全新的表单设计

HTML5 支持 HTML4 中定义的所有标准输入控件,而且新增了一些新的输入控件,从而使 HTML5 实现了全新的表单设计。表单相关操作将在 1.5 节介绍。

5. 强大的绘图和多媒体功能

HTML4 几乎没有绘图功能，通常只能显示已有的图片；而 HTML5 则集成了强大的绘图功能，借助 HTML5 的绘图功能，既可以美化网页界面，也可以实现专业人士的绘图需求。

在 HTML5 中可以通过下面的方法进行绘图：

① 使用 Canvas API 动态地绘制各种效果精美的图形。

② 绘制可伸缩矢量图形（SVG）。

HTML4 在播放音频和视频时都需要借用 flash 第三方插件，而 HTML5 新增了 <audio> 和 <video> 元素，可以不依赖任何插件播放音频和视频，以后用户就不需要安装和升级 flash 插件了。绘图和多媒体功能将在后续章节中介绍。

6. 打造桌面应用的一系列新功能

在传统的 Web 应用程序中，数据存储和数据处理都由服务器端脚本（如 ASP、ASP.NET 和 PHP 等）完成，客户端的 HTML 语言只负责显示数据，几乎没有处理能力。因此，使用 HTML4 打造桌面应用是不可能的，而 HTML5 新增了一系列数据存储和数据处理的新功能，大大增强了客户端的处理能力，这足以颠覆传统 Web 应用程序的设计和工作模式。甚至使用 HTML5 打造桌面应用也不是天方夜谭。

HTML5 新增的与数据存储和数据处理相关的新功能如下：

① Web 通信：在 HTML4 中，出于安全考虑，一般不允许一个浏览器的不同框架、不同标签页、不同窗口之间的应用程序互相通信，以防止恶意攻击。如果要实现跨域通信只能通过 Web 服务器作为中介。但在桌面应用中，经常需要进行跨域通信。HTML5 提供了这种跨域通信的消息机制。

② 本地存储：HTML4 的存储能力很弱，只能使用 Cookie 存储很少量的数据，如用户名和密码。HTML5 扩充了文件存储的能力，可以存储多达 5MB 的数据，而且还支持 WebSQL 和 IndexedDB 等轻量级数据库，大大增强了数据存储和数据检索能力。

③ 离线应用：传统 Web 应用程序对 Web 服务器的依赖程度非常高，离开 Web 服务器几乎什么都做不了。而使用 HTML5 可以开发支持离线的 Web 应用程序，在连接不上 Web 服务器时，可以切换到离线模式；等到可以连接 Web 服务器时，再进行数据同步，把离线模式下完成的工作提交到 Web 服务器。

7. 获取地理位置信息

越来越多的 Web 应用需要获取地理位置信息，例如，在显示地图时标注自己的当前位置。在 HTML4 中，获取用户的地理位置信息需要借助第三方地址数据库或专业的开发包（如 Google Gears API）。HTML5 新增了 Geolocation API 规范，可以通过浏览器获取用户的地理位置，这无疑给有相关需求的用户提供了很大的方便。

8. 支持多线程

提到多线程，大多数人都会想到 VC + + 、C#和 Java 等高级语言，传统的 Web 应用程序都是单线程的，完成一件事情后才能做其他事情，HTML5 支持多线程，可以提高程序的运行效率。

1.1.4 浏览器对 HTML5 的支持

尽管 HTML5 还只是草案,但它已经引起了业内的广泛重视,对 HTML5 的支持程度已经是衡量一个浏览器的重要指标。

目前,绝大多数主流浏览器都支持 HTML5,只是支持的程度不同。访问"http://html5test.com/"的网址就可以测试当前浏览器对 HTML5 的支持程度,例如,使用 Chrome 26.0 进行测试得分为 468(满分为 500),如图 1-1 所示。

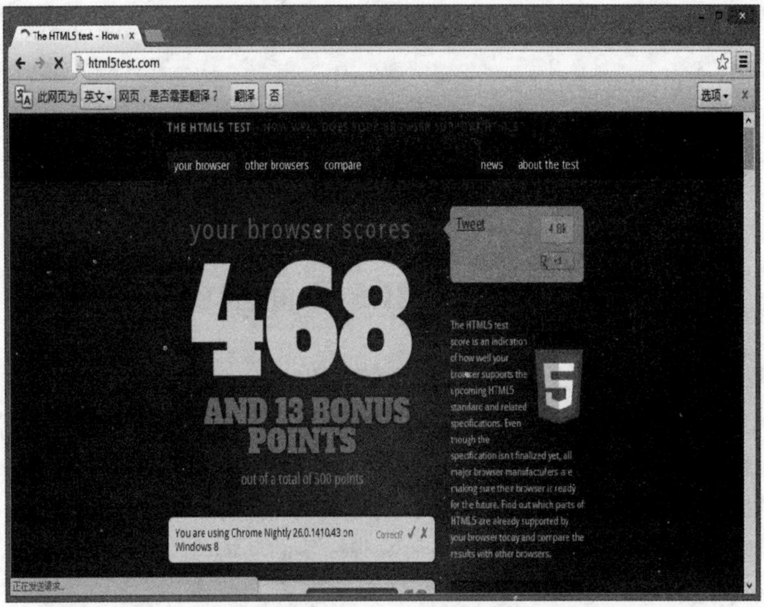

图 1-1 使用 Chrome26.0 进行测试的结果

笔者使用目前国外厂商主流浏览器进行测试的结果如表 1-3 所示。

表 1-3 国外厂商的主流浏览器对 HTML5 支持程度的测试结果

浏览器	版本	得分
Google Chrome	26.0.1410.43	468
Opera	12.14	404
Firefox	19.0.2	393
Internet Explorer	10.0	320
苹果浏览器 Safari for Windows	5.1.7	278

从上表中可以看出,目前对 HTML5 支持最好的国外厂商主流浏览器是 Google Chrome。

笔者也对目前国内厂商主流浏览器进行了测试,结果如表 1-4 所示。

表 1 -4　国内厂商的主流浏览器对 HTML5 支持程度的测试结果

浏览器	版本	得分
360 极速浏览器	7.0.0.610	450
360 安全浏览器	6.1.290	450
傲游浏览器	4.0.5.2000(测试时显示为 I Maxthon 4.0)	464
猎豹浏览器	3.2.16.4033(测试时显示为 Chrome 21)	446
搜狗高速浏览器	4.1.1.7492	436
QQ 浏览器	7.2	319
百度浏览器	4.1	141

相信越来越多的主流浏览器厂商都会越来越重视 HTML5,这个测试的结果也是会动态变化的。

1.2　HTML5 页面结构

在 HTML4 页面中,基本上都是用 DIV + CSS 的布局方式。而搜索引擎去抓取页面内容的时候,只能猜测某个 DIV 内的内容是文章内容容器,还是导航模块的容器,或者是作者介绍的容器等。也就是说,整个 HTML 文档结构定义不清晰,HTML5 中为了解决这个问题,专门添加了页眉、页脚、导航和文章内容等与结构相关的结构元素标签。具体标签见表 1 -2。接下来将用具体的例子来演示这些标签的功能。

【例 1 -2】1 -2.html。HTML5 结构标签实例演示。

```
<!DOCTYPE html>
<html>
  <head>
      <meta charset="UTF-8" />
      <title>HTML5 结构标签演示</title>
  </head>
  <body>
      <header>
            <h1>欢迎光临我的网站</h1>
            <p>我是软件精英</p>
      </header>
      <nav>
            <a href="index.asp">首页</a>
            <a href="intro.asp">简介</a>
            <a href="contact.asp">联系方式</a>
      </nav>
```

```
            <br/>
            <article>微软宣布,该公司最新的移动操作系统 Windows Phone 8 将与用于
台式机和平板电脑<br/>的 Windows 8 操作系统密切相关。
    在 iPhone 占据智能手机市场主导地位的形势下,许<br/>多人都对 Windows Phone
手机的前景持怀疑态度。而在今天,微软将其移动操作
    系统<br/>的未来命运与其电脑操作系统的成功连为一体,后者目前的全球用户人
数已达 13 亿人。</article>
        <br/>
        <aside>"Windows 8 的未来能否预见?"</aside>
        <figure>
            <span>和谐图片</span>
            <img src="img/image_1.jpg" />
        </figure>
        <footer>本文档创建于 2014-08-17</footer>
    </body>
</html>
```

本例运行效果如图 1-2 所示。

图 1-2 例 1-2 运行效果

1.3 HTML4 常用元素与属性

HTML5 是在 HTML4 的基础上进行升级和扩充的,它保留了大多数 HTML4 的标签和功能,为了便于读者全面了解 HTML5,本节先介绍 HTML4 的基础知识。HTML4 的常用

元素如下。

1.3.1 标题元素

标题是组成页面常用的标签元素之一，标题元素有六种，分别为 h1，h2，h3，…，h6，用于表示文章中的各种标题，标题号越小，字体越大。标题元素如表 1 – 5 所示。

表 1 – 5 HTML4 的标题元素

标题元素	功能
h1	表示一级标题
h2	表示二级标题
h3	表示三级标题
h4	表示四级标题
h5	表示五级标题
h6	表示六级标题

【例 1 – 3】1 – 3. html。h1 – h6 各级标题元素的使用。

```
<! DOCTYPE html >
<html >
    <head >
        <meta charset = "UTF-8" >
        <title >标题标签使用 </title >
    </head >
    <body >
        <h1 >这是标题 1 </h1 >
        <h2 >这是标题 2 </h2 >
        <h3 >这是标题 3 </h3 >
        <h4 >这是标题 4 </h4 >
        <h5 >这是标题 5 </h5 >
        <h6 >这是标题 6 </h6 >
    </body >
</html >
```

本例运行效果如图 1 – 3 所示。

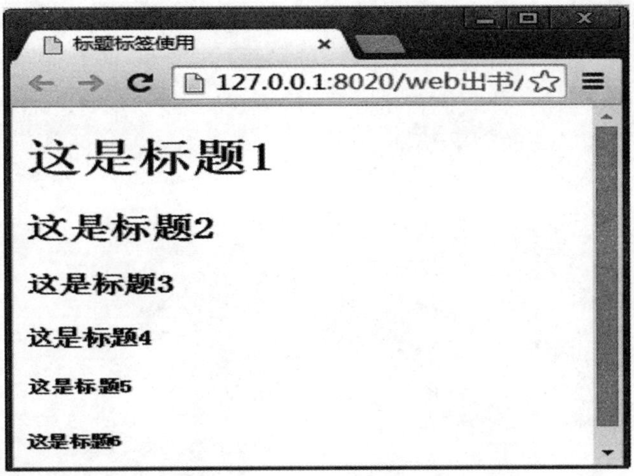

图 1－3 例 1－3 运行效果

1.3.2 常用元素

在编写 HTML 文件时，常用到表 1－6 中给出的常用元素。

表 1－6 常用元素

常用元素	功能
<div>	通用块元素，可以定义文档中的分区或节，可以把文档分割为独立的、不同部分
<p>	段落元素，在 <p> </p> 中包含的内容被认为是一个段落
<pre>	保留原始排版方式
<hr>	水平线标签元素
 	产生换行功能
<ul>	定义一个无序列表
<ol>	定义一个有序列表

【例 1－4】1－4. html。常用元素举例。

```
<!DOCTYPE html>
<html>
    <head>
        <meta charset="UTF-8">
        <title>我的一天</title>
    </head>
    <body bgcolor="pink">
        <div>
            <h2>我的一天</h2>
            <hr width="70%" align="left">
```

```
        <p>早晨，当第一束阳光从窗外射进我的屋子时，新的一天便开始了，这是一个匆忙而愉快的一天，就这样开始了。在晨<br/>光中，我开始进行晨练，虽然天气寒冷的，但空气却已清新的，让我们自由呼吸，这清新的空气将一夜的昏沉一扫而<br/>空，以新面貌迎接新的一天的到来。接下来想想今天课程表。</p>
          <ol>
                <li>高等数学</li>
                <li>web 编程基础</li>
                <li>大学英语</li>
                <li>c 语言</li>
                <li>计算机组成原理</li>
          </ol>
        <p>晚上，我漫步在河大校园的夜市，看着小摊小贩在卖水果，买点水果补充一下维生素吧，买什么水果好呢？</p>
          <ul>
            <li>苹果</li>
            <li>香蕉</li>
            <li>西瓜</li>
            <li>西红柿</li>
          </ul>
        <p>这就是我快乐，忙碌而又充实的一天。我在这里许下祝福，希望我的明天会更好！</p>
        <pre>
   ☆★☆    ☆★☆    ☆★☆    ☆★☆
 ☆明  ☆☆  天  ☆ ☆  更  ☆ ☆  好 ☆
   ☆★☆    ☆★☆    ☆★☆    ☆★☆
        </pre>
      </div>
    </body>
</html>
```

本例运行效果如图 1-4 所示。

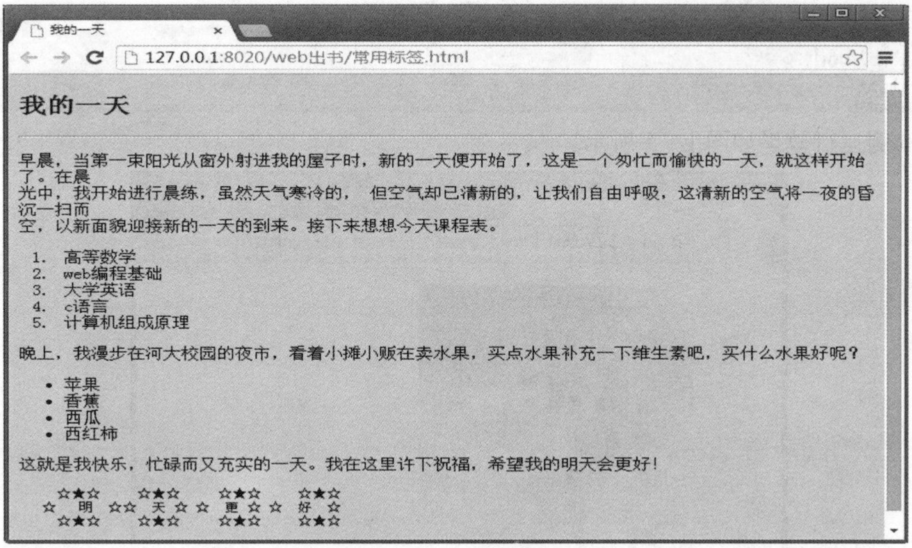

图 1－4　例 1－4 运行效果

1.3.3　插入图片元素

在页面中插入图片可以起到美化页面的作用,插入图片的标记是 <img> 元素，<img> 元素中常用的属性如表 1－7 所示。

表 1－7　<img> 元素中常用的属性

属性	描述
src	图像的源文件
alt	提示文字
width, height	宽度,高度
border	表框
vspace	垂直间距
hspace	水平间距

【例 1－5】1－5. html。<img> 元素的使用实例。

```
<! DOCTYPE html>
<html>
    <head>
        <meta charset="UTF-8">
        <title>img 标签用法</title>
    </head>
    <body>
        <img src="img/5. gif" width="250px" height="250px"  alt="美丽女
生" hspace="10xp" vspace="10px">
```

```
    这是一个美丽的女生。
    </body>
</html>
```

本例运行效果如图 1 -5 所示。

图 1 -5　例 1 -5 运行效果

1.3.4　超链接元素

超链接元素 <a> 是网页中一种特殊的文本,通过单击超链接可以方便地转向本地或远程的其他文档。超链接元素 <a> 有两个用途,一个是产生外部链接(External Link),另一个是设置连接目的地,即书签,或称为内部链接(Internal Link)。单击外部链接时,浏览器窗口将显示其他文档的内容;单击内部链接时,访问者将看到网页的其他部分成为当前浏览器窗口的内容。另外,HTML 还可以创建指向邮件地址的链接,单击该链接之后便可通过电子邮件的形式给指定的地址发送邮件,表 1 -8 给出了超链接元素 <a> 的常用属性。

表 1 -8　超链接元素 <a> 的常用属性

属性	具体描述
id	超链接的唯一标识
name	给超链接命名
href	链接目标的 url
target	指定链接的目标窗口,取值有_self、_blank、_parent、_top 等
title	给链接提示文字
rel	规定当前文档与目标文档之间的关系

1. 创建外部链接

一个超级链接通常由三部分构成：首先是超链接标记符号<a> </a>，表示这是一个链接；然后是属性 href 及其值，定义了超链接所指的地方，属性 target 及其值定义了超链接在什么样的窗口打开；最后是在超链接中显示在网页上作为链接的文字。链接文本的格式如下：

```
<a id="" href="" target="" >文字或图片</a>
```

【例 1-6】1-6. html。超链接元素<a>的综合应用。

```
<!DOCTYPE html>
<html>
    <head>
        <meta charset="UTF-8">
        <title>超链接 a 的应用</title>
    </head>
    <body>
        <a href="http://www.henu.edu.cn">欢迎光临河南大学的官方网站</a>
<br/><br/>
        <a href="mailto:294706448@qq.com">请联系我的邮箱</a><br/><br/>
        <a href="img/image 标签.html">我是美丽女生</a><br/><br/>
    </body>
</html>
```

本例运行效果如图 1-6 所示。

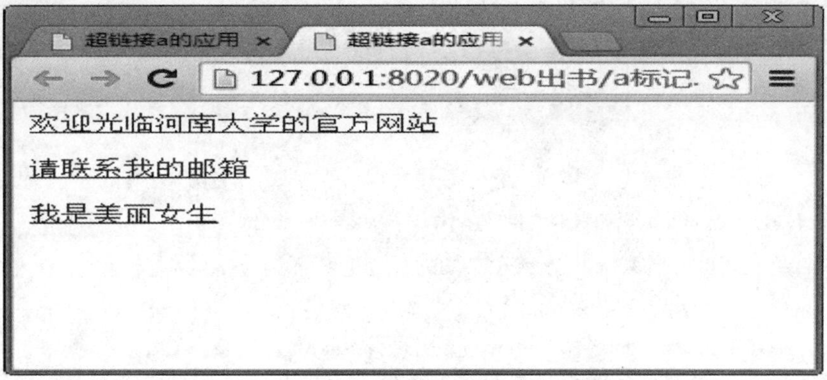

图 1-6 例 1-6 运行效果

2. 创建内部链接

所谓内部链接就是网页中的书签。在内容较多的网页内建立内部链接时，它的链接目标不是其他文档，而是网页内不同的部分。在使用内部链接之前，需要在网页中确定书签的内容，并使用<a>元素的 name 属性给书签命名，格式为：

```
<a name="书签名称">书签内容</a>
```

其中,“书签名称”是代表“书签内容”的字符串,用户可使用简短、有意义的字符串代替网页文本。为了使 Web 浏览器易于区分“书签名称”与文档内容,“书签名称”前面需要添加符号#。例如,先定义一个标签 a,然后要找到“标签名”这个标签,就可编写如下代码:

```
<a name = "标签 a" >书签内容 </a >
<a href = "#标签 a" >单击此处将使浏览器跳到"标签 a"处 </a >
```

【例 1 -7】1 -7. html。用内部链接为一个公司的页面添加书签。

```
<! DOCTYPE html >
<html >
    <head >
        <meta charset = "UTF-8" >
        <title >书签应用 </title >
        <h2 align = "center" >公司简介 </h2 >
        <a href = "#gsmb" >公司目标 </a > <a href = "#qywh" >企业文化 </a >
<a href = "#gsln" >公司理念 </a >
        <p >
吉林省明日科技有限公司创建成立于 1999 年 12 月,是一家以计算机软件技术为核心的高科技型企业,公司创建于 1999 年 12 月,是专业的应用软件开发商和服务提供商。多年来始终致力于行业管理软件开发、数字化出版物开发制作、行业电子商务网站开发等,先后成功开发了涉及生产、管理、物流、营销、服务等领域的多种企业管理应用软件和应用平台,目前已成为计算机出版行业的知名品牌。
        </p >
        <a name = "gsmb" > <h3 >公司目标 </h3 > </a >
        <p >产品:通过不断创新,开发核心竞争力产品,打造国内优质服务品牌。
</p >
        <p >图书:打造国内软件图书开发第一品牌。实用类图书第一品牌。 </p >
        <p >智能软件:打造真正能为用户带来变革的优质产品。 </p >
        <a name = "qywh" > <h3 >企业文化 </h3 > </a >
        <p >坚韧、创新、博学、笃行 </p >
        <a name = "gsln" > <h3 >公司理念 </h3 > </a >
        <p >用今日的辛勤工作,换明日的百倍回报! </p >
    </body >
</html >
```

本例运行效果如图 1 -7 所示。当点击“公司目标”书签时,跳转到图 1 -8 所示的页面。

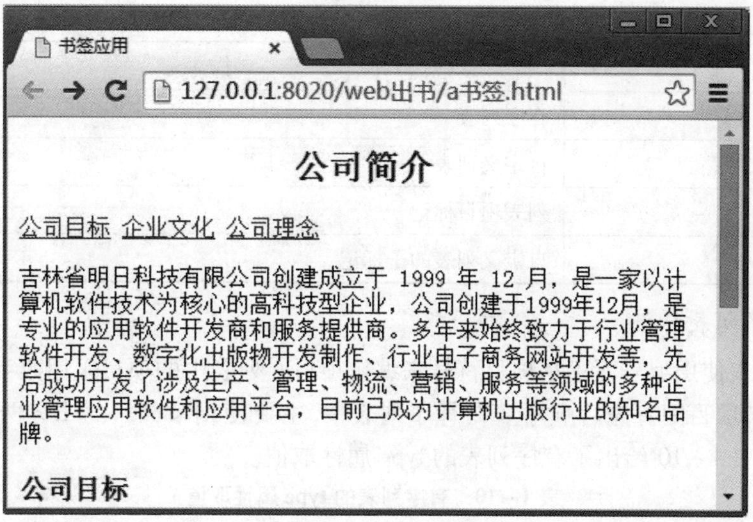

图1-7　例1-7运行效果

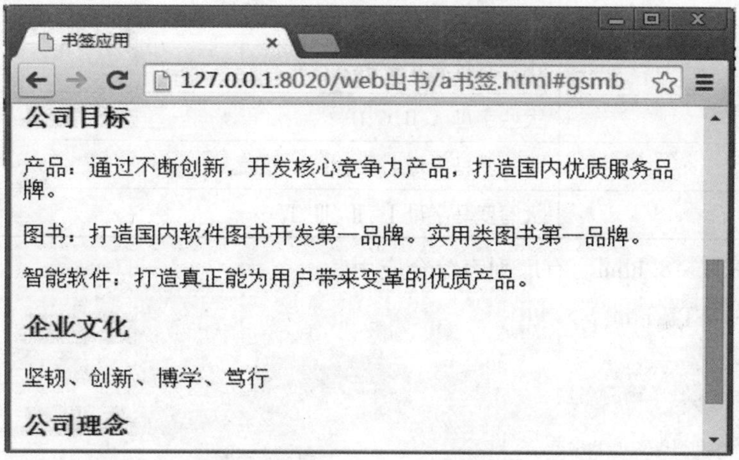

图1-8　点击书签时运行效果

注意：

用<a>元素建立超链接时，超链接的对象可以是文本或图像。

1.3.5　常用列表元素

列表是一种非常实用的数据排列方式。列表可以分为两种类型，一种是有序列表，一种是无序列表。前者使用编号来记录项目的顺序，后者使用项目符号来标记无序的项目。列表的主要元素如表1-9所示。

表1-9　列表的主要元素

元素	描述
<ul>	无序列表

续表

元素	描述
<ol>	有序列表
<dl>	自定义列表
<li>	列表项目标记
<dt>, <dd>	自定义列表的子标记

1. 有序列表标记

有序列表使用编号而不是项目符号来编排项目。列表中的项目采用数字或英文字母开头,通常各项目间有先后顺序。在有序列表中,主要使用<ol>、<li>两个标记以及type属性。表1-10给出了有序列表的type属性取值。

表1-10 有序列表的type属性取值

type取值	有序列表项目显示的序号
1	数字1、2、3、4…
a	小写字母a、b、c、d…
A	大些字母A、B、C、D…
i	小写罗马字母i、ii、iii、iv…
I	大写罗马字母Ⅰ、Ⅱ、Ⅲ、Ⅳ…

【**例1-8**】1-8.html。有序列表综合应用。

```
<! DOCTYPE html>
<html>
    <head>
        <meta charset = "UTF-8" >

        <title>演示列表标记</title>
    </head>
    <body>
        <big>地球生命种类</big>
        <hr color = "blue"  size = "2" >
        <ol type = "1" >
            <li>微生物</li>
            <li>植物</li>
            <li>动物</li>
            <li>其他</li>
        </ol>
        <ol type = "A" >
```

```
            <li>微生物</li>
            <li>植物</li>
            <li>动物</li>
            <li>其他</li>
        </ol>
    </body>
</html>
```

本例运行效果如图 1-9 所示。

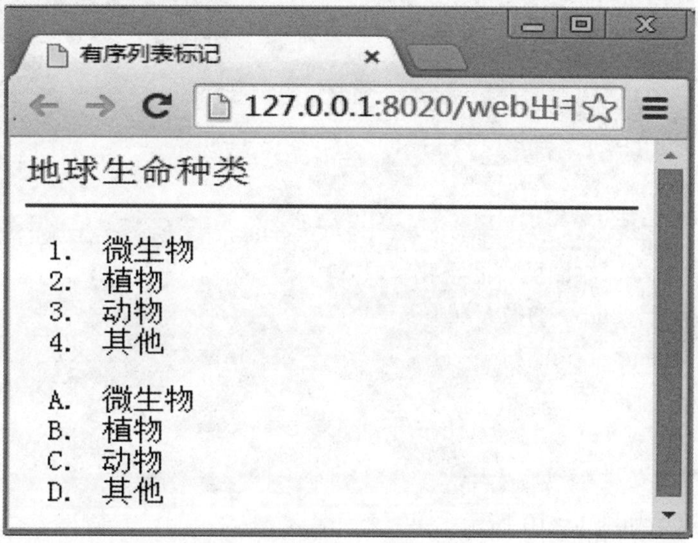

图 1-9 例 1-8 运行效果

2. 无序列表标记

在无序列表中,各个列表项之间没有顺序级别之分,通常使用一个项目符号作为每个列表项的前缀。无序列表主要使用 <ul>、<dl>、<li>、<dt>、<dd> 等标记,其中 <ul> 标记还使用了 type 属性。表 1-11 中给出了无序列表的 type 属性取值。

表 1-11 无序列表的 type 属性取值

type 取值	无序列表项目显示的序号
disc	圆黑点
circle	空心圆
square	黑方块

【例 1-9】1-9.html。无序列表综合应用。

```
<! DOCTYPE html>
<html>
    <head>
        <meta charset="UTF-8">
        <title>无序列表标记</title>
```

```
    </head>
    <body>
        <big>地球动物种类</big>
        <hr color="blue" size="2">
        <ul type="circle">
          <li>鱼类</li>
          <li>哺乳类</li>
          <li>鸟类</li>
     </ul>
     <ul type="disc">
          <li>流感病毒</li>
          <li>大肠杆菌</li>
     </ul>
     <dl>
          <dt>你最喜欢的动物</dt>
             <dd>小猫</dd>
             <dd>小狗</dd>
     </dl>
    </body>
</html>
```

本例运行效果如图 1－10 所示。

图 1－10　例 1－9 运行效果

注意：

自定义列表 <dl> 表示列表定义开始，<dt> 表示定义列表的标题，<dd> 表示列表中每一项的定义。<dt> 与 <dd> 是上下级的关系。

通常情况下,无序列表可以和有序列表嵌套使用。

【例1-10】1-10.html。无序列表和有序列表的嵌套使用。

```
<! DOCTYPE html>
<html>
    <head>
        <meta charset="UTF-8">
        <title>列表嵌套</title>
    <head>
    <body>
        <big>地球动物种类</big>
        <hr color="blue" size="2">
        <ol>
            <li>微生物</li>
        <ul>
          <small>
            <li>流感病毒</li>
            <li>大肠杆菌</li>
          </small>
        </ul>
            <li>植物</li>
        <ul>
          <small>
            <li>草</li>
            <li>树</li>
          </small>
        </ul>
              <li>动物</li>
              <ol type="a">
          <small>
              <li>鱼类</li>
              <li>哺乳类</li>
              <li>两栖类</li>
              <li>鸟类</li>
            </small>
          </ol>
        </ol>
      </body>
</html>
```

本例运行效果如图 1－11 所示。

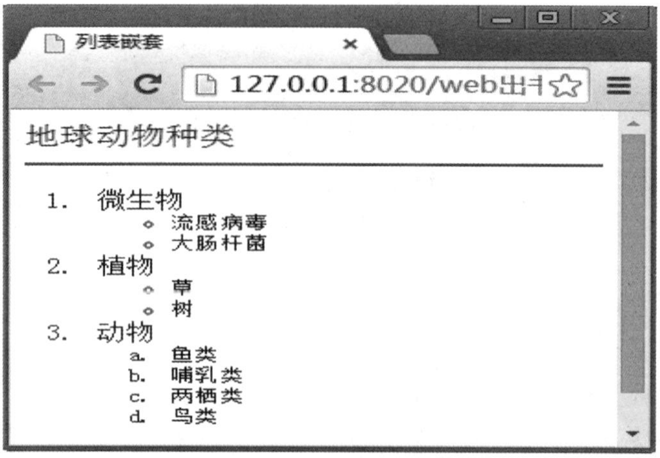

图 1－11 例 1－10 运行效果

1.3.6 常用表格元素

在 HTML 中表格是由 <table> 元素定义的，表格内容由 <tr> 元素和 <td> 元素定义。其中 <tr> 定义表格中的一行，<td> 通常出现在 <tr> 内，用于定义一个单元格。单元格可以包含文本、图片、列表、段落、表单、水平线和表格等。表格可以含有表头，表头使用 <th> 元素进行定义。在定义表格时，会用到它的一些常用属性，表 1－12 列举了表格的一些常用属性。

表 1－12 表格的常用属性

属性	用途
bgcolor	设置表格的背景色
border	设置边框的宽度，若不设置此属性，则边框宽度默认为 0
cellspacing	设置表格单元格与单元格之间的空间大小
cellpadding	设置表格单元格边框与其内部内容之间的空间大小
width	设置整个表格宽度，单位用绝对像素值或总宽度的百分比
height	设置整个表格高度，单位用绝对像素值或总宽度的百分比

【**例 1－11**】1－11. html。基本表格的应用实例。

```
<! DOCTYPE html >
<html >
    <head >
        <meta charset = "UTF-8" >
        <title >table 定义 </title >
    </head >
    <body >
```

```
    <table width = "260px" border = "1" height = "120px"
    cellspacing = "0" cellpadding = "0" bordercolor = "red" >
        <tr>
            <th>进餐时间</th>
            <th>菜谱</th>
        </tr>
        <tr>
            <td>午餐</td>
            <td>豆角炒肉</td>
        </tr>
        <tr>
            <td>晚餐</td>
            <td>炸酱面</td>
        </tr>
     </table>
    </body>
</html>
```

本例运行效果如图 1－12 所示。

图 1－12　例 1－11 运行效果

表格在使用的过程中,仅仅靠设置 <table> 元素的属性是不够的,还需要设置 <tr> 元素和 <td> 元素的属性,表 1－13 和表 1－14 分别列出了行元素 <tr> 和列元素 <td> 的属性。

表 1－13　<tr> 元素的常用属性

属性	用途
width	设置表格行的宽度
height	设置表格行的高度
align	设置表格行的对齐方式(水平),可选值为 left、center、right
valign	设置表格行的对齐方式(垂直),可选值为 top、middle、bottom
bgcolor	设置表格行的底色
bordercolor	设置表格行的边框颜色

表 1－14 <td>元素的常用属性

属性	用途
width	设置单元格的宽度,接受绝对值(如 80)及相对值(如 80%)
height	设置单元格的高度
colspan	设置单元格的向右通栏的栏数
rowspan	设置单元格的向下通栏的栏数
align	设置单元格的对齐方式(水平),可选值为 left、center、right
valign	设置单元格的对齐方式(垂直),可选值为 top、middle、bottom
bgcolor	设置单元格的底色
bordercolor	设置单元格的边框颜色
background	设置单元格的背景图片,与 bgcolor 任用其一

【例 1－12】1－12.html。表格的应用实例。

```
<! DOCTYPE html>
<html>
    <head>
        <meta charset="UTF-8">
        <title>表格综合应用</title>
    </head>
    <body>
        <table border="1" bordercolor="black" width="500" height="200"
cellspacing="0" align="center" bgcolor="green">
            <tr align="center" bgcolor="red">
                <td colspan="3">A</td>
            </tr>
            <tr align="center">
                <td rowspan="4" bgcolor="blue">B</td>
                <td>C</td>
                <td rowspan="2">F</td>
            </tr>
            <tr align="center">
                <td>D</td>
            </tr>
            <tr align="center">
                <td rowspan="2" bgcolor="yellow">E</td>
                <td>I</td>
            </tr>
```

```
                <tr align = "center" >
                    <td >J </td >
                </tr >
        </table >
      </body >
</html >
```

本例运行效果如图 1 – 13 所示。

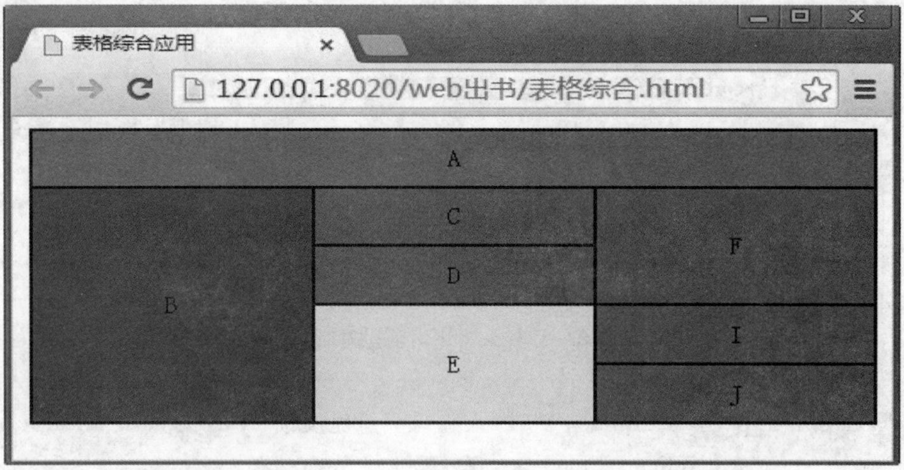

图 1 – 13　例 1 – 12 运行效果

【例 1 – 13】1 – 13. html。综合运用列表和表格实现图 1 – 14 所示的效果。

图 1 – 14　表格综合应用效果

步骤分析：

① 从图 1 – 14 中可以看出图中使用了一个 2 行 5 列的表格，且在第 1 行中用到了 td 的 colspan 属性把第 1 行合并成了一个单元格。

② 在第 2 行中，第 1 个 <td>单元格用到了 <p>元素，第 2 个 <td>、第 4 个 <td>、第 5 个 <td>中分别用到了 <p>元素和无序列表 <ul>元素，第 3 个 <td>中用到了 <img>元素和超链接 <a>元素。

③ 详细代码如下：

```
<! DOCTYPE html >
<html >
    <head >
```

```
        <meta charset = "UTF-8" >
        <title>天猫页面</title>
    </head>
    <body>
        <table width = "900px"  >
          <tr>
             <td colspan = "5" > <img src = "img/百丽.jpg" > </td>
          </tr>
          <tr>
             <td valign = "top" > <p>天猫保障<p>
               <div style = "font-size:14px"  > <p>7 天无理由退换货</p> <p>
提供发票</p>
             <td valign = "top" > <p  >新手上路<p>
               <ul style = "font-size:14px"  > <li>免费注册</li> <li>开通支
付宝</li> <li>
                  支付宝充值</li> <li>帮助中心</li> </td>
             <td valign = "top" > <img src = "img/天猫图标.png"  > <br/> <p
style = "font-size:14px" > <a href = "#" >天猫首页意见反馈</a> </p> </td>
             <td valign = "top" > <p>支付方式<p>
               <ul style = "font-size:14px;text-indent:-5px;"  > <li>支付宝快捷
支付</li> <li>货到付款</li> <li>网上银行支付</li>
             </td>
             <td valign = "top" > <p>商家服务<p>
               <ul style = "font-size:14px" > <li>商家入驻</li> <li>商家中心
</li> <li>天猫智库</li> <li>天猫规则</li>
          </tr>
        </table>
    </body>
  </html>
```

1.4 HTML5 新增元素与属性

HTML5 新增了几个内联元素,如表 1 - 15 所示。内联元素一般都是基于语义级的基本元素,只能容纳文本或者其他内联元素。

表 1 - 15 HTML5 新增的内联元素

内联元素	具体描述
< mark >	用于定义带有记号的文本
< time >	用于定义公历的时间(24 小时制)或日期、时间和时区
< meter >	用于定义度量衡,仅用于已知最大值和最小值的度量,浏览器会使用图形方式表现 < meter > 元素
< progress >	用于定义一个进度条

【例 1 - 14】1 - 14. html。新增元素的综合应用。

```
<! DOCTYPE html >
<html >
    <head >
        <meta charset = "UTF-8" / >
        <title >新增语义标签 </title >
    </head >
    <body >
        <p >mark 标签定义带有记号的文本 </p >
        <p >前端页面设计最常用的技术: <mark >jQuery、html5、css3 </mark > </p >
        <p >time 标签的用法举例 </p >
        <p >我们在每天早上 <time >9:00 </time >开始营业。 </p >
        <img src = "img/time. png"  >
        <p >显示进度—过程标签 </p >
        <p >3/4 完成: <progress value = "75" max = "100" >3/4 完成 </progress > </p >
        <p >显示刻度—状态标签 </p >
        <p >您的得分是: <meter min = "0" max = "100" low = "60" high = "90"
optimum = "100"
  value = "91" >91 分 </meter > </p >
    </body >
</html >
```

本例运行效果如图 1 - 15 所示。

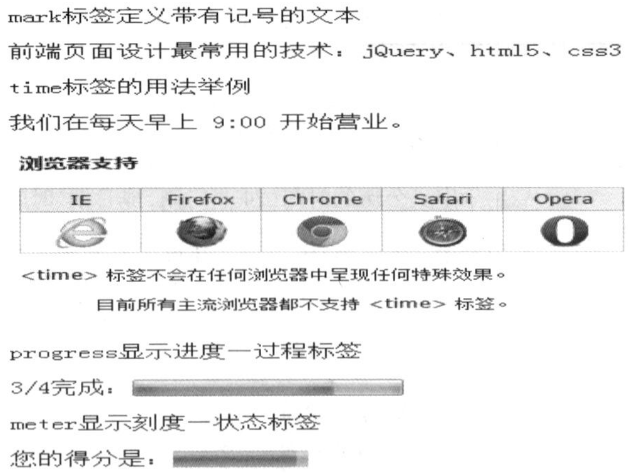

图 1-15　例 1-14 运行效果

1.5　HTML5 表单

应用程序的基本功能就是与用户进行交互，用户提交数据的最常用方式是通过表单。使用表单除了可以传送用户输入的数据外，还可以用于上传文件。本节将详细介绍 HTML5 表单的使用。

1.5.1　HTML4 表单

表单是网页中的常用组件，用户可以通过表单向服务器提交数据。在定义表单和表单控件等方面，HTML5 与 HTML4 兼容，为了使读者能够更好地理解 HTML5 表单的新特性，本小节先介绍 HTML4 表单的基础。

1. 定义表单

可以使用 <form> </form> 标签对定义表单，表单常用的属性如表 1-16 所示。

表 1-16　表单常用属性

属性	具体描述
id	用来标记一个表单
name	定义一个表单名
action	指定处理表单提交数据的脚本文件。脚本文件可以是 ASP 文件、ASP. net 文件或 PHP 文件，它部署在 Web 服务器上，用于接收和处理用户通过表单提交的数据
method	指定表单信息传递到服务器的方式，有效值为 GET 或 POST。若设置为 GET，则当按下提交按钮时，浏览器会立即传送表单数据；若设置为 POST，则浏览器会等待服务器来读取数据。使用 GET 方法的效率较高，但传递的信息量仅为 2K，而 POST 方法没有此限制，所以通常使用 POST 方法

定义一个表单，提交数据方式为POST，设置表单提交的数据的脚本文件为ShowInfo.jsp，代码如下：

```
<form id = "form1"  name = "form1"  method = "post"  action = "ShowInfo. jsp" >
……
</form >
```

在action属性中指定处理脚本文件时可以指定路径，可以使用相对路径和绝对路径两种方式。

2. 表单的用户输入区域

表单是一个能够包含多种不同表单元素的区域。表单元素包括文本框、密码框、下拉菜单、单选框、复选框等，能够让用户在其中输入信息。

最常用的表单标签是<input>，它可用来定义一个用户输入区。<input type = "" >标记共提供了八种类型的输入区域，Type属性的取值情况如表1－17所示。

表1－17　表单的type属性取值

type取值	输入区域类型
<input type = "text" size = "" maxlength = "" >	单行的文本输入区域。size与maxlength属性用来定义显示的尺寸大小与输入的最大字符数
<input type = "submit" >	将表单内容提交给服务器的按钮
<input type = "reset" >	将表单内容全部清除，重新填写的按钮。
<input type = " checkbox" checked = "checked" >	一个复选框，checked属性用来设置该复选框在缺省时是否被选中
<input type = "hidden" >	隐藏区域，用户不能在其中输入，它常用来预设某些要传送的信息
<input type = "image" ssrc = " url" >	使用图像来代替submit按钮，图像的源文件名由src属性指定。用户单击后，表单中的信息和单击位置的x、y坐标一起传送给服务器
<input type = "password" >	输入密码的区域，当用户输入密码时，区域内将会显示"＊"号
<input type = "radio" >	单选按钮类型，checked属性用来设置该单选框缺省时是否被选中

上面八种类型的输入区域有两个公共的属性：name、value。name属性给每一个输入区域一个名字，这个名字与输入区域是一一对应的。value属性用来指定输入区域的缺省值。服务器就是通过调用某一输入区域的名字的value属性来获得该区域的数据的。

【例1－15】1－15. html。用表单的<input>标签实现个人情况登记表。

```
<! DOCTYPE html >
<html >
  <head >
      <meta charset = "UTF-8" >
      <title >个人情况表</title >
  </head >
```

```
        <body>
            <form action = "" method = "get" >
<p>用户名: <input type = "text" name = "username" width = "60" height = "30" > </p>
<p>密   码: <input type = "password" name = "psw" width = "60" height =
"30" > </p>
<p>性别:男 <input type = "radio" name = "sex" value = "man" checked = "checked" >
          女 <input type = "radio" name = "sex" value = "woman" > </p>
<p>爱好:足球 <input type = "checkbox" name = "hobby" value = "football" checked =
           "checkeed" >
           篮球 <input type = "checkbox" name = "hobby" value = "basketball" >
           游泳 <input type = "checkbox" name = "hobby" value = "swimming" >
           跑步 <input type = "checkbox" name = "hobby" value = "running" > </p>
<input type = "submit" name = "submit" value = "提交" >
<input type = "reset" name = "reset" value = "重置" >
        </body>
    </html>
```

本例运行效果如图 1－16 所示.

图 1－16 例 1－15 运行效果

3. 表单的组合框

组合框是用于确定选项内容的另一种方式,是用于从多个选项中选择某个项目的表单控件,表单的组合框是由 <select> 和 <option> 两个标记来定义的,它的应用格式如下:

```
    <select name = "name" id = "id" >
    <option > </option >
    ……
```

```
<option></option>
</select>
```

组合框的常用属性如表 1－18 所示。

表 1－18 组合框的常用属性

属性	具体描述
name	名称,用来标记一个组合框
option	定义组合框中包含的下拉菜单项
value	定义菜单项的值
selected	若指定某个菜单项的初始状态为“选中”,则在对应的 option 属性中使用 selected

【例 1－16】1－16. html。定义一个表单,包含一个用于选择所在城市的组合框,默认选中“郑州”项。

```
<! DOCTYPE html>
<html>
    <head>
        <meta charset="UTF-8">
        <title>select 的使用 </title>
    </head>
    <body>
        <h3>选择你所在的城市</h3>
        <form id="form1" name="form1" method="post"
        action="ShowInfo. php" multiple size="3">
                <select name="city" id="city">
                <option value="郑州" selected >郑州</option>
                <option value="开封" >开封</option>
                <option value="天津">天津</option>
                <option value="北京">北京</option>
                <option value="上海">上海</option>
                </select>
        </form>
    </body>
</html>
```

本例运行效果如图 1－17 所示。

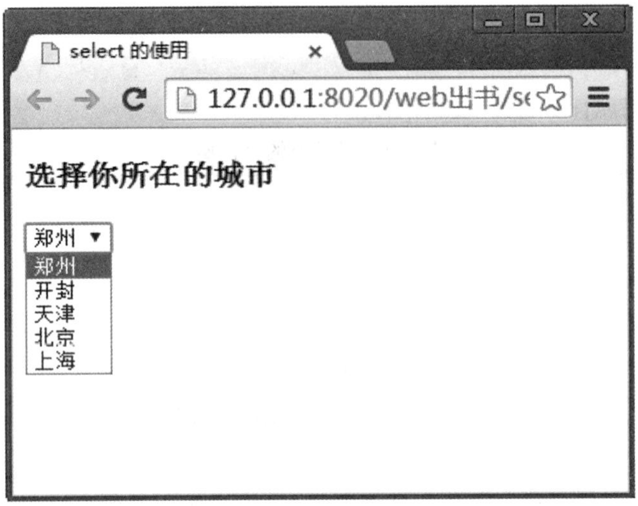

图1－17　例1－16运行效果

4. 文本框与文件选项

<textarea>标签用来创建一个可以输入多行的文本框,此标签用于<form> </form>标记对之间。表1－19列出了<textarea>标签的常用属性。这里列与行是以字符数为单位的。

表1－19　<textarea>标签的常用属性

属性	具体描述
name	用来标记一个文本区域
cols	设置文本区域的字符宽度值,以字符数为单位
rows	设置文本区域允许输入的最大行数,以字符数为单位
disabled	当此文本区首次加载时禁用此文本区
readonly	指示用户无法修改文本区内的内容

为了方便访问者填写,可在表单内添加文件选项。此时需要将<input>标记的type属性设置为"file"。

【例1－17】1－17.html。定义一个表单form,其中包括一个用于5行45列的文本区域。

```
<! DOCTYPE html>
<html>
    <head>
        <meta charset = "UTF-8" >
        <title>textarea 使用</title>
    </head>
    <body>
```

```
            <p>个人简介：<textarea name="introduce" clos="45" rows="5">请在这里输入……</textarea></p>
            <p>上传文件：<input type="file" name="filename" ></p>
        </body>
    </html>
```

本例运行效果如图 1-18 所示。

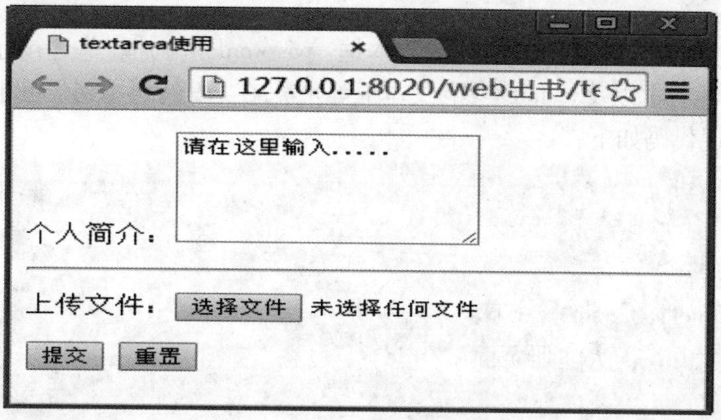

图 1-18 例 1-17 运行效果

5. 表单综合练习

【例 1-18】1-18. html。请利用学过的 <table> 元素和 <form> 元素，实现河南大学注册页面，如图 1-19 所示效果。

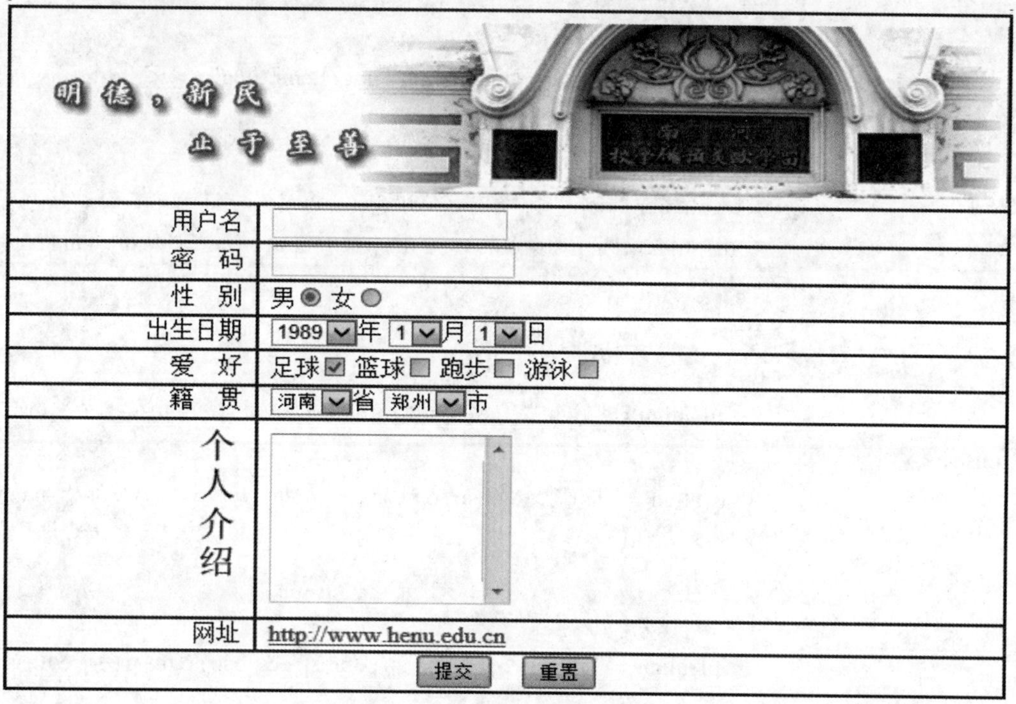

图 1-19 河南大学注册页面

步骤分析：

① 从所展示的效果图中可以看到，该效果图是一个表单和表格嵌套的综合案例，是由一个10行2列的表格和表单中的元素构成，其中表格中的第1行和第10行都用到了table的colspan="2"的属性。其中，第1行用<img src="img/henu.png">插入了图片，最后一行用到了表单中的submit和reset按钮。

② 除去表格中的第1行和最后一行，其他行的第1列用到了右对齐，第2列用到了左对齐。

③ 该效果图中用到了表单中text文本框、password密码框、单选按钮radio、复选框checkbox、select组合框以及textarea多行文本框等元素，在第9行还用到了超链接<a>元素。

具体的实现代码如下：

```
<!DOCTYPE html>
<html>
    <head>
        <meta charset="UTF-8">
        <title>河大注册页面</title>
    </head>
    <body>
        <center>
        <form name="userlogin" action="loginSucced.html" method="get">
            <table name="userLogin" border="1" cellpadding="0px" cellspacing
="0px" height ="550px" width="600px">
                <tr>
                    <td colspan="2"><img src="img/henu.png" ></td>
                </tr>
                <tr>
                    <td align="right">用户名  </td>
                    <td align="left">  <input type="text" name="
userName"/></td>
                </tr>
                <tr>
                    <td align="right">密    码 
 </td>
                    <td align="left">  <input type="password" name
="password" size ="22"/></td>
                </tr>
                <tr>
                    <td align="right">性    别 
 </td>
```

```
                        < td align = "left" >
  男 <input type = "radio" value = "man" name = "userSex" checked = "checked"/ >
                女 <input type = "radio" value = "woman" name = "userSex" / >
                        </td >
                      </tr >
                      <tr >
                        < td align = "right" >出生日期    </td >
                        < td align = "left" >
   <select name = "userYear" >
                        <option value = "1989" >1989 </option >
                        </select >年
                        <select name = "userMonth" >
                        <option value = "1" >1 </option >
                        </select >月
                        <select name = "userDay" >
                        <option value = "1" >1 </option >
                        </select >日
                        </td >
                      </tr >
                      <tr >
                        < td align = "right" >爱     好  
  </td >
                        < td align = "left" >
  足球 < input type = " checkbox" value = " football" name = " userEnioy"
checked = "checked"/ >
篮球 <input type = "checkbox" value = "basketball" name = "userEnioy" / >
跑步 <input type = "checkbox" value = "running" name = "userEnioy" / >
游泳 <input type = "checkbox" value = "swimming" name = "userEnioy" / >
                        </td >
                      </tr >
                      <tr >
                        < td align = "right" >籍     贯  
  </td >
                        < td align = "left" >
   <select name = "provinceInfo" size = "1" >
                        <option value = "henan" >河南 </option >
                        </select >省
                        <select name = "cityInfo" size = "1" >
```

```
                    <option value="zhengzhou">郑州</option>
                    <option value="kaifeng">开封</option>
                    </select>市
                    </td>
                </tr>
                <tr>
                    <td align="right"> <font size="5">个    <br/>
人    <br/>介    <br/>绍    </font> </td>
<td align="left">
   <textarea name="userIntroduce" cols="17" rows="10">
</textarea>
                    </td>
                </tr>
                <tr>
                    <td align="right">网址    </font> </td>
                    <td align="left">    <a href="http://www.henu.
edu.cn" target="_blank">http://www.henu.edu.cn</a> </td>
                </tr>
                <tr>
                    <td colspan="2" align="center">
                    <input name="usersubmit" type="submit" value="提交"/>
                                       
                    <input name="usersubmit" type="submit" value="重置"/>
                    </td>
                </tr>
            </table>
        </form>
        </center>
    </body>
</html>
```

1.5.2 HTML5 表单新特性

HTML5 对表单进行了很多扩充和完善，从而可以设计出全新界面的表单。HTML5 表单的新特性包括新增的 Input 类型、新增的表单元素等。

1. 新增的 Input 类型

HTML5 新增的 Input 类型，如 email、url 等功能，其实就是直接使用一个 text 输入类型，再加上 JavaScript 代码验证用户输入是否符合输入规范。而 HTML5 新增的这些 Input 类型，减少了用户编写 JavaScript 代码进行验证的过程，因为这些输入类型在提交的时候会自行验证。表 1－20 给出了 HTML5 新增的 Input 类型。

表 1－20 新增类型 Input

Input 类型	功能描述
email	包含 E-mail 地址的输入域，提交表单时，会自动验证 email 域的值
url	包含 URL 地址的输入域，在提交表单时，会自动验证 URL 域的值
number	包含数值的输入域，通过属性对数值进行限定
range	包含一定范围内数值的输入域，显示为滑动条，和 number 方式差不多
search	用于搜索域，如站点搜索或 Google 搜索，显示为常规的文本域
color	用于选择颜色

【例 1－19】1－19. html。定义一个表单 form，验证表 1－20 中列举的各个 Input 类型。

```
<! DOCTYPE html >
<html >
    <head >
        <meta charset = "UTF-8" >
        <title >新增 Input 标签 </title >
    </head >
    <body >
        <form action = "my_action" style = "border:1pxsolidblue;" >
<h3 >form 新增的 Input 类型演示 </h3 >
            "email" input type:
            <input type = "email" name = "email" >
            <br/ > <br/ >
            "tel" input type:
            <input type = "tel" name = "telephone" >
            <br/ > <br/ >
            "search" input type:
            <input type = "search" name = "search" >
            <br/ > <br/ >
            "url" input type:
            <input type = "url" name = "homepage" >
            <br/ > <br/ >
            "range" input type:
            <input type = "range" name = "age" min = "10" max = "50" value =
13 onchange  = "ageDisplay. value = value" >
            <output id = "ageDisplay" >
                13
```

```
                </output>
                <br/><br/>
                "number" input type:
                <input type="number" name="quantity" min="1" max="50" >
                <br/><br/>
                "color" input type:
                <input type="color" name="my_color" >
                <br/><br/>
                  <input type="submit" >
                <br/><br/>
            </form>
        </body>
    </html>
```

本例运行效果如图 1-20 所示。

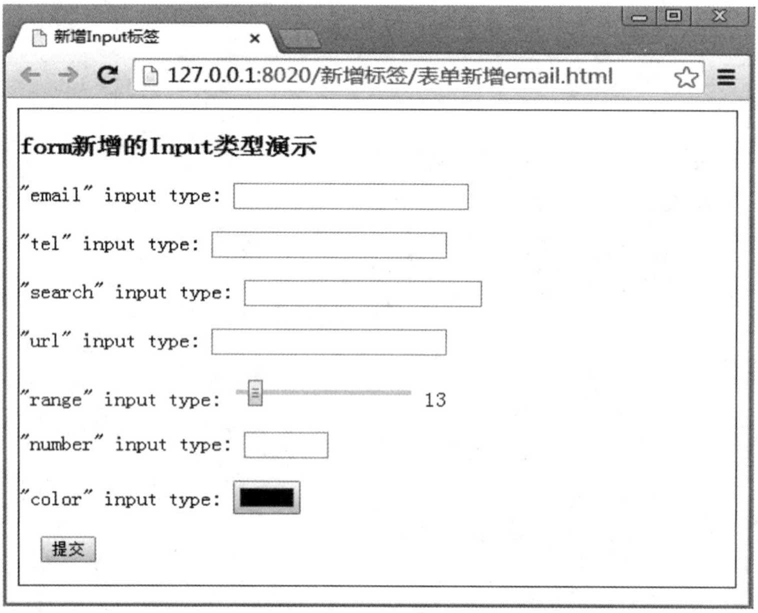

图 1-20 例 1-19 运行效果

注意:

number 类型和 range 类型的使用方式差不多,都可以设置所接受范围和默认的数据,只是表现形式不一样。两者具有相同的对数值进行限定的属性,表 1-21 列出了 number 和 range 对数值进行限定的属性。

表 1-21 对数值限定的属性

属性	具体描述
max	允许的最大值

续表

属性	具体描述
min	允许的最小值
step	规定合法的数字间隔(若 step = "3",则合法的数是 -3,0,3,6 等)
value	默认值

除了上述的新增 Input 类型外,还有一个新增的类型就是 Date pickers,它包含有 date、month、week、time、datetime、datetime-local 等时间类型。表 1-22 给出了各种类型的具体描述。

表 1-22　各种新增的时间类型

类型	功能描述
date	包含日期值的输入域,可以通过一个下拉日历来选择年/月/日
month	用于选取月和年
week	用于选取周和年
time	用于选取时间
datetime	用于选取时间、日、月、年(UTC 时间)
datetime-local	用于选取时间、日、月、年(UTC 时间)

目前,大多数主流浏览器尚未对这些 Input 类型提供支持。由于篇幅有限,这里就不再详细介绍这些日期时间类型的用法,下面通过一个简单的例子向读者展示下这些新增 Input 类型的用法。

【例 1-20】1-20. html。定义一个包含各种时间 Input 类型的 form 表单。

```
<! DOCTYPE html >
<html >
    <head >
        <meta charset = "UTF-8" >
        <title >时间 Input 类型 </title >
    </head >
    <body >
        <form action = "my_action"  style = "border:1pxsolidblue;" >
            <p >时间 Input 类型 </p >
              "date"input: <input id = "meeting"  type = "date"  value = "2014-01-13"/ >
<br/ > <br/ >
              "datatime"  input: <input type = "datetime"
name = "birthday_time1"/ > <br/ > <br/ > <br/ >
              "datetime-local"  input: <input type = "datetime-local"  / >
              <br/ > <br/ > <br/ >
```

```
            "time" input：<input type="time"  name="time"  id=""  value="" />
<br/><br/>
            "week"  input：<input type="week"  name="week"  /><br/><br/>
            "month"  input：<input type="month"  name="birthday_month"/><br/>
<br/>
            <input type="submit"  value="提交"/>
        </form>
    </body>
</html>
```

本例运行效果如图 1-21 所示。

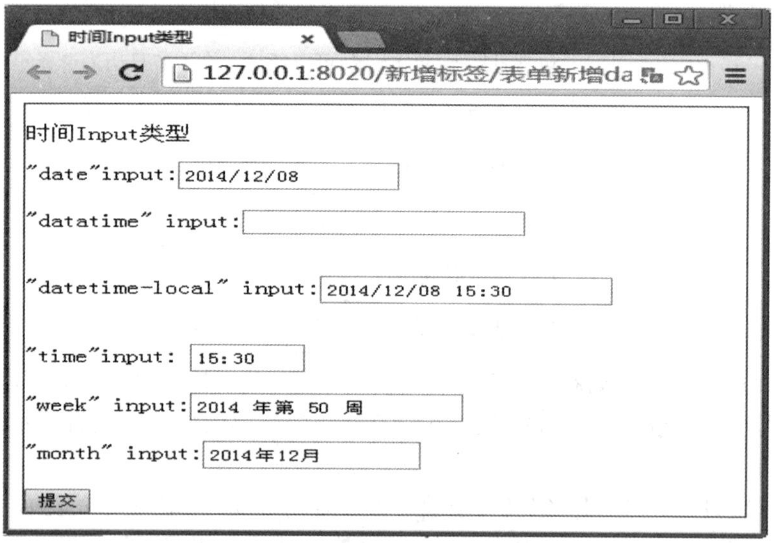

图 1-21　例 1-20 的运行效果

2. 新增的表单元素

HTML5 还新增了 <datalist>、<keygen> 和 <output> 等表单元素，接下来将介绍其功能和使用方法。表 1-23 给出了新增的表单元素以及它们的功能介绍。

表 1-23　表单新增元素及功能介绍

新增元素	功能介绍
<datalist>	用于定义输入域的选项列表，语法为：<datalist id=""> <option label="" value=""></option> <option label="" value=""></option> </datalist>
<keygen>	用于提供一种验证用户的可靠方法，它是一个密钥对生成器，一个是私钥，一个是公钥。语法为：<keygen name="">
<output>	用于显示不同类型的输出。语法为：<output id="" onoforminput="">

【例 1－21】1－21. html。定义一个表单 form，验证表 1－23 中新增的表单元素的功能。

```
<!DOCTYPE html>
<html>
    <head>
        <meta charset="UTF-8">
        <title>新增表单元素</title>
    </head>
    <body>
        <h3>新增表单元素</h3>
        <form action="my_action">
          选择水果：
          <input type="text" name="fruit" list="fruits"/>
          <datalist id="fruits">
              <option value="Apple"></option>
              <option value="Avacado"></option>
              <option value="Orange"></option>
              <option value="Banana"></option>
          </datalist>
          <br/>
          <br/>
          生成秘钥：<keygen name="RSA public key" challenge="123456789"
keytype="rsa"></keygen>
          <input type="submit" name="createcert" value="生成"/>
          <br/><br/>
          output 实例：
          <input type="range" name="age" min="10" max="50" value="13"
onchange="ageDisplay.value=value"/>
          <output id="ageDisplay"></output>
        </form>
    </body>
</html>
```

本例运行效果如图 1－22 所示。

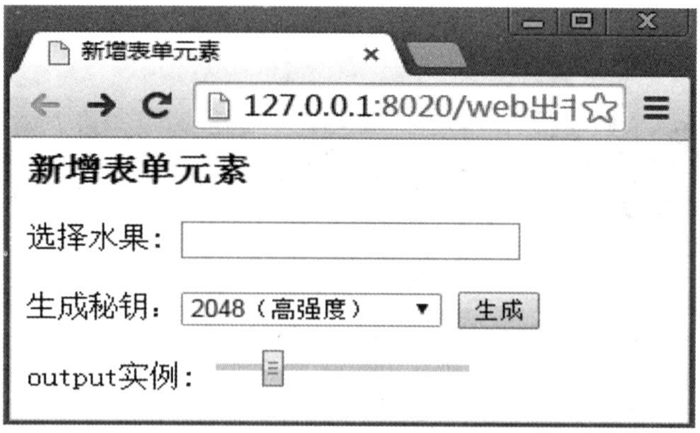

图 1-22　例 1-21 运行效果

1.6　HTML5 废弃的元素

HTML5 在新增元素的同时,也废弃了 HTML4 中的一些元素,在设计网页时应注意不要再使用这些废弃的元素。HTML5 中废弃的元素主要有以下四类。

1. 表现性元素

HTML5 中废弃的表现性元素如表 1-24 所示。

表 1-24　HTML5 中废弃的表现性元素

元素	说明
<basefont>	定义文档中所有文本的默认颜色、大小和字体
<big>	制作更大的文本
<center>	对其包围的文本和内容进行水平居中处理
<font>	规定文本的字体、大小和颜色
<s>	定义加删除线的文本
<strike>	定义加删除线的文本
<tt>	定义打字机文本
<u>	定义下划线文本

2. 框架类元素

HTML5 不支持框架,废弃的框架类元素如表 1-25 所示。

表 1-25　HTML5 中废弃的框架类元素

元素	说明
<Frame>	定义框架集中的子窗口(框架)
<Frameset>	定义框架集,用于组织多个窗口(框架)
<noframes>	向浏览器显示无法处理框架的提示文本

3. 属性类元素

HTML5 中废弃的属性类元素如表 1－26 所示。

表 1－26 HTML5 中废弃的属性类元素

元素	说明
<align>	对其属性，取值可以是 left、center、right
<body>标签上的 link、link、alink、text 属性	用于定义链接和文本的颜色
<body>标签上的 bgcolor 属性	定义文档的背景色
<body>标签上的 height 和 width 属性	定义文档的高度和宽度
<Iframe>元素上的 scrolling 属性	设置或获取框架是否可被滚动
valign	定义垂直对齐方式
hspace 和 vspace	设置元素周围的空间
<table>标签上的 cellpadding、cellspacing 和 border 属性	定义表格单元格之间的空间和边框
<header>标签上的 profile 属性	指定符合数据的轮廓描述位置
链接标签<a>上的 target 属性	指定在何处打开目标 URL
<img>和<iframe>元素的 longdesc 属性	指定长的描述内容

4. 其他类元素

HTML5 中被废弃的其他类元素如表 1－27 所示。

表 1－27 HTML5 中被废弃的其他类元素

元素	说明
<acronym>	定义首字母缩略词，可以使用 abbr 取代 acronym
<applet>	定义嵌入的 applet，可以使用 boject 取代 applet
<dir>	定义目录列表，可以使用 ul 取代 dir

1.7 综合案例：淘宝注册页面的实现

HTML 中的表单在网页中的使用十分广泛，是网页中最常用的组件，表单在网上随处可见，常被用于登录页面、对博客进行评论等。本节通过一个实例详细介绍一下表单的综合应用。

【例 1－22】1－22.html。利用本章所学内容实现如图 1－23 所示的页面效果。

步骤分析：

从图 1－23 中可以看出，这个页面效果中用到了表单中的 text 文本框、password 密码框、E-mail 邮箱框、datetime-local 日期框、radio 单选框、checkbox 复选框、selected 组合框、submit 提交按钮、reset 重置按钮、textarea 多行文本框等元素。具体的实现代码如下：

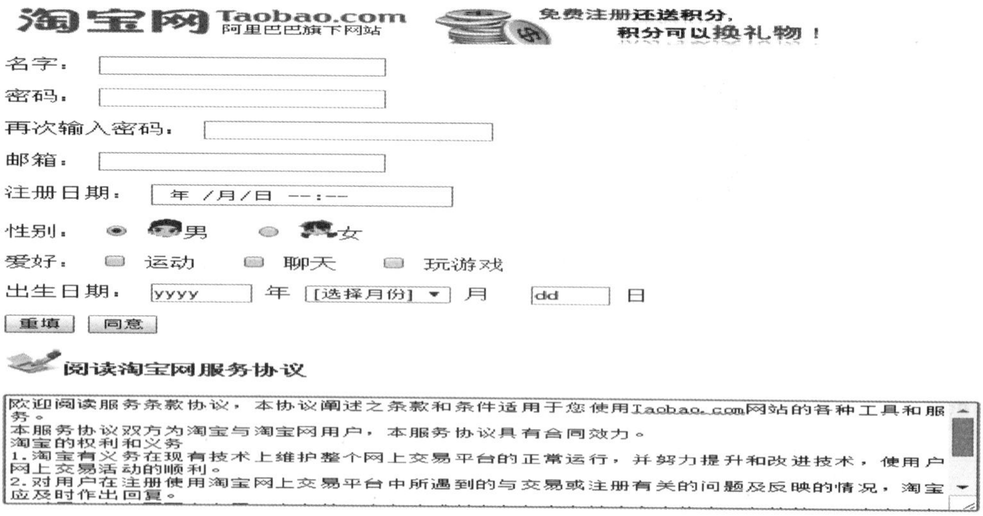

图1-23　淘宝注册页面

```
<! DOCTYPE html >
<html >
    <head >
        <meta charset = "UTF-8" / >
        <title >淘宝网注册页 </title >
    </head >
    <body >
        <p > <img src = "img/logo. gif" width = "250" height = "40" align = "middle" >
<img src = "img/reg. gif" width = "250" height = "50" align = "middle" > </p >
        <form name = "userfrm" method = "post" action = "Submit. html" >
        <p >名字：
        <input name = "fname" type = "text" >
        </p >
        <p >密码：
        <input name = "pass" type = "password" >
        </p >
        <p >再次输入密码：
        <input name = "rpass" type = "password" >
        </p >
        <p >邮箱：
          <input name = "myemail" type = "email" / >
        </p >
        <p >注册日期：
          <input name = "mydate" type = "datetime-local" / >
```

```
</p>
<p>性别:
<input name="gen" type="radio" class="input" value="男" checked>
<img src="img/Male.gif" width="23" height="21">男
 
<input name="gen" type="radio" value="女" class="input">
<img src="img/Female.gif" width="23" height="21">女</p>
<p>爱好:
<input type="checkbox" name="checkbox" value="checkbox">
  运动  
<input type="checkbox" name="checkbox2" value="checkbox">
  聊天  
<input type="checkbox" name="checkbox22" value="checkbox">
  玩游戏
  </p>
<p>出生日期:
<input name="byear" class="input" value="yyyy" size=4 maxlength=4
> 年
<select name="bmon" class="input">
<option value="" selected>[选择月份]
<option value=0>一月</option>
<option value=1>二月</option>
<option value=2>三月</option>
<option value=3>四月</option>
<option value=4>五月</option>
<option value=5>六月</option>
<option value=6>七月</option>
<option value=7>八月</option>
<option value=8>九月</option>
<option value=9>十月</option>
<option value=10>十一月</option>
<option value=11>十二月</option>
</select>
月         
<input name="bday" value="dd" size=2 maxlength=2 >
日</p>
<p>
<input type="reset" name="Reset" value="重填">
```

```
<input type = "submit" name = "Button" value = "同意" >
</p>
<h4 > <IMG src = "img/read. gif" width = "35" height = "26" >阅读淘宝网服务协议 </h4 >
<p >
<textarea name = "textarea" cols = "80" rows = "8" >欢迎阅读服务条款协议,本协议阐述之条款和条件适用于您使用 Taobao. com 网站的各种工具和服务。
本服务协议双方为淘宝与淘宝网用户,本服务协议具有合同效力。
淘宝的权利和义务
1. 淘宝有义务在现有技术上维护整个网上交易平台的正常运行,并努力提升和改进技术,使用户网上交易活动的顺利。
2. 对用户在注册使用淘宝网上交易平台中所遇到的与交易或注册有关的问题及反映的情况,淘宝应及时作出回复。
3. 对于在淘宝网网上交易平台上的不当行为或其他任何淘宝认为应当终止服务的情况,淘宝有权随时作出删除相关信息、终止服务提供等处理,而无须征得用户的同意。
4. 因网上交易平台的特殊性,淘宝没有义务对所有用户的注册资料、所有的交易行为以及与交易有关的其他事项进行事先审查
</textarea >
</p >
</form >
</body >
</html >
```

本章小结

本章主要讲述一些 HTML4 的基础内容和 HTML5 新增加的一些功能,通过一些具体实例的练习,使读者更好地掌握 HTML4 的基础及 HTML5 新增标签的用法。

第 2 章 CSS 样式表

本章要点

- CSS 基础
- 边框背景文本
- 盒模型
- 定位与浮动
- 列表
- 网页布局
- 渐变变形动画

HTML 用于结构化内容，CSS 用于格式化结构化的内容。使用 CSS，网页设计人员可以更简单地设计出灵活美观的网页。同时，也让网页的设计与维护更加高效。CSS 在网页设计中的作用尤为重要，灵活使用 CSS 是网页设计师必备的技能。

2.1 CSS 基础

对于初学网页设计的人来说，CSS 看起来有些陌生。本节将介绍 CSS 的基本概念，使用 CSS 设计网页的优势，以及如何在 HTML 页面中引入 CSS。

2.1.1 CSS 简介

CSS 的全称是“Cascading Styles Sheets”，中文称层叠样式表，简称样式表。CSS 是用于控制网页样式并允许将样式与网页内容分离的一种标记性语言。CSS 是 1996 年由 W3C 审核通过并推荐使用的。CSS 可将网页的内容与表现形式分离，使网页的外观设计从网页内容中独立开来。若要改变网页的外观，只需更改 CSS 样式即可。

CSS 可谓是网页设计的一个突破，它解决了网页界面排版的难题。CSS 作为当前网页设计中的热门技术，具有以下优势：

① 将格式和内容分离。

② 增强控制页面布局的能力。

③ 精简网页,提高下载速度。

④ 维护和更新网页更加容易。

⑤ 代码兼容性好。

⑥ 更有利于搜索引擎的搜索。

CSS3 是 CSS 规范的最新版本,在 CSS2.1 的基础上增加了很多新功能,如圆角、多背景、阴影等。浏览器厂商以前就一直在实施 CSS3,但它还未成为真正的标准。为此,当有一些 CSS3 样式语法还在波动时,它们提供了针对浏览器的前缀。现代浏览器的内核主要有 Mozilla、WebKit、Opera、Trident,前缀如下:

Chrome(谷歌浏览器):-webkit-

Safari(苹果浏览器):-webkit-

Firefox(火狐浏览器):-moz-

IE(IE 浏览器):-ms-

Opera(欧朋浏览器):-o-

本章所有案例截图都是在 Chrome 浏览器下的显示效果。读者如需切换其他浏览器,请注意 CSS3 属性前缀的使用。

2.1.2 在 HTML 页面中引入 CSS 的方法

CSS 提供了四种在 HTML 页面中插入样式表的方法:链入外部样式表、内部样式表、导入外部样式表和内嵌样式。

1. 链入外部样式表

链入外部样式表是把样式表保存为一个样式表文件,然后在页面中用 <link> 标签链接到这个样式表文件,这个 <link> 标签必须放到页面的 <head> 区内,格式如下:

```
<head>
……
<link rel="stylesheet" type="text/css" href="mystyle.css">
……
</head>
```

上面这段代码表示浏览器从 mystyle.css 文件中以文档格式读出定义的样式表。rel="stylesheet"是指在页面中使用这个外部的样式表。type="text/css"是指文件的类型是样式表文本。href="mystyle.css"是文件所在的位置,一般使用相对路径来引用外部 CSS 文件。

一个外部样式表文件可以应用于多个页面。当改变这个样式表文件时,所有引用该样式表的 HTML 页面都将受到影响。在制作大量相同样式页面的网站时,使用链入外部样式表的方式控制多个页面非常方便,不仅减少了重复的工作量,而且有利于以后的修改、编辑,浏览这些网页时也减少了重复代码的下载。

样式表文件可以用任何文本编辑器(如记事本)打开并编辑,一般样式表文件的扩展名为“.css”。样式表文件中不包含 HTML 标记,如 mystyle.css 这个文件的内容如下:

```
hr {color:red}
p {margin-left:20px}
body {background-image:url("images/bg_01.jpg")}
```

上述代码定义水平线的颜色为红色，段落左边的空白边距为20像素，页面的背景图片为images目录下的bg_01.jpg文件。

2. 内部样式表

内部样式表是把样式表放到页面的<head>区内，这些定义的样式就应用到页面中了，样式表是用<style>标记插入的，格式如下：

```
<head>
……
<style type="text/css">
hr {color: red}
p {margin-left: 20px}
body {background-image: url("images/bg_01.jpg")}
</style>
……
</head>
```

注意：

有些低版本的浏览器不能识别<style>标记，把<style>标记里的内容以文本形式直接显示到页面上。为了避免这种情况发生，可以使用加HTML注释的方式(<!--注释-->)隐藏<style>标记里的内容而不让它显示：

```
<head>
……
<style type="text/css">
<!--
hr {color: red}
p {margin-left: 20px}
body {background-image: url("images/bg_01.jpg")}
-->
</style>
……
</head>
```

3. 导入外部样式表

导入外部样式表是指在内部样式表的<style>标记里使用@import命令导入一个外部样式表，格式如下：

```
<head>
……
```

```
<style type = "text/css" >
<! --
@ import "mystyle. css"
其他样式表的声明
-- >
</style >
……
</head >
```

其中@ import "mystyle. css" 表示导入 mystyle. css 样式表，注意外部样式表的路径。方法和链入外部样式表的方法很相似，但导入外部样式表方式更有优势。实质上它相当于存在于内部样式表中。

注意：
导入外部样式表必须在样式表的开始部分，在其他内部样式表之前。

4. 内嵌样式

内嵌样式是混合在 HTML 标记里使用的，用这种方法可以很简单地对某个元素单独定义样式。内嵌样式是直接在 HTML 标记里加入 style 参数，而 style 参数的内容就是 CSS 的属性和值，格式如下：

```
<p style = "color:red; margin-left:20px" >
这是一个段落
</p >
```

这个段落颜色为红色，左边距为 20 像素。style 参数后面引号里的内容相当于样式表大括号里的内容。

注意：
style 参数可以应用于除了 BASEFONT、PARAM 和 SCRIPT 之外的任意 <body> 内的元素（包括 <body>）。

2.2 CSS 基础语法

样式表的定义主要由两部分构成：选择器，以及一条或多条声明，格式如下：

```
selector {declaration1; declaration2; …declarationN}
```

选择器，英文称为 selector，是 CSS 中很重要的概念。所有 HTML 语言中的标记样式都是通过选择器来进行控制的。选择器通常是改变样式的 HTML 元素。每条声明由一个属性和一个值组成。属性（property）是希望设置的样式属性（style attribute），每个属性有一个值，属性和值之间用冒号分开。若要定义不止一个声明，则需要用分号将每个声明分开。

根据所获取页面中元素的不同，把 CSS3 选择器分为五类：基本选择器、层次选择器、伪类选择器、伪元素选择器和属性选择器。其中，伪类选择器又分为六种：动态伪类选择器、目标伪类选择器、语言伪类选择器、UI 元素状态伪类选择器、结构伪类选择器和否定伪类选择器。

2.2.1 基本选择器

基本选择器是 CSS 中使用最频繁、最基础，也是 CSS 中最早定义的选择器。其详细说明如表 2－1 所示。

表 2－1 基本选择器

选择器	类型	描述
*	通配选择器	选择文档中所有的 HTML 元素
E	元素选择器	选择指定的类型为 HTML 元素
#id	ID 选择器	选择指定 id 属性值为“id”的任意类型元素
. class	类选择器	选择指定 class 属性值为“class”的任意类型的任意多个元素
selector1, selectorN	群组选择器	将每一个选择器匹配的元素集合并

【例 2－1】2－1. htm。基本选择器。

```
<! DOCTYPE html >
<html >
    <head >
        <meta charset = "UTF-8" >
        <title >基本选择器 </title >
        <style type = "text/css" >
            p
            { /* 元素选择器 */
                color:red;
                font-size:18px;
                text-align:left;
            }
            . one
            { /* 类选择器 */
                color:green;           /* 绿色 */
            }
            #intro
            {/* ID 选择器 */
                color:blue;/* 蓝色 */
            }
            h2,h5
            {/* 群组选择器 */
                font-weight: bold;
```

```
                color: red;
            }
        </style>
    </head>
    <body>
        <p >这个段落是红色向左对齐的</p>
        <p class="one">这个段落是绿色的</p>
        <p id="intro">这个段落是蓝色的</p>
        <h2 >这个标题是红色粗体的</h2>
        <h5 >这个标题是红色粗体的</h5>
    </body>
</html>
```

本例运行效果如图 2－1 所示。

这个段落是红色向左对齐的

这个段落是绿色的

这个段落是蓝色的

这个标题是红色粗体的

这个标题是红色粗体的

图 2－1　例 2－1 运行效果

ID 选择器不引用 class 属性的值，它要引用 id 属性中的值。

注意：

① id 属性只能在每个 HTML 文档中出现一次。

② ID 选择器不能结合使用，因为 id 属性不允许有以空格分隔的词列表。例如，<p id="one two">这样的写法是完全错误的。

2.2.2　层次选择器

层次选择器通过 HTML 中元素间的层次关系获取元素，其详细说明如表 2－2 所示。

表 2－2　层次选择器

选择器	类型	描述
E F	后代选择器	选择 E 元素的所有后代 F 元素
E > F	子选择器	选择 E 元素下所有的子元素 F
E + F	相邻兄弟选择器	选择紧接在 E 元素后的 F 元素
E ~ F	通用兄弟选择器	选择 E 元素后边的所有兄弟元素

【**例 2－2**】2－2. html。层次选择器。

```
<! DOCTYPE html>
<html>
    <head>
```

```
        <meta charset = "UTF-8" >
        <title >CSS 层次选择器 </title >
        <style type = "text/css" >
            *
            {
            margin:0;
            padding:0;
            }
            body
            {
            width:300px;
            margin:0 auto;
            }
            div
            {
            margin:5px;
            padding:5px;
            border:1px solid red;
            }
            div div     /* 后代选择器 */
            {background:orange;}
            body > div  /* 子选择器 */
            {background:green;}
            .active + div  /* 相邻兄弟选择器 */
            {background:grey;}
            /* 通用兄弟选择器 */
            /* .active ~ div
            {background:red;}
            */
        </style >
</head >
<body >
        <div class = "active" >1 </div >
        <div >2 </div >
        <div >3 </div >
        <div >4
            <div >5 </div >
            <div >6 </div >
```

```
        </div>
        <div>7
            <div>8
                <div>9
                    <div>10</div>
                </div>
            </div>
        </div>
    </body>
</html>
```

本例运行效果如图 2-2 所示。若把上例中通用兄弟选择器代码注释去掉，则运行效果如图 2-3 所示。

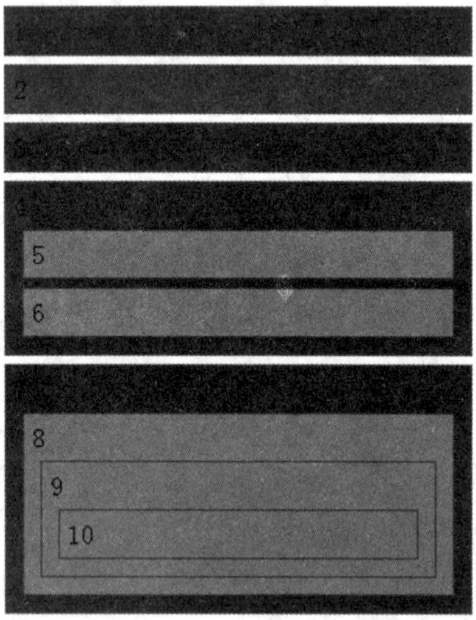

图 2-2　例 2-2 运行效果

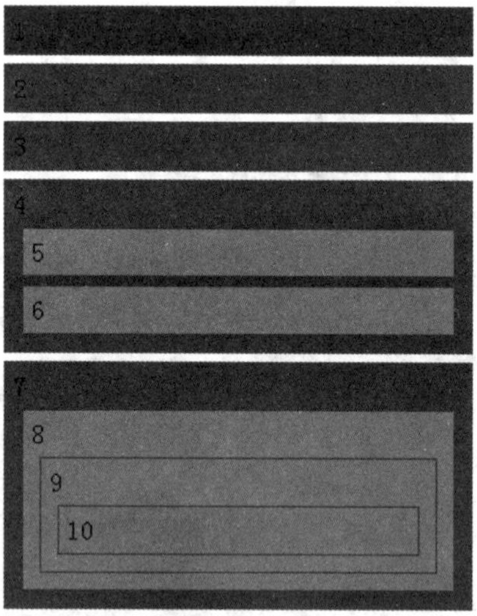

图 2-3　通用兄弟选择器去掉后运行效果

注意：

通用兄弟选择器选中的是与 E 元素相邻的后面兄弟元素 F，其选中的是一个或多个元素；而相邻兄弟选择器选中的仅是与 E 元素相邻并且紧挨的兄弟元素 F，其选中的仅是一个元素。

2.2.3　动态伪类选择器

伪类选择器语法都以冒号(:)开头，格式如下：

```
E:pseudo-class {property:value}
```

其中 E 为 HTML 中的元素，pseudo-class 是 CSS 的伪类选择器名称，property 是 CSS 的属性，value 为 CSS 属性值。

动态伪类并不存在于 HTML 中，只有当用户和网站交互的时候才能体现出来。其详细说明如表 2-3 所示。

表 2－3　动态伪类选择器

选择器	类型	描述
E:link	链接伪类选择器	选择匹配的 E 元素，而且匹配元素被定义了超链接并未被访问过，常用于链接锚点上
E:visited	链接伪类选择器	选择匹配的 E 元素，而且匹配元素被定义了超链接并已被访问过，常用于链接锚点上
E:active	用户行为伪类选择器	选择匹配的 E 元素，且匹配元素被激活，常用于锚点与按钮上
E:hover	用户行为伪类选择器	选择匹配的 E 元素，且用户鼠标在停留在元素 E 上
E:focus	用户行为伪类选择器	选择匹配的 E 元素，且匹配的元素获得焦点

注意：

锚点伪类的设置必须遵守一个“爱恨原则”（LoVe/HAte），即四种伪类的首字母：LVHA，也就是“link-visited-hover-active”。

【例 2－3】2－3. html。锚伪类选择器。

```
<! DOCTYPE html>
<html>
    <head>
        <meta charset="UTF-8">
        <title>锚伪类选择器</title>
        <style type="text/css">
            a:link /* 未访问的链接 */
            {
                color: #ff0000;
            }
            a:visited /* 已访问的链接 */
            {
                color: #00ff00;
            }
            a:hover /* 鼠标移动到链接上 */
            {
                color: #ff00ff;
            }
            a:active /* 选定的链接 */
            {
                color: #0000ff;
            }
        </style>
```

```
    </head>
    <body>
        <p>河南大学</p>
        <a href="http://www.henu.edu.cn">河南大学首页</a>
        <a href="http://www.henu.edu.cn/szxy.htm">河南大学数字校园</a>
    </body>
</html>
```

该例将不同的链接状态设置成不同的颜色,从而提高链接的视觉效果。

将伪类和类组合起来使用,就可以在同一个页面中实现几组不同的链接效果了。例如,定义一组链接为红色,访问后为蓝色,另一组为绿色,访问后为黄色:

```
a.red:link {color: #ff0000}
a.red:visited {color: #0000ff}
a.green:link {color: #00ff00}
a.green:visited {color: #ff00ff}
```

该例将应用到不同的链接:

```
<a class="red" href="...">这是第一组链接</a>
<a class="green" href="...">这是第二组链接</a>
```

注意:

① a:hover 必须被置于 a:link 和 a:visited 之后,才是有效的。

② a:active 必须被置于 a:hover 之后,才是有效的。

③ 伪类名称对大小写不敏感。

2.2.4 目标伪类选择器

目标伪类选择器":target"用来匹配文档的 URL 中的某个标识符的目标元素。具体来说,URL 中的标志符通常会包含一个井号(#),后面带有一个标识符名称,如"#contact"":target"就是用来匹配 ID 为"contact"的元素的。换种说法,在 Web 页面中,一些 URL 拥有片段标识符,它由一个井号(#)后跟一个锚点或元素 ID 组合而成,可以链接到页面的某个特定元素。":target"伪类选择器选取链接的目标元素,然后供定义样式。其详细说明如表 2-4 所示。

表 2-4 目标伪类选择器

选择器	描述
E:target	选择匹配 E 的所有元素,且匹配元素被 URL 指向

注意:

目标伪类选择器是动态选择器,只有存在 URL 指向该匹配元素时,样式效果才会生效。

【**例 2-4**】2-4.html。手风琴效果。页面中有三个标题区域块,当点击其中一个标题时,其对应的内容就会显示;点击另一个标题时,对应内容显示,前一个内容隐藏。

```
<! DOCTYPE html>
<html>
  <head>
    <meta charset="UTF-8">
    <title>手风琴</title>
    <style type="text/css">
        .accordionMenu
        {
          background:#ffffff;
          color:#424242;
          font: 12px Arial, Helvetica, sans-serif;
          margin: 0 auto;
          padding:10px;
          width: 500px;
        }
        .accordionMenu h2
        {
          margin:5px 0;
          padding:0;
          position:relative;
        }
        .accordionMenu h2:before /*制作向下三角形效果*/
        {
          border: 5px solid #ffffff;
          border-color:grey transparent transparent;
          content:"";
          height:0;
          position:absolute;
          right: 10px;
          top: 15px;
          width: 0;
        }
        .accordionMenu h2 a      /*制作手风琴标题栏效果*/
        {
          background: #8f8f8f;
          background:: linear-gradient( top, #cecece, #8f8f8f);
          border-radius: 5px;
```

```
            color:#424242;
            display: block;
            font-size:13px;
            font-weight: normal;
            margin: 0;
            padding: 10px 10px;
            text-shadow: 2px 2px 2px #aeaeae;
            text-decoration: none;
        }
        .accordionMenu :target h2 a, /* 制作目标标题效果 */
        .accordionMenu h2 a:focus,
        .accordionMenu h2 a:hover,
        .accordionMenu h2 a:active
        {
            background: #2288dd;
            background:: linear-gradient( top, #6bb3ff, #2288dd);
            color:#ffffff;
        }
        .accordionMenu P /* 标题栏对应的内容 */
        {
            margin: 0;
            height: 0; /* 默认栏目内容高度为0,达到隐藏效果 */
            overflow: hidden;
            padding: 0 10px;
            transition: height 0.5s ease-in;
        }
        /* 显示内容的关键代码 */
        .accordionMenu :target P /* 展开对应的目标内容 */
        {
            height: 100px; /* 显示对应的目标栏内容 */
            overflow: auto;
        }
        .accordionMenu :target h2:before /* 展开时标题三角效果 */
        {
            border-color: transparent transparent transparent #ffffff;
        }
    </style>
</head>
```

```
<body>
    <div class="accordionMenu">
        <div class="menuSection" id="brand">
            <h2><a href="#brand">Brand</a></h2>
            <p>内容如下</p>
        </div>
        <div class="menuSection" id="promotion">
            <h2><a href="#promotion">promotion</a></h2>
            <p>内容如下</p>
        </div>
        <div class="menuSection" id="event">
            <h2><a href="#event">event</a></h2>
            <p>内容如下</p>
        </div>
    </div>
  </body>
</html>
```

本例运行效果如图 2-4 所示。

图 2-4　例 2-4 运行效果

除了能制作手风琴效果、高亮显示脚注效果之外，目标伪类选择器还可以应用于高亮显示区块、幻灯片效果、烤箱效果、相册效果等。

2.2.5　语言伪类选择器

使用语言伪类选择器来匹配使用语言的元素是非常有效的，特别是用于多语言版本的网站，其作用更是明显。可以使用它来根据不同语言版本设置页面的字体风格。语言伪类选择器是根据元素的语言编码匹配元素的。这种语言必须包含在文档中，或者与文档关联，不能从 CSS 指定。

为文档指定语言有两种方法。如果使用 HTML5 可以直接设置文档语言，格式如下：

```
<!DOCTYPE html>
<html lang="en-US">
```

另一种方法就是手工在文档中指定 lang 属性，并设置对应的语言值，格式如下：

```
<body lang = "en-US" >
```

【例 2 -5】2 -5. html。多语言版本引文风格。

```
<! DOCTYPE html >
<html lang = "en-US" >
  <head >
    <meta charset = "UTF-8" >
    <title >语言伪类选择器 </title >
    <style type = "text/css" >
        :lang(en) {
            quotes:'"' '"';
        }
        :lang(en) q {background: red;}
        :lang(fr) {
            quotes:'<<' '>>';
        }
        :lang(fr) q {background: yellow;}
    </style >
  </head >
  <body >
    <p >WWF's goal is to:
    <q cite = "http://www. wwf. org" >
   build a future where people live in harmony with nature
    </q > we hope they succeed. </p >
  </body >
</html >
```

使用这种方法可以为多语言版本网站设置不同的样式。当设置为 <html lang = "en-US" >时，使用“ ”进行引文，背景色为红色；当设置为 <html lang = "fr" >时，使用 < < > >进行引文，背景色为黄色。

2.2.6 UI 元素状态伪类选择器

UI 元素状态伪类选择器也是 CSS3 选择器模块组中的一部分，主要用于 form 表单元素上，以提高网页的人机交互、操作逻辑以及页面的整体美观效果，使表单页面更具个性与品位，使用户操作页面表单更便利和简单。动态伪类并不存在于 HTML 中，只有当用户和网站交互的时候才能体现出来。在 CSS3 中，共有 10 种 UI 元素状态伪类选择器，分别是 E: hover、E: active、E: focus、E: enabled、E: disabled、E: read-only、E: read-write、E: checked、E:default 及 E:selection。其中，E:hover、E:active、E:focus 在 2. 2. 3 小节已经介绍过，这里不再重复。UI 元素状态伪类选择器详细说明如表 2 -5 所示。

表 2－5　UI 元素状态伪类选择器

选择器	类型	描述
E:checked	选择状态伪类选择器	匹配选中的复选按钮或单选按钮表单元素
E:enabled	启用状态伪类选择器	匹配所有启用的表单元素
E:disabled	不可用状态伪类选择器	匹配所有禁用的表单元素
E:readonly	只读状态伪类选择器	匹配所有只读的表单元素
E:read-write	非只读状态伪类选择器	匹配所有非只读的表单元素
E:default	默认状态伪类选择器	匹配默认处于选取状态的复选按钮或单选按钮表单元素
E:selection	选取状态伪类选择器	匹配突出显示的文本(该伪元素只接受两个属性:background 和 color)

【例 2－6】2－6. html。表单元素的 UI 状态。

```
<! DOCTYPE html >
<html >
  <head >
    <meta charset = "UTF-8" >
    <title > </title >
    <style type = "text/css" >
      li{
        padding:3px;
      }
      input[type = "text"]:enabled{
        border:1px solid #090;
        background:#fff;
        color:#000;
      }
      input[type = "text"]:disabled{
        border:1px solid #ccc;
        background:#eee;
        color:#ccc;
      }
      input[type = "text"]:read-only{
        background-color:gray;
      }
      input[type = "text"]:-moz-read-only{
        background-color:gray;
      }
```

```
        /*将该部分注释去掉,读者可以动手试验下
        input[type="text"]:read-write{
          background-color: yellow;
        }*/
        input[type="radio"]:checked {
          outline:3px solid blue;
        }
        input[type="radio"]:-moz-checked {
          outline:3px solid blue;
        }
        /*:default 选择器在 chrome 下不支持,firefox 下可用,读者可以尝试下*/
        input[type="checkbox"]:default {
          outline:3px solid red;
        }
        /* 为有内容被选择的元素设置 CSS 样式 */
        ::selection {
          background-color: red;
          color: white;
        }
        /* 专为基于 Gecko 内核浏览器指定 CSS 样式:
        为有内容被选择的元素设置 CSS 样式 */
        ::-moz-selection {
          background-color: red;
          color: white;
        }
      </style>
    </head>
    <body>
      <form>
        <p>姓名:<input type="text" name="name" /></p>
        <p>地址:<input type="text" name="address" value="河南大学"
readonly="readonly" /></p>
        请选择您的年龄:<input type="radio" name="age">20 以下
        <input type="radio" name="age">20-30
        <input type="radio" name="age">30-40
        <input type="radio" name="age">40-50
        <input type="radio" name="age">50 以上<br/>
        您喜欢的电影类型:<input type="checkbox" checked>爱情剧
```

```
        < input type = " checkbox" > 恐怖剧
        < input type = " checkbox" > 动作剧
        < input type = " checkbox" > 教育剧
        < ul >
          < li > < input type = " text"  value = " 可用状态"  / > < /li >
          < li > < input type = " text"  value = " 禁用状态"  disabled = " disabled"  / > < /li >
         < /ul >
      < /form >
    < /body >
< /html >
```

本例运行效果如图 2 – 5 所示。

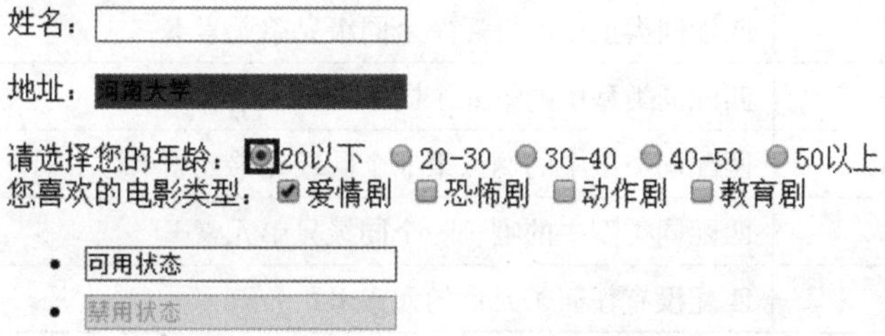

图 2 – 5　例 2 – 6 运行效果

2.2.7　结构伪类选择器

CSS3 引入了结构伪类选择器，可以通过文档树结构的相互关系来匹配特定的元素，从而减少 HTML 文档对 ID 或类名的定义，保持代码干净和整洁。HTML 的 DOM 树型结构如图 2 – 6 所示。

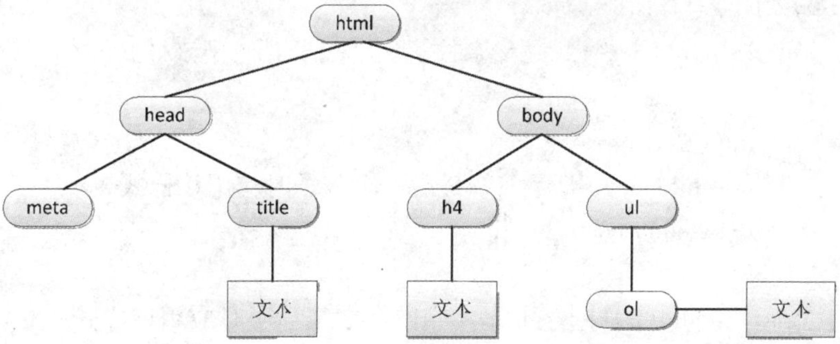

图 2 – 6　HTML 的 DOM 树型结构

在图 2 – 6 中，直接嵌入其他元素的元素称为子元素（Child），上层元素称为父元素（Parent），如 <li>就是 <ul>的子元素，<ul>是 <li>的父元素，<li>是 <body>的后代元素，<body>是 <li>的祖先元素。了解了 HTML 的 DOM 树型结构，下面来看结构选择器的详细说明，如表 2 – 6 所示。

表 2-6 结构伪类选择器

选择器	描述
E:root	匹配 E 元素在文档的根元素。在 HTML 中,根元素永远是 HTML
E:first-child	匹配父元素的第一个子元素 E。与 E:nth-child(1)等同
E:last-child	匹配父元素的最后一个子元素 E。与 E:nth-last-child(1)等同
E:nth-child(n)	匹配父元素的第 n 个子元素 E。其中 n 可以是整数、关键字(even、odd),也可以是公式(2n+1、-n+5),n 值起始值为 1
E:nth-last-child(n)	匹配父元素的倒数第 n 个子元素 E
E:only-child	匹配父元素唯一的一个子元素 E
E:first-of-type	匹配同类型中的第一个同级兄弟元素 E
E:last-of-type	匹配同类型中的最后一个同级兄弟元素 E
E:nth-of-type(n)	匹配同类型中的第 n 个同级兄弟元素 E
E:nth-last-of-type(n)	匹配同类型中的倒数第 n 个同级兄弟元素 E
E:only-of-type	匹配同类型中的唯一一个同级兄弟元素 E
E:empty	匹配没有任何子元素的元素 E

【例 2-7】2-7. html。结构伪类选择器。

```
<!DOCTYPE html>
<html>
  <head>
    <meta charset="UTF-8">
    <title>结构伪类选择器</title>
    <style type="text/css">
        li:first-child {/*li 是父亲的第一个孩子时应用该样式*/
          background-color:red;
        }
        li:last-child {/*li 是父亲最后一个孩子时应用该样式*/
          background-color:blue;
        }
        li:nth-child(2) {/*li 是父亲的第二个孩子时应用该样式*/
          background-color:green;
        }
        li:nth-last-child(2) {/*li 是父亲的倒数第二个孩子时应用该样式*/
          background-color:yellow;
        }
        p:nth-child(odd) {/*p 是父亲的第奇数个孩子时应用该样式*/
            background-color:skyblue;
```

```
        }
        p:nth-child(even) { /* p 是父亲的第偶数个孩子时应用该样式 */
          background-color:gray;
        }
        h3:nth-of-type(odd) {/* h3 是父亲的 h3 类型中第奇数个孩子时应用该样式 */
          background-color:cyan;
        }
        h3:nth-of-type(even) {/* h3 是父亲的 h3 类型中第偶数个孩子时应用该样式 */
          background-color:purple;
        }
        h1:only-child { /* h1 是父亲的唯一孩子时应用该样式 */
          background-color:magenta;
        }
    </style>
  </head>
  <body>
    <div>
      <ul>列表:
          <li>列表项目 1</li>
          <li>列表项目 2</li>
          <li>列表项目 3</li>
          <li>列表项目 4</li>
      </ul>
    </div>
    <div>
          <p>第一段</p>
          <h3>标题 1</h3>
          <p>第二段</p>
          <h3>标题 2</h3>
    </div>
    <div>
          <h1>新标题</h1>
    </div>
  </body>
</html>
```

本例运行效果如图 2－7 所示。

2.2.8 否定伪类选择器

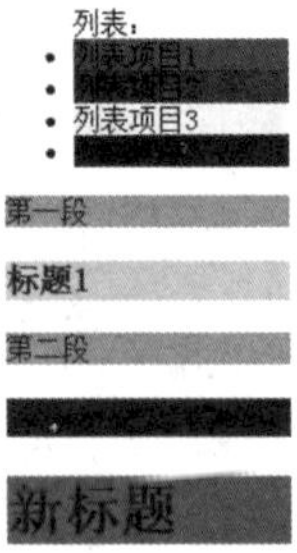

图 2-7 例 2-7 运行效果

否定伪类选择器“:not()”是 CSS3 的新增选择器,类似 jQuery 中的“:not()”选择器,主要用来定位不匹配该选择器的元素。其详细说明如表 2-7 所示。

表 2-7 否定伪类选择器

选择器	描述
E:not(F)	匹配所有除元素 F 外的 E 元素

【例 2-8】2-8.html。改变图片效果。当鼠标悬浮在整个图片墙上时,所有图片通过自定义的过滤特性,显示其效果;当鼠标移动到一张图片上时,图片恢复到默认效果,其他图片保持黑白模糊效果。

```
<!DOCTYPE html>
<html>
  <head>
    <meta charset="UTF-8">
    <title>改变图片效果</title>
    <style type="text/css">
        * {
            margin: 0;
            padding: 0;
        }
        ul {
            width: 800px;
            margin: 20px auto;
        }
        li {
            display:inline-block; /* 使一些块元素并排显示 */
            list-style: none outside none;
            margin: 5px;
        }
        img {
            width: 126px;
            height: 96px;
        }
        .gallery li:nth-child(2) {
            -webkit-filter:grayscale(1);
```

```
        }
        .gallery li:nth-child(3){
            -webkit-filter:sepia(1);
        }
        .gallery li:nth-child(4){
                -webkit-filter:saturate(0.5);
        }
        .gallery li:nth-child(5){
            -webkit-filter:hue-rotate(90deg);
        }
        .gallery li:nth-child(6){
            -webkit-filter:invert(1);
        }
        .gallery li:nth-child(7){
            -webkit-filter:opacity(0.2);
        }
        .gallery li:nth-child(8){
            -webkit-filter:blur(3px);
        }
        .gallery li:nth-child(9){
            -webkit-filter:drop-shadow(5px 5px 5px #ccc);
        }
        .gallery li:nth-child(10){
            -webkit-filter: saturate(6) hue-rotate(361deg) brightness(.09);
        }
        .gallery:hover li:not(:hover){
            -webkit-filter: blur(2px) grayscale(1);
                opacity: .7;
        }
    </style>
</head>
<body>
    <ul class="gallery">
        <li>
            <img alt="" src="images/filter.jpg" />
        </li>
        <li>
            <img alt="" src="images/filter.jpg" />
```

```
            </li>
            <li>
                <img alt="" src="images/filter.jpg" />
            </li>
            <li>
                <img alt="" src="images/filter.jpg" />
            </li>
            <li>
                <img alt="" src="images/filter.jpg" />
            </li>
            <li>
                <img alt="" src="images/filter.jpg" />
            </li>
            <li>
                <img alt="" src="images/filter.jpg" />
            </li>
            <li>
                <img alt="" src="images/filter.jpg" />
            </li>
            <li>
                <img alt="" src="images/filter.jpg" />
            </li>
            <li>
                <img alt="" src="images/filter.jpg" />
            </li>
            </ul>
    </body>
</html>
```

本例运行效果如图 2－8 所示。

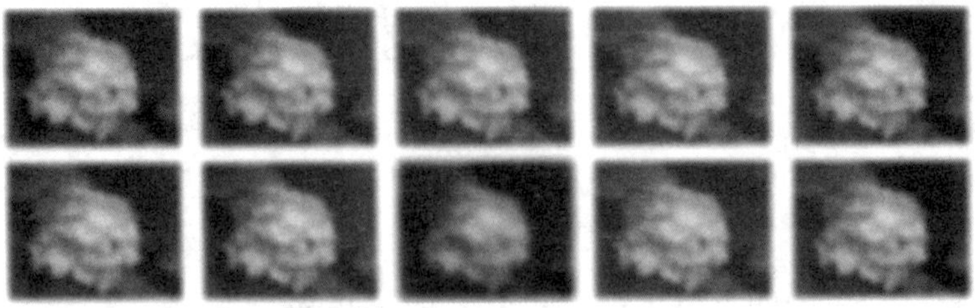

图 2－8 例 2－8 运行效果

2.2.9 伪元素选择器

伪元素选择器并不是针对真正的元素使用的选择器,而是针对 CSS 中已经定义好的伪元素使用的选择器。伪元素选择器格式如下:

```
E: pseudo-element {property: value}或者
E: class: pseudo-element {property: value}
```

其中 E 为 HTML 中的元素,class 是 CSS 的类选择器名称,pseudo-element 是伪元素,property 是 CSS 的属性,value 为 CSS 属性值。

CSS3 对伪元素进行了一定的调整,在以前的基础上增加了一个冒号,如表 2-8 所示。双冒号和单冒号在 CSS3 中主要用来区分伪类和伪元素,这两种方式都被浏览器所接受。

表 2-8 伪元素选择器

伪元素	描述
::first-line	匹配首行的文本
::first-letter	匹配首字母的文本
::before	在某个元素之前插入一些内容,配合 content 属性一起使用
::after	在某个元素之后插入一些内容,配合 content 属性一起使用
::selection	匹配突出显示的文本(该伪元素只接受两个属性:background 和 color)

【例 2-9】2-9. html。伪元素选择器的使用。

```
<!DOCTYPE html>
<html>
  <head>
    <meta charset="UTF-8">
    <title>伪元素</title>
    <style type="text/css">
      p{
        width:100px;
        padding: 5px 10px;
        border: 1px solid red;
        font: 16px/20px simsun,serif,sans-serif;
      }
      p::first-letter{
        float: left;
        color: red;
        font-size: 40px;
        font-weight: bold;
        line-height: 1;
```

```
        }
        li::before {content: url(images/music.png)}
        li::after {
          content:"(点击类型获得更好听的音乐)";
          font-size: 14px;
          color: orange;
        }
        /* 为有内容被选择的元素设置 CSS 样式 */
        ::selection {
          background-color: red;
          color: white;
        }
        /* 专为基于 Gecko 内核浏览器指定 CSS 样式:
        为有内容被选择的元素设置 CSS 样式 */
        ::-moz-selection {
          background-color: red;
          color: white;
        }
      </style>
    </head>
    <body>
      <p>首字母下沉,报纸杂志常用排版方式</p>
      <ul>音乐
        <li><a href="#">流行</a></li>
        <li><a href="#">校园</a></li>
        <li><a href="#">摇滚</a></li>
      </ul>
      <h2>选中字体呈现红色背景白色字体</h2>
    </body>
</html>
```

本例运行效果如图 2－9 所示。

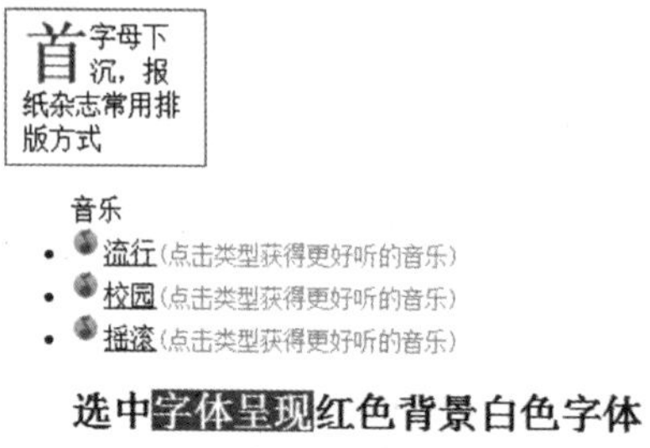

图 2－9　例 2－9 运行效果

2.2.10　属性选择器

在 HTML 中,通过各种各样的属性可以给元素增加很多附加信息。CSS3 在 CSS2 的基础上扩展了这些属性选择器,支持基于模式匹配来定位元素。其详细说明如表 2 – 9 所示。

表 2 – 9　CSS3 属性选择器列表

选择器	描述
E[attr]	选择匹配具有属性 attr 的 E 元素。其中 E 可以省略,表示选择定义了 attr 属性的任意类型元素
E[attr = val]	选择匹配具有属性 attr 的 E 元素,并且 attr 的属性值为 val(其中 val 区分大小写),同样 E 元素省略时表示选择定义了 attr 属性值为 val 的任意类型元素
E[attr| = val]	选择匹配 E 元素,且 E 元素定义了属性 attr,attr 属性值是一个具有 val 或者以 val-开始的属性值,常用于 lang 属性(如 lang = “en-US”)。例如,p[lang = en]将匹配定义为英语的任何段落,无论是英式英语还是美式英语
E[attr ~ = val]	选择匹配 E 元素,且 E 元素定义了属性 attr,attr 属性值具有多个空格分隔的值,其中一个值等于 val。例如,. info[title ~ = more]将匹配元素具有类名 info,而且这个元素设置了一个属性 tilte,同时 title 属性值以包含了“more”的任何元素,例如,< a class = " info" title = " click here for more information" >click me </a >
E[attr * = val]	选择匹配 E 元素,且 E 元素定义了属性 attr,其属性值任意位置包含了“val”。换句话说,字符串“val”与属性值中的任意位置相匹配
E[attr^ = val]	选择匹配 E 元素,且 E 元素定义了属性 attr,其属性值以“val”开头的任何字符串
E[attr $ = val]	选择匹配 E 元素,且 E 元素定义了属性 attr,其属性值以“val”结尾的任何字符串,刚好与 E[attr^ = val]相反

CSS3 中常见的通配符如表 2 – 10 所示。

表 2 – 10　CSS3 中常见的通配符

通配符	类型	示例
^	匹配起始符	span[class^ = span] 表示选择以类名以“span”开头的所有 <span>元素
$	匹配终止符	a[href $ = pdf] 表示选择以“pdf”结尾的 href 属性的所有 <a>元素
*	匹配任意字符	a[title * = site] 匹配 <a>元素,而且 <a>元素的 title 属性值中任意位置有“site”字符的任何字符串

【**例 2 – 10**】2 – 10. html。属性选择器。

```
<! DOCTYPE html >
<html >
  <head >
    <meta charset = "UTF-8" >
    <title >属性选择器 </title >
    <style type = "text/css" >
      [title]
      {
        color:red;
      }
      a[href] {color:blue;}
      a[href][title] {color:yellow;}
  </style >
</head >
<body >
   <p title = "属性选择器" >css 属性选择器 1 </p >
   <p >css 属性选择器 2 </p >
   <a href = "#" >css 属性选择器 3 </a > <br/ >
   <a title = "属性选择器" href = "#" >css 属性选择器 4 </a >
  </body >
</html >
```

可以将包含 title 的所有元素变成红色,也可以将只具有 href 属性的 <a>元素变成蓝色,还可以对多个属性进行选择,将同时具有 href 和 title 属性的 HTML 超链接的文本设置为黄色。

上例中属性选择器只是选择了具有某种属性的元素,而不论属性值为多少。接下来介绍只选择有特定属性值的元素。

【例 2－11】2－11. html。属性选择器匹配。

```
<! DOCTYPE html >
<html >
  <head >
    <meta charset = "UTF-8" >
    <title >属性选择器 </title >
    <style type = "text/css" >
      [title = "henu"] {color: red; }
      /* 选择以 rar 结尾的 href 属性的所有 <a >元素 */
      a[href $ = "rar"] {
        color: orange;
        background: url(images/icon_rar.jpg) norepeat left center;
```

```
            padding-left:18px;
            }
        </style >
    </head >
    < body >
        < a href = "http://www. henu. edu. cn" > 河南大学 </a > < br/ >
        < a href = "http://www. henu. edu. cn"  title = "henu"  > 河南大学 </a > < br/ >
        < a href = " http://www. henu. edu. cn/hdgk. htm"  title = " henu gk"  > 河南大学概况 </a > < br/ >
        < a href = "http://www. henu. edu. cn/hdgk. php"  title = "henugk"  > 河南大学概况 </a > < br/ >
        < a href = "http://www. henu. edu. cn/hdgk. php"  title = "gkhenu"  > 河南大学概况 </a > < br/ >
        < p > 超链接类型标识图标 </p >
        < a href = "http://www. henu. edu. cn/name. rar"  > RAR 文件 </a > < br/ >
    </body >
</html >
```

该例中属性和属性值必须完全匹配才能运用该样式。只有第 2 行的河南大学才显示为红色。如果想使 title 属性中包含“henu”的元素都可以运用该样式,可以使用下面的选择器。

```
[title ~ = "henu"] {color: gray;}
```

此时,第 3 行河南大学概况能够运用该样式。

若想使 title 属性中以“henu”开头的字符串的元素都可以运用该样式,可以使用下面的选择器。

```
[title^ = "henu"] {color: green;} /* 选择 title 属性值以“henu”开头的所有元素 */
```

此时,第 4 行河南大学概况能够运用该样式。

若想使 title 属性中包含“henu”字符串的元素都可以运用该样式,可以使用下面的选择器。

```
[title * = "henu"] {color: magenta;} /* 选择 title 属性值包含“henu”字符串的所有元素 */
```

此时,第 5 行河南大学概况能够运用该样式,本例运行效果如图 2 – 10 所示。

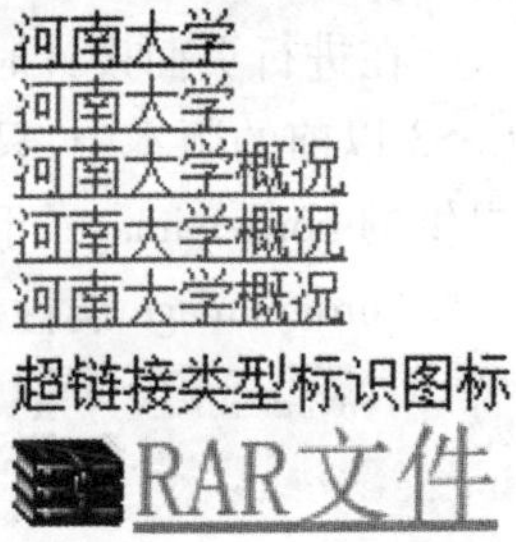

图 2 – 10 例 2 – 11 运行效果

2.3 边框

边框(border)是围绕元素内容(content)和内边距(padding)的一条或多条线。

2.3.1 边框基本属性

边框(border)主要有三个属性:颜色(color)、宽度(width)和样式(style)。

CSS 规范指出,边框绘制在“元素的背景之上”。有些边框是“间断的”(如点边框或虚线框),元素的背景就会出现在边框的可见部分之间。样式是边框最重要的一个属性,如果没有样式,根本就不会有边框。

边框属性详细说明如表 2-11 所示。

表 2-11 边框属性

属性	描述	取值
border-width	设置边框宽度。有四个扩展属性: border-top-width、 border-right-width、 border-bottom-width、 border-left-width	关键字:thin(细)、medium(适中,默认值)、thick(粗) 指定长度值:如 2px 或 0.2em
border-color	设置边框颜色。有四个扩展属性: border-top-colors、 border-right-colors、 border-bottom-colors、 border-left-colors	颜色名:如 border-color:red 十六进制和 RGB 值:如 border-color:#ff0000 或者 border-color:rgb(255, 0, 0)
border-style	设置边框样式。有四个扩展属性: border-top-style、 border-right-style、 border-bottom-style、 border-left-style	none(无边框)、hidden(隐藏边框)、dotted(点线框)、dashed(虚线框)、solid(实线框)、double(双线框)、groove(凹槽)、ridge(突脊)、inset(内陷框)和 outset(外凸框)

在实际应用中可以将上面三个属性合并在一起,格式如下:

```
border:border-width border-style border-color
```

2.3.2 CSS3 图片边框属性

在进行页面设计时,有时需要对一个区域整体添加一个图片边框,针对这种情况,在 CSS3 以前的版本中,只能将这个区域分割成多个小块分别设置背景来实现,而在 CSS3 中提供的 border-image 可以很方便地实现该功能。

border-image 属性语法格式如下:

```
border-image: border-iamge-source | border-image-slice | border-image-width | border-image-repeat;
```

其详细说明如表 2-12 所示。

表 2－12 border-image 属性

属性	描述	取值
border-image-source	引入背景图片	默认值：none（无图片） URL 地址（可以是相对地址也可以是绝对地址）：如 url（border. png）
border-image-slice	切割引入背景图片。把边框背景图片切成九份	number：如 20（默认单位是 px） percentage：如 25%
border-image-width	指定边框图片的宽度	和 border-width 使用方法一样
border-image-repeat	指定边框背景图片的排列方式。可定义两个参数，即水平和垂直方向	stretch（默认值：拉伸）、repeat（平铺）、round（取整平铺）

在使用 border-image 属性设置边框图片时，将边框图片分割成九个区域，如图 2－11 所示，在显示时，将 1、3、5、7 区域作为对象的四个角位置的图片，将 2、4、6、8 区域作为对象边框相应位置的图片，若尺寸不够，则按照指定填充方式自动填充。

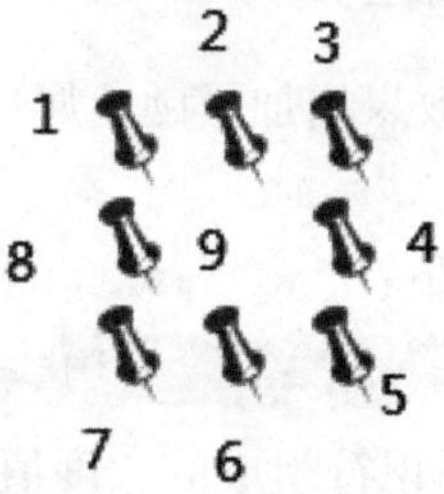

图 2－11 边框图片分割示意图

【例 2－12】2－12. html。图片边框效果。

```
<! DOCTYPE html >
<html lang = "en-US" >
  <head >
    <meta charset = "UTF-8" >
    <title > border-image 属性设置边框图片 </title >
    <style type = "text/css" >
       div{
           width:200px;/ * 设置 <div > 的宽度 * /
           height:80px;/ * 设置 <div > 的高度 * /
           margin:10px;/ * 设置外边距 * /
           border-width:27px;
           -moz-border-image:url(images/bg2. png) 27/27px repeat;
           -o-border-image:url(images/bg2. png) 27/27px repeat;
           border-image:url(images/bg2. png) 27/27px repeat;
    }
```

```
        </style>
    </head>
    <body>
        <div>图片边框效果</div>
    </body>
</html>
```

本例运行效果如图 2－12 所示。

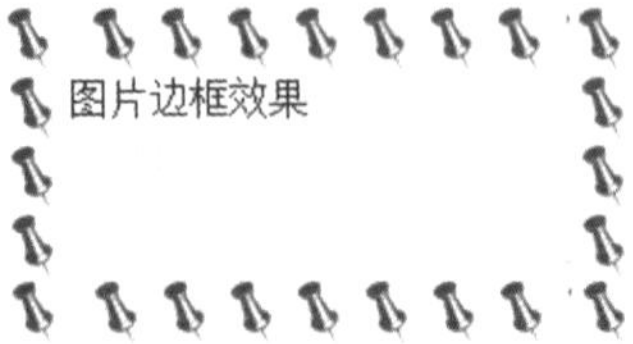

图 2－12　例 2－12 运行效果

2.3.3　CSS3 圆角边框属性

CSS3 中专门针对元素的圆角效果增加了圆角属性 border-radius。圆角给页面增添曲线之美，让页面不那么生硬。

border-radius 属性语法格式如下：

```
border-radius: none | <length | percentage> {1,4} [ <length | percentage > {1,4} ];
```

<length>：由浮点数和单位标识符组成的长度值，不能为负数。

<percentage>：用百分比设置对象的圆角半径长度，不能为负数。

注意：

在使用 border-radius 属性时，若提供两个参数，则两个参数以"/"分隔，每个参数允许设置 1～4 个参数值，第一个参数表示水平半径，第二个参数表示垂直半径，若第二个参数省略，则默认等于第一个参数。

【例 2－13】2－13. html。圆角边框效果。

```
<! DOCTYPE html>
<html>
    <head>
        <meta charset = "UTF-8" >
        <title>border-radius 属性设置圆角边框</title>
        <style type = "text/css" >
            div {
                width:200px;
                height:45px;
                margin:10px;
                padding:15px;
```

```
            border:2px solid red;
        }
        .one {
            border-radius:15px;
        }
        .two {
            border-radius:30% 50%;
        }
        .three {
            border-radius:10px 30px 50px;
        }
        .four {
            border-radius:10px 20px 30px 40px;
        }
      </style>
    </head>
    <body>
      <div class="one">一个参数,四个角半径相同都为圆角边框</div>
      <div class="two">两个参数,左上角和右下角相同,右上角和左下角相同为圆角边框</div>
      <div class="three">三个参数,依次为左上角、右上角、右下角,左下角和右上角相同</div>
      <div class="four">四个参数,分别设置四个角不同的圆角边框</div>
    </body>
</html>
```

本例运行效果如图 2-13 所示。

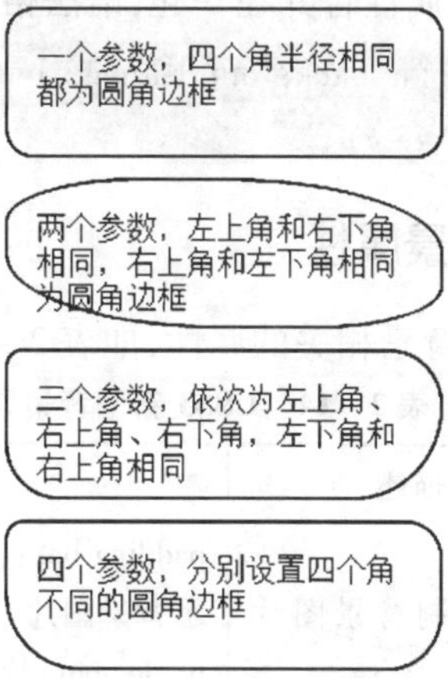

图 2-13 例 2-13 运行效果

2.4 背景

2.4.1 背景基本属性

CSS 可以使用纯色作为背景,也可以使用背景图片。本小节主要介绍背景的基本用法及背景的属性。

CSS2 中背景有五个主要属性,如表 2-13 所示。

表 2-13 背景属性

属性	描述	取值
background-color	设置背景颜色	默认值:transparent(透明) 颜色名:如 red rgb 值:如 rgb(255, 255, 0) hsl 值:如 hsl(0, 50%, 50%) 十六进制值:如#ff0000 CSS3 中还可以使用 rgba 值和 hsla 值
background-image	设置为背景图像	默认值:none(无图片) URL 地址:如 url(../image/bg.jpg)
background-position	设置背景图像的起始位置	关键词:left、right、center、top、bottom、center length:如 20px percentage:如 25%
background-repeat	设置背景图像是否重复以及如何重复	repeat(默认值:平铺)、no-repeat(不平铺)、repeat-x(水平方向平铺)、repeat-y(垂直方向平铺)
background-attachment	设置背景图像是否固定或者随着页面的其余部分滚动	scroll(滚动)、fixed(固定)

在实际应用中可以将上面属性合并在一起,语法格式如下:

```
background: background-color background-image background-position background-repeat background-attachment
```

2.4.2 CSS3 新增背景属性

在 CSS3 中追加了一些与背景相关的属性,如表 2-14 所示。

表 2-14 CSS3 新增背景属性

属性	描述	取值
background-origin	指定绘制背景图片的起点	padding-box:(默认值)从 padding 的外边缘开始显示背景图片 border-box:从 border 的外边缘开始显示背景图片 content-box:从 content 的外边缘开始显示背景图片

续表

属性	描述	取值
background-clip	指定绘制背景图片的显示范围	border-box:(默认值)从 border 区域向外裁剪,即元素边框之外的背景图片都被裁剪掉 padding-box:从 padding 区域向外裁剪,即元素 padding 区域之外的背景图片都被裁剪掉 content-box:从 content 区域向外裁剪,即元素内容区域之外的背景图片都被裁剪掉
background-size	指定绘制背景图片的尺寸大小	默认值:auto,保持背景图片的原始高度和宽度 length:如 20px ,将改变图片大小 percentage:如 25% ,相对于元素的宽度和高度来计算图片的大小 cover:将背景图片放大铺满整个容器 contain:将背景图片等比例缩放铺满整个容器

【例 2 – 14】2 – 14. html。border-origin 属性的使用。

```
<! DOCTYPE html >
<html lang = "en-US" >
  <head >
    <meta charset = "UTF-8" >
    <title >background-origin 使用方法 </title >
    <style type = "text/css" >
          div {
            width: 300px;
            height: 75px;
            border: 20px dashed rgba(0,0,0,0.3);
            background: gray url(images/bg. png) no-repeat left top;
            padding: 20px;
            margin: 30px;
          }
          . padding-box {
            -webkit-background-origin: padding-box;
            -moz-background-origin: padding-box;
            -o-background-origin: padding-box;
            -ms-background-origin: padding-box;
            background-origin: padding-box;
          }
          . border-box {
            -webkit-background-origin: border-box;
```

```
            -moz-background-origin: border-box;
            -o-background-origin: border-box;
            -ms-background-origin: border-box;
            background-origin: border-box;
        }
        .content-box {
            -webkit-background-origin: content-box;
            -moz-background-origin: content-box;
            -o-background-origin: content-box;
            -ms-background-origin: content-box;
            background-origin: content-box;
        }
    </style>
  </head>
  <body>
      <div class = "padding-box" > </div>
      <div class = "border-box" > </div>
      <div class = "content-box" > </div>
  </body>
</html>
```

本例运行效果如图 2 – 14 所示。

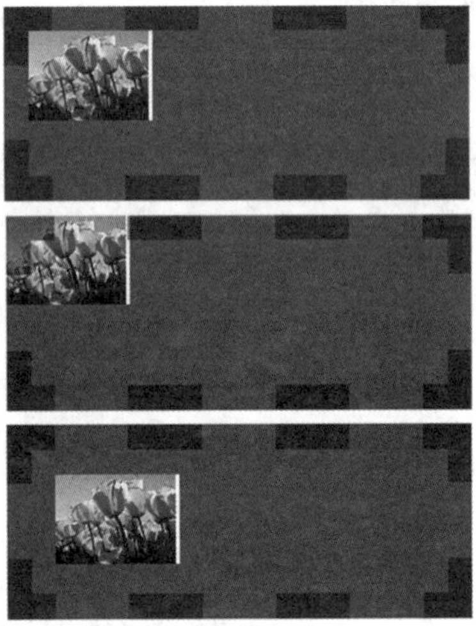

图 2 – 14　例 2 – 14 运行效果

【例 2 – 15】2 – 15. html。background-clip 属性的使用。

```
<! DOCTYPE html>
<html lang = "en-US" >
  <head>
```

```
    <meta charset="UTF-8">
    <title>background-clip 使用方法</title>
    <style type="text/css">
      div {
        width: 200px;
        height: 100px;
        border: 30px dashed rgba(25,25,125,0.5);
        background: orange url(images/border.png) no-repeat;
        margin: 20px;
        padding: 30px;
      }
      .border-box {
        -webkit-background-clip: border-box;
        -moz-background-clip: border-box;
        -o-background-clip: border-box;
        -ms-background-clip: border-box;
        background-clip: border-box;
      }
      .padding-box {
        -webkit-background-clip: padding-box;
        -moz-background-clip: padding-box;
        -o-background-clip: padding-box;
        -ms-background-clip: padding-box;
        background-clip: padding-box;
      }
      .content-box {
        -webkit-background-clip: content-box;
        -moz-background-clip: content-box;
        -o-background-clip: content-box;
        -ms-background-clip: content-box;
        background-clip: content-box;
      }
    </style>
  </head>
  <body>
      <div class="border-box"></div>
      <div class="padding-box"></div>
      <div class="content-box"></div>
```

```
  </body>
</html>
```

本例运行效果如图 2 – 15 所示。

图 2 – 15 例 2 – 15 运行效果

【例 2 – 16】2 – 16. html。background-size 属性的使用。

```
<! DOCTYPE html>
<html lang = "en-US">
  <head>
    <meta charset = "UTF-8">
    <title>background-size 的运用</title>
    <style type = "text/css">
        .div1 {
          width: 250px;
          height: 200px;
          border: 1px solid red;
          background: url(images/bgsize.jpg) no-repeat;
          background-size: auto; /* 背景图片不做任何变化,保持原样 */
        }
        .div2 {
          width: 250px;
          height: 200px;
          border: 1px solid red;
```

```
            background: url(images/bgsize.jpg) no-repeat;
            background-size: 180px 150px; /* 背景图片按照宽 180px 高 150px 进行
缩放,容易失真 */
        }
        .div3 {
            width: 250px;
            height: 200px;
            border: 1px solid red;
            background: url(images/bgsize.jpg) no-repeat;
            background-size: cover; /* 背景图片放大填充整个 div */
            background-position:center; /* 背景图片居中显示 */
        }
        .div4 {
            width: 250px;
            height: 200px;
            border: 1px solid red;
            background: url(images/bgsize.jpg) no-repeat;
        background-size: contain; /* 背景图片根据背景区域进行等比例缩放 */
        }
    </style>
  </head>
  <body>
    <div class="div1"></div>
    <div class="div2"></div>
    <div class="div3"></div>
    <div class="div4"></div>
  </body>
</html>
```

本例运行效果如图 2-16 所示。

2.4.3 CSS3 多背景属性

CSS3 多背景就是能够在单一容器上使用复合的背景图片。在 CSS3 之前,一个容器只能设置一个背景图片,如果重复设置,后设置的背景图片将覆盖之前的背景。CSS3 多背景是通过提供多个属性值来实现的,语法格式如下:

```
    background: [background-image] | [background-position] | [background-size] |
[background-repeat] | [background-attachment] | [background-clip] | | [background-
origin], *
```

图 2－16　例 2－16 运行效果

【例 2－17】2－17. html。多背景属性的使用。

```
<! DOCTYPE html>
<html>
  <head>
    <meta charset="UTF-8">
    <title>设置多背景图</title>
    <style type="text/css">
      body{
        margin:0px;
      }
      div{
        width:1024px;/*设置宽度*/
        height:600px;/*设置高度*/
        background-image:url(images/android.png),url(images/border.png),url(images/background.jpg);/*设置背景图片*/
        background-repeat:repeat-x,no-repeat,no-repeat;/*设置重复方式*/
        background-position:top,center,left top;/*设置显示位置*/
      }
    </style>
  </head>
  <body>
    <div></div>
  </body>
</html>
```

本例运行效果如图 2 - 17 所示。

图 2 - 17 例 2 - 17 运行效果

2.5 文本

2.5.1 文本基本属性

CSS 文本属性可定义文本的外观。文本功能上主要分为三大类:字体、颜色和文本。字体类型如表 2 - 15 所示。

表 2 - 15 字体类型

属性	描述	取值
font-family	设置字体系列	
font-style	设置字体样式	normal(默认值)、italic(斜体)、oblique(倾斜)
font-weight	设置字体的粗细	normal(默认值)、bold(粗体)、bolder(特粗体)、lighter(细体)
font-variant	以小型大写字体或者正常字体显示文本	small-caps(小写转成大写)、normal(正常不转换)
font-size	设置字体的尺寸	
font-stretch	字体是否横向拉伸变形	

font 简写属性将所有字体属性合写为一行,其中 font-family 是复合属性中必不可少的属性,语法格式如下:

```
font: font-style font-variant font-weight font-size line-height font-family
```

可以不设置其中的某个值,如果省略值的话,就使用属性的默认值。

CSS 文本类型有 11 个属性,如表 2 - 16 所示。

表 2 - 16 文本类型

属性	描述	取值
color	设置文本颜色	
text-align	设置文本水平对齐方式	left(左对齐)、center(居中)、right(右对齐)、justify(两端对齐)

续表

属性	描述	取值
vertical-align	设置文本垂直对齐方式	baseline(默认值)、sub(上标对齐)、super(下标对齐)、bottom(行框底端对齐)、text-bottom(行内文本底端对齐)、top(顶端对齐)、middle(居中对齐) length:如 20px percentage:如 25%
text-indent	设置文本首行缩进	length:如 20px、1cm、2em percentage:如 25%
text-decoration	设置文本修饰线	none(默认值)、underline(下划线)、overline(上划线)、line-through(删除线)、blink(闪烁线)
text-transform	设置文本大小写	none(默认值)、uppercase(大写)、lowercase(小写)、capitalize(首字母大写)
line-height	设置行高	normal(默认值) length:如 20px percentage:如 25% number:如 2(行高为当前字号乘以 2)
white-space	设置元素中空白的处理方式	normal(默认值丢掉多余的空白符)、 nowrap(空白符合并、换行符忽略)、 pre(空白符、换行符保留)、 pre-wrap(空白符、换行符保留,自动换行)、 pre-line(空白符、换行符保留)
word-spacing	设置词间距	normal(默认值) length:如 10px、-10px(可以设置负数)
letter-spacing	设置字符间距	normal(默认值) length:如 10px、-10px(可以设置负数)
direction	设置文本方向	ltr(默认值)、rtl(从右到左)、inherit(继承)
text-shadow	设置文本阴影	

2.5.2 CSS3 文本阴影属性

CSS3 可以直接使用 text-shadow 属性对文本设置阴影效果。这个属性有两个作用:产生阴影和模糊主体。这样无需使用图片就能给文本增加质感。在 CSS3 众多属性中,text-shadow 属性是重要属性之一。

text-shadow 属性语法格式如下:

```
text-shadow: color x-offset y-offset blur-radius, *
```

text-shadow 属性包含四个参数,具体说明如下:

① color:阴影颜色,可选参数,如果没有显式设置阴影颜色,会使用文本的颜色作为阴影颜色。

② x-offset：X 轴位移，用来设置阴影水平位移量，为正值则阴影在对象的右边，为负值则阴影在对象的左边。

③ y-offset：Y 轴位移，用来设置阴影垂直位移量，为正值则阴影在对象的底部，为负值则阴影在对象的顶部。

④ blur-radius：阴影模糊半径，可选参数，代表阴影向外模糊的模糊范围，其值只能为正值，值为 0 时，表示阴影不具有模糊效果。

text-shadow 属性给文本指定多个阴影，并且针对每个阴影使用不同颜色。指定多个阴影时使用逗号将多个阴影进行分隔。text-shadow 多阴影效果按照给定的顺序应用，因此前面的阴影有可能会覆盖后面的阴影，但是它们永远不会覆盖文本本身。

【例 2-18】2-18. html。立体文本。

```
<! DOCTYPE html >
<html >
  <head >
    <meta charset = "GB2312" >
    <title >text-shadow 制作 3D 立体文本效果 </title >
    <style type = "text/css" >
        body{background-color: gray;}
        . text-wrap {
                width: 600px;
                margin: 10px auto;
                padding: 10px 0;
                border: 5px solid #ccc;
                position: relative;
                box-shadow: 0 0 4px rgba(0, 0, 0, 0.80);
                clear: both;
                font-family: 'Airal', serif;
                font-size: 50px;
                text-align: center;
                color: #f7edf7;
                }
/* 使用多个 text-shadow 属性值叠加来模拟3D 立体文本效果，通过 X 轴和 Y 轴的偏移量来控制立体角度 */
      . box1 {
        text-shadow:0px 0px 0 rgb(188,178,188),1px 0px 0 rgb(173,163,173),2px 0px 0 rgb(157,147,157),3px 0px 0 rgb(142,132,142),4px 0px 0 rgb(126,116,126),5px 0px 0 rgb(111,101,111),6px 0px 0 rgb(95,85,95), 7px 0px 0 rgb(79,69,79),8px 0px 7px rgba(0,0,0,0.35),8px 0px 1px rgba(0,0,0,0.5),0px 0px 7px rgba(0,0,0,.2);
  }
```

```
        .box2 {
            text-shadow:0px 0px 0 rgb(188,178,188),1px -1px 0 rgb(173,163,173),
2px -2px 0 rgb(157,147,157),3px -3px 0 rgb(142,132,142),4px -4px 0 rgb(126,116,
126),5px -5px 0 rgb(111,101,111),6px -6px 0 rgb(95,85,95), 7px -7px 0 rgb(79,69,
79),8px -8px 7px rgba(0,0,0,0.35),8px -8px 1px rgba(0,0,0,0.5),0px 0px 7px rgba(0,
0,0,.2);
    }
        .box3 {
            text-shadow:0px 0px 0 rgb(188,178,188),0px -1px 0 rgb(173,163,173),
0px -2px 0 rgb(157,147,157),0px -3px 0 rgb(142,132,142),0px -4px 0 rgb(126,116,
126),0px -5px 0 rgb(111,101,111),0px -6px 0 rgb(95,85,95), 0px -7px 0 rgb(79,69,
79),0px -8px 7px rgba(0,0,0,0.35),0px -8px 1px rgba(0,0,0,0.5),0px 0px 7px rgba(0,
0,0,.2);
    }
        </style>
      </head>
      <body>
        <div class="text-wrap box1">立体文本(0 deg)</div>
        <div class="text-wrap box2">立体文本 (45 deg)</div>
        <div class="text-wrap box3">立体文本 (90 deg)</div>
      </body>
    </html>
```

本例运行效果如图 2－18 所示。

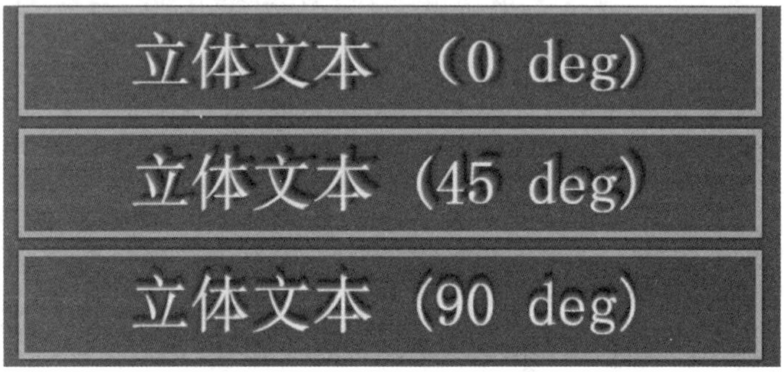

图 2－18 例 2－18 运行效果

2.5.3 CSS3 文本溢出属性

在网页制作中一定碰到过内容溢出的问题，如文章列表标题很长，而其宽度又受到限制，此时超出宽度的内容就会以省略标记(…)显示。CSS3 新增了 text-overflow 属性来解决该问题。

text-overflow 属性语法格式如下：

```
text-overflow: clip | ellipsis
```

具体说明如下：

① clip：简单裁切，不显示省略标记(…)。

② ellipsis：文本溢出时显示省略标记(…)，省略标记插入在最后一个字符的位置。

实际上，text-overflow 属性仅用于决定文本溢出时是否显示省略标记(…)，并不具备样式定义的功能。要实现文本溢出时裁切文本显示省略标记(…)效果，还需要两个属性的配合，即强制文本在一行显示(white-space: nowrap)和溢出内容隐藏(overflow: hidden)，并且需要定义容器的宽度。

【例 2-19】2-19.html。固定区域博客列表。发布博文时日期紧跟在博文标题后，距离标题 10px。当标题过长时，使用 text-overflow 属性将超出部分截断，超出部分用省略标记表示。

```
<!DOCTYPE html>
<html>
  <head>
    <meta charset="GB2312">
    <title>text-overflow 制作固定区域的博客列表</title>
    <style type="text/css">
      h3 {
          text-align: center;
      }
      .block {
          margin: 0 auto;
          margin-top: 20px;
          width: 318px;
          line-height: 20px;
          border: 1px solid #fc9;
      }
      .block ol {
          padding-left: 10px;
          width: 14em;
      }
      .block li {
          clear: both;
          margin: 0;
          padding: 0;
          list-style: none outside none;
      }
```

```
        .block li a {
            float:left;
            max-width:14em; /* 设置文本截断的最大长度为 14em */
            white-space: nowrap; /* 设置文本容器强制不换行,让文本在一行内显示 */
            overflow: hidden; /* 文本溢出时隐藏 */
            text-overflow: ellipsis; /* 文本溢出时显示省略标记 */
            color: #333;
            text-decoration:none;
        }
        .block li span {
            float: left;
            margin-right: -99px;
            padding-left: 10px;
            font-size: 10px;
            color: #999;
        }
    </style>
  </head>
  <body>
    <div class="block">
    <h3>最新博文</h3>
    <ol >
        <li> <a href="#">如何和何时使用 CSS 的! important </a> <span>
2013-02-19 </span> </li>
        <li> <a href="#">社交媒体网站设计尺寸参考 </a> <span>2013-02-19
</span> </li>
        <li> <a href="#">10 个简单有效的方法帮你改善 jQuery 代码与性能 </a>
<span>2013-01-28 </span> </li>
        <li> <a href="#">预处理器的对比——Sass、LESS 和 Stylus </a> <span>
2013-01-26 </span> </li>
        <li> <a href="#">43 个处理触摸事件的 jQuery 插件 </a> <span>2013-
01-09 </span> </li>
        <li> <a href="#">2012 年国外优秀前端网站 </a> <span>2013-01-02
</span> </li>
        <li> <a href="#">CSS 团队精神:CSS 最佳实践团队开发 </a> <span>
2012-12-31 </span> </li>
        <li> <a href="#">使用 CSS3 的 background-size 优化苹果的 Retina 屏幕的
图像显示 </a> <span>2012-12-26 </span> </li>
```

```
        <li> <a href = "#" >你应该知道的一些事情——CSS 权重 </a> <span >
2012-12-21 </span> </li>
        <li> <a href = "#" >使用 CSS Scriptes 来优化你的网站在 Retina 屏幕下显示
</a> <span >2012-12-18 </span> </li>
      </ol>
      </div>
    </body>
  </html>
```

本例运行效果如图 2－19 所示。

图 2－19　例 2－19 运行效果

2.5.4　CSS3 文本换行

对于西方文字来说，浏览器在半角空格或连字符的地方进行换行。因此，浏览器不能给较长的单词自动换行。当浏览器窗口比较窄的时候，文字会超出浏览器的窗口，浏览器下部出现滚动条，用户可通过拖动滚动条的方法来查看没有在当前窗口显示的文字。

但是，这种比较长的单词出现的机会不是很大，而大多数超出当前浏览器窗口的情况是出现在显示比较长的 URL 地址的时候。因为在 URL 地址中没有半角空格，所以当 URL 地址中没有连字符的时候，浏览器在显示时是将其视为一个比较长的单词来进行显示。在 CSS3 中，使用 word-wrap 属性来实现长单词与 URL 地址的自动换行。

word-wrap 属性语法格式如下：

```
word-wrap: normal | break-word
```

具体说明如下：

① normal：默认值，浏览器只在半角空格或连字符的地方进行换行。

② break-word：可在长单词或 URL 地址内部换行。

【例 2－20】2－20. html。文本换行效果。

```
<! DOCTYPE html >
<html lang = "en-US" >
  <head >
```

```
        <meta charset = "GB2312" >
        <title > Word-break 的使用 </title >
        <style >
         . div1 {
              width: 80px;
              margin: 10px;
              font-size: 16px;
              font-family: simsun;
              border: 1px solid #ccc;
         }
         . div2 {
              width: 80px;
              margin: 10px;
              font-size: 16px;
              font-family: simsun;
              border: 1px solid #ccc;
              word-wrap:break-word;
         }
        </style >
    </head >
    <body >
        <div class = "div1" >我是测试文本主,全部是中文。 </div >
        <div class = "div2" >我是测试文本主,全部是中文。 </div >
          < div  class  =  " div1 "  > username: testtesttesttesttesttesttesttest, pwd:
123123123123123123123。 </div >
          < div  class  =  " div2 "  > username: testtesttesttesttesttesttesttest, pwd:
123123123123123123123。 </div >
        <div class = "div1" >Use the URL:http://www. w3school. com. cn/tiy/t. asp? f
= css3_word-wrap  </div >
        <div class = "div2" >Use the URL:http://www. w3school. com. cn/tiy/t. asp? f
= css3_word-wrap  </div >
    </body >
</html >
```

本例运行效果如图 2 – 20 所示。

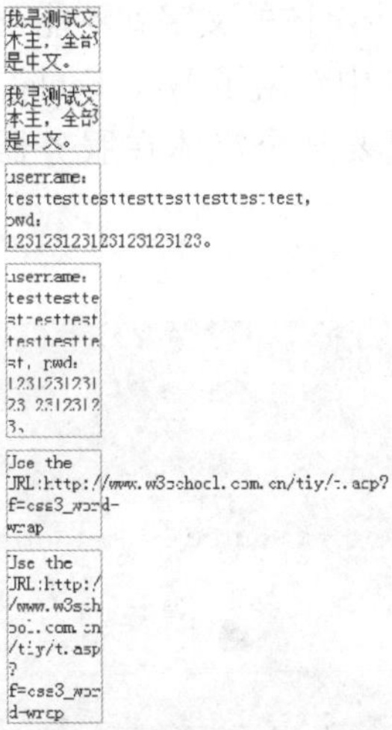

图 2-20 例 2-20 运行效果

注意：

word-wrap 应用在 <pre> 和 <table> 中时，是没有任何效果的。

2.5.5 CSS3 文本自动换行 word-break

CSS3 中使用 word-break 属性来决定自动换行的处理方法。通过具体的属性设置，不仅可以让浏览器实现半角空格或连字符后面的换行，还可以让浏览器实现任意位置的换行。

word-break 属性语法格式如下：

```
word-break: normal | break-all | keep-all
```

具体说明如下：

① normal：默认值，中文到边界上的汉字换行，英文从整个单词换行。

② break-all：可以强制截断英文单词，达到词内换行效果。

③ keep-all：不允许字断开。如果是中文把前后标点符号内的一个汉字短语整个换行，英文单词就整个换行；如果出现某个英文字符长度超过容器边界，后面的部分将撑破容器；如果边框为固定属性，后面部分就无法显示。

读者可以将例 2-20 文本换行效果中的 word-wrap 属性替换为 word-break 属性查看运行效果。

注意：

到目前为止，Firefox 和 Opera 两个浏览器都不支持 word-break 属性，而 Internet Explorer、Safari、Chrome 都支持该属性。

2.5.6 CSS3 服务器字体

在 CSS3 之前，页面文字所使用的字体必须是已经在客户端中被安装才能正常显示，在样式表中允许指定当前字体不能正常显示时使用的替代字体，但是如果这个替代字体在客户端中也没有安装,使用这个字体的文字就不能正常显示了。

为了解决这个问题,在 CSS3 中新增了 Web Fonts 功能。使用这个功能,网页中可以使用安装在服务器端的字体,只要某个字体在服务器端已经安装,网页中就能够正常显示。

@ font-face 语法格式如下:

```
word-wrap: normal | break-word
@ font-face {
font-family: <yourWebFontName>;
src: <source> [<format>], <source> [<format>], *;
[font-weight: <weight>];
[font-style: <style>];
}
```

具体说明如下:

① yourWebFontName:指定的是自定义的字体名称,最好是使用下载的默认字体文件名,它将被引用到 Web 元素中的 font-family,如"font-family:'YourWebFont-Name'"。

② source:指定的是自定义的字体存放路径,可以是相对路径也可以是绝对路径。

③ format:指定的是自定义的字体格式,主要用来帮助浏览器识别,其值主要有以下几种类型,如 truetype、opentype、truetype-aat、embedded-opentype、avg 等。

④ font-weight 和 font-style:前者用来指定字体是否为粗体,后者主要定义字体样式,如斜体。除了这两个属性之外,类似的属性还有 font-variant、font-size、font-stretch 等。

使用服务器字体的步骤如下:

① 下载需要使用的服务器字体对应的字体文件;

② 使用@ font-face 定义服务器字体;

③ 通过 font-family 属性指定使用服务器字体。

Font Squirrel 是一个非常优秀的免费字体资源网站,收集了很多高品质字体供网页设计者免费下载,还有个字体格式生成工具@ font-face generator,上传一个字体文件,可以生成多种字体格式及 CSS 代码,非常有用。

【例 2-21】2-21. html。定义服务器字体。

```
<! DOCTYPE html>
<html>
  <head>
    <meta charset="UTF-8">
    <title> fontface </title>
    <style type="text/css">
    /* 定义服务器字体,字体名为 alex_brushregular */
    @ font - face {
  font-family: 'alex_brushregular';
```

```
    src: url('fonts/alexbrush-regular-webfont.eot');
    src: url('fonts/alexbrush-regular-webfont.eot? #iefix') format('embedded-opentype'),
        url('fonts/alexbrush-regular-webfont.woff2') format('woff2'),
        url('fonts/alexbrush-regular-webfont.woff') format('woff'),
        url('fonts/alexbrush-regular-webfont.ttf') format('truetype'),
        url('fonts/alexbrush-regular-webfont.svg#alex_brushregular') format('svg');
    font-weight: normal;
    font-style: normal;
      }
      .alexfont {
      font-family:'alex_brushregular';
      }
      </style>
  </head>
  <body>
      <! --指定 alexfont 字体,这是服务器字体 -->
      <div class = "alexfont" >This is AlexBrush font. </div>
      <div>This is AlexBrush font. </div>
  </body>
</html>
```

2.6　盒模型

CSS 盒模型(Box Model)的学习和理解一直是学习 DIV + CSS 网页布局的基础内容。如果想熟练掌握网页标准的布局方法,首先要对盒模型有足够的了解。

每个 HTML 元素都可以看作一个装了东西的盒子,占据一定的页面空间,一个页面可以看作是由很多这样的盒子组成,这些盒子之间会相互影响。要想掌握盒模型需要从两方面来理解,一是理解盒模型的内部结构,二是理解盒子之间的关系。本节主要介绍盒模型的基本概念以及多个盒子之间的相互关系。

2.6.1　盒的内部结构

什么是 CSS 盒模型?

W3C 组织建议把所有网页上的对象都放在一个盒(box)中,设计者可以通过创建定义来控制这个盒的属性,这些对象包括段落、列表、标题、图片以及层。盒模型主要定义四个区域:内容(content)、边框距(padding)、边界(border)和边距(margin)。margin、background-color、background-image、padding,content、border 之间的层次、关系和相互影响如图 2-21 所示。

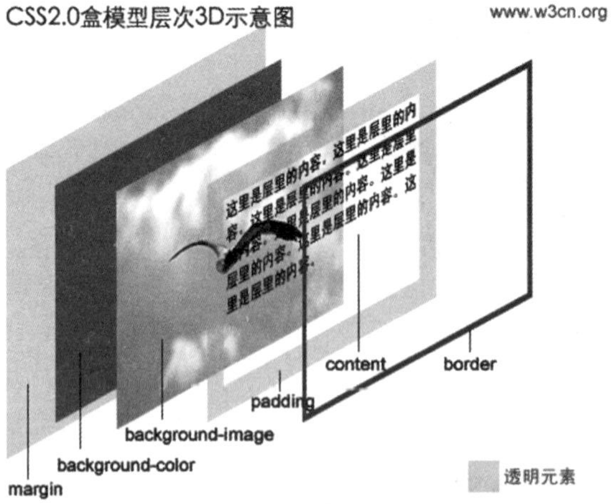

图 2-21 盒模型 3D 示意图

以日常生活中的盒子(箱子)来理解,现实中上方开口的盒子,从上往下俯视,边框(border)相当于盒子的厚度,内容(content)相对于盒子中所装物体的空间,而填充(padding)相当于为防震而在盒子内填充的泡沫,边界(margin)相当于在这个盒子周围要留出一定的空间,方便取出。这样就很容易理解盒模型了。

在网页设计上,内容常指文字、图片等元素,但是也可以是小盒子(div 嵌套)。与现实生活中盒子不同的是,现实生活中的东西一般不能大于盒子,否则盒子会被撑坏的,而 CSS 盒子具有弹性,里面的东西大过盒子本身时会把盒子撑大,但不会损坏。填充和边界只有宽度属性,可以理解为生活中盒子里的抗震辅料厚度。边框有大小和颜色之分,可以对每一条边框定义不同的样式,可以理解为生活中盒子的厚度以及这个盒子是用什么颜色材料做成的。边界就是该盒子与其他东西要保留多大距离。

W3C 定义的平面盒模式如图 2-22 所示。

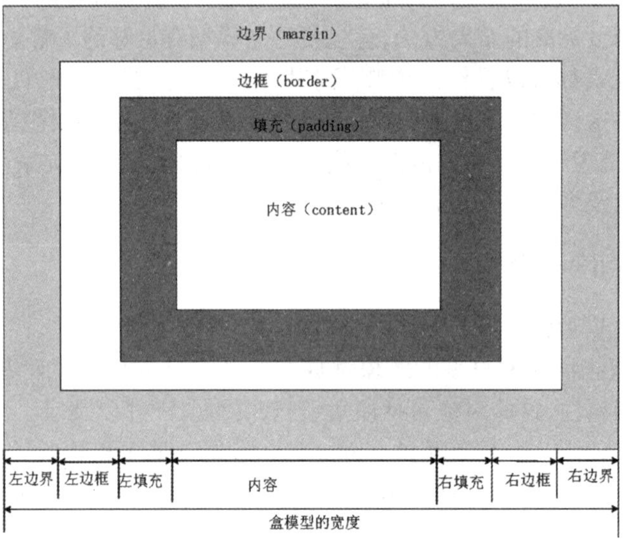

图 2-22 盒模型平面示意图

整个盒模型在页面中实际所占的宽度和高度(元素空间尺寸)分别为:

element 空间宽度 = 左边界 + 左边框 + 左填充 + 内容宽 + 右填充 + 右边框 + 右边界

element 空间高度 = 上边界 + 上边框 + 上填充 + 内容高 + 下填充 + 下边框 + 下边界

内盒尺寸(元素大小)分别为:

element 宽度 = 左边框 + 左填充 + 内容宽 + 右填充 + 右边框

element 高度 = 上边框 + 上填充 + 内容高 + 下填充 + 下边框

在 W3C 的传统 CSS2.1 盒模型中,通过声明 width 和 height 值来控制内容区域的宽度和高度,然后再加上内边距和边框,称为内容盒模型。width 和 height 定义的是 content 部分的宽度和高度而不是整个盒子的高度,这个是初学者常犯的一个错误,padding、border、margin 的宽度依次加在外面。

padding、margin 属性如表 2 – 17 所示。

表 2 – 17 padding、margin 属性

属性	描述	取值
padding	设置元素边框与内容之间的空白区域。有四个扩展属性:padding-top、padding-right、padding-bottom、padding-left	length:如 20px percentage:如 25%
margin	设置元素周围的空间。与 padding 类似,也有四个扩展属性	length:如 10px, -10px percentage:如 25% margin 的默认值是 0,也可以设置为 auto。如果想让页面自动居中可以将 margin 设置为 auto

2.6.2 CSS3 新增盒模型属性

在 CSS3 中追加了一些盒模型属性,如表 2 – 18 所示。

表 2 – 18 CSS3 新增盒模型属性

属性	描述	取值
box-sizing	设置盒模型的尺寸解析方式	content-box:(默认值)维持 W3C 的标准盒模型 border-box:内容的宽度和高度包含了 border、padding、content 的宽度和高度 inherit:继承父元素盒模型模式
resize	设置元素尺寸大小	none:不能拖动元素修改尺寸大小 both:可以拖动元素,同时修改元素的宽度和高度 horizontal:可以拖动元素,仅修改元素的宽度,不能修改元素的高度 vertical:可以拖动元素,仅修改元素的高度,不能修改元素的宽度 inherit:继承父元素 resize 属性值

【例 2 – 22】2 – 22. html。box-sizing 拯救布局。

```
<! DOCTYPE html>
<html lang="en-US">
    <head>
        <meta charset="UTF-8">
        <title>box-sizing 拯救了我们的布局</title>
        <style type="text/css">
         * {
              margin: 0;
              padding: 0;
         }
        . wrapper {
            width: 960px;
            margin-left: auto;
            margin-right: auto;
            color:#fff;
            font-size: 30px;
            text-align: center;
            background: #ccc;
        }
        #header {
            height: 100px;
            background: orange;
            margin-bottom: 10px;
            border: 10px solid red;
            padding: 10px;
            width: 100%;
            /*
            -webkit-box-sizing: border-box;
            box-sizing: border-box; */
        }
        . sidebar {
            float: left;
            width: 220px;
            margin-right: 20px;
            margin-bottom: 10px;
            height: 300px;
            background: blue;
            border: 10px solid red;
```

```
        padding: 10px;
        /*
        -webkit-box-sizing: border-box;
        box-sizing: border-box; */}
      .content {
        float: left;
        width: 720px;
        height: 300px;
        background: green;
        margin-bottom: 10px;
        border: 10px solid red;
        padding: 10px;
        /*
        -webkit-box-sizing: border-box;
        box-sizing: border-box; */
      }
      #footer {
        background: gray;
        height: 100px;
        text-align: center;
        clear: both;
        border: 10px solid red;
        padding: 10px;
        width: 100%;
        /*
        -webkit-box-sizing: border-box;
        box-sizing: border-box; */
      }
    </style>
  </head>
  <body>
    <div class="wrapper">
    <div id="header">页眉</div>
    <div class="sidebar">侧边栏</div>
    <div class="content">主内容</div>
    <div id="footer">页脚</div>
    </div>
  </body>
</html>
```

该例中 box-sizing 属性取默认值 content-box，符合 W3C 标准盒模型的显示效果如图 2－23所示。把 box-sizing 部分代码注释去掉之后显示效果如图 2－24 所示。

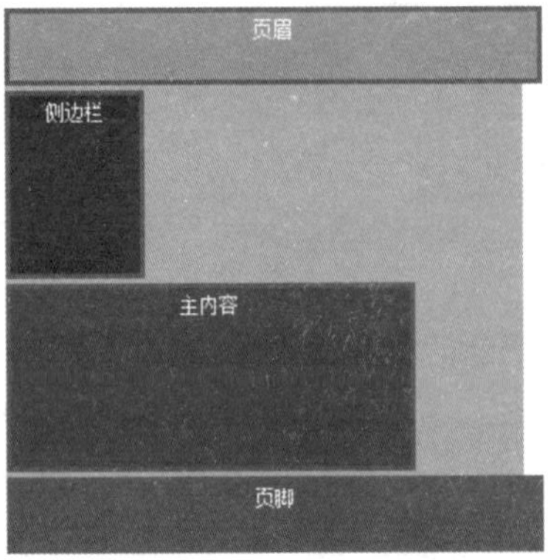

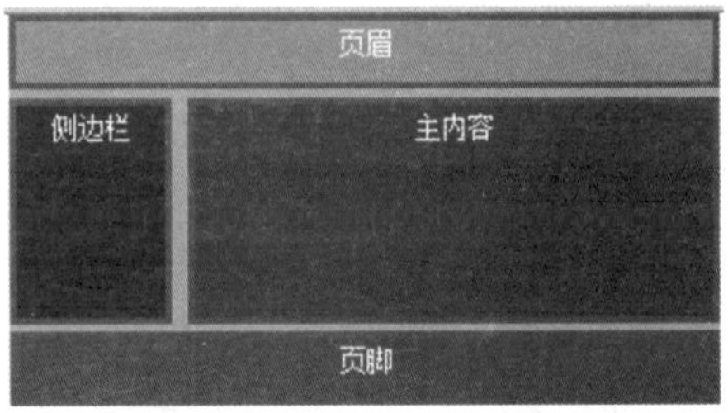

图 2－23　未使用 box-sizing 属性时显示效果　图 2－24　使用 box-sizing 属性时显示效果

【例 2－23】2－23. html。resize 属性的使用。

```
<! DOCTYPE html>
<html lang="en-US">
    <head>
        <meta charset="UTF-8">
        <title>修改文本域随意调整大小的功能</title>
        <style type="text/css" media="screen">
            textarea {
                resize: both;
            }
        </style>
    </head>
    <body>
        <form action="#" method="post">
        <textarea name="test" rows="10" cols="30" placeholder="修改文本域随意调整大小的功能"></textarea>
        </form>
    </body>
</html>
```

本例运行效果如图 2－25 所示。

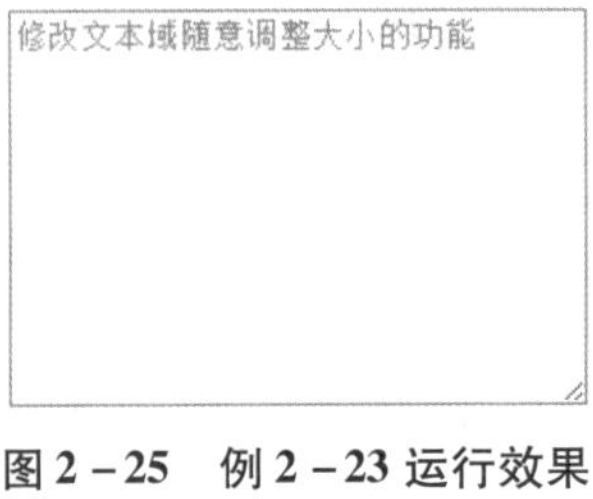

图 2－25　例 2－23 运行效果

2.6.3 CSS3 外轮廓属性

外轮廓(outline)在页面中呈现的效果和边框(border)呈现的效果极其相似,但和元素边框(border)完全不同,外轮廓线不占用网页布局空间,不一定是矩形,外轮廓是属于一种动态样式,只有元素获取到焦点或者被激活时呈现。在 CSS3 中对 outline 作了一定的扩展,在以前的基础上增加了新特性。

outline 属性语法格式如下:

```
outline: outline-color outline-style outline-width outline-offset inherit
```

从语法中可以看出,outline 和 border 属性的使用方法极其相似。outline-color 相当于 border-color,outline-style 相当于 border-color,而 outline-width 相当于 border-width,只不过 CSS3 给 outline 属性增加了一个 outline-offset 属性,其取值说明如下:

① outline-color:定义轮廓线的颜色,属性值为 CSS 中定义的颜色值。在实际应用中,省略此参数时的默认值为黑色。

② outline-style:定义轮廓线的样式,属性为 CSS 中定义线的样式。在实际应用中,省略此参数时的默认值为 none,省略后不对该轮廓线进行任何绘制。

③ outline-width:定义轮廓线的宽度,属性值可以为一个宽度值。在实际应用中,省略此参数时的默认值为 medium,表示绘制中等宽度的轮廓线。

④ outline-offset:定义轮廓边框的偏移位置的数值,此值可以取负数值。当此参数的值为正数值时,表示轮廓边框向外偏离多少像素;当此参数的值为负数值时,表示轮廓边框向内偏移多个像素。

⑤ inherit:元素继承父元素的 outline 效果。

注意:

① outline 创建的轮廓线不会影响文档流,也不会破坏网页布局。

② outline 创建的外轮廓线在元素各边都一样。

③ outline 创建的外轮廓线始终是闭合的。

④ outline 创建的外轮廓线可能是非矩形的。

【例 2-24】2-24.html。outline 和 border 效果对比。

```
<! DOCTYPE html>
<html lang = "en-US" >
  <head>
    <meta charset = "GB2312" >
    <title>outline 模仿边框效果</title>
    <style type = "text/css" >
      .div1 {
        width: 100px;
        margin: 20px 50px;
        outline: 30px solid #ccc;
        padding: 20px;
```

```
            }
            .div2 {
                width: 100px;
                margin: 50px 50px;
                border: 30px solid #ccc;
                padding: 20px;
            }
        </style>
    </head>
    <body>
        <div class = "div1" > outline 模仿边框效果 username: testtesttesttesttesttesttesttest, pwd:123123123123123123123123。 </div>
        <div class = "div2" > border 边框效果 username: testtesttesttesttesttesttesttest, pwd: 123123123123123123123123。 </div>
    </body>
</html>
```

本例运行效果如图 2-26 所示。

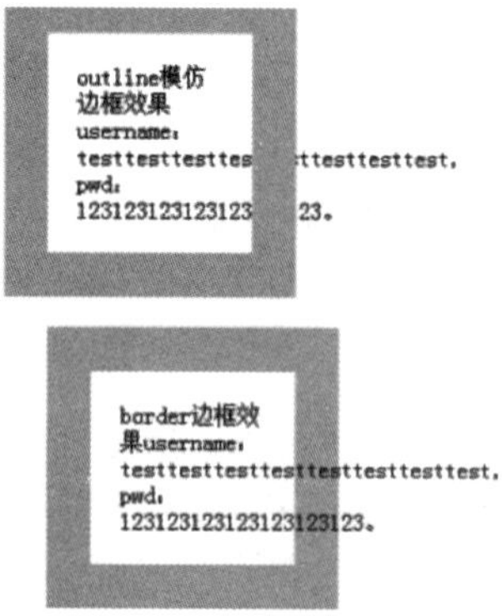

图 2-26　例 2-24 运行效果

2.6.4　CSS3 盒子阴影属性

box-shadow 也是 CSS3 新增的一个重要属性,用来定义元素的盒子阴影。

box-shadow 属性语法格式如下:

```
box-shadow: none | [ inset x-offset y-offset blur-radius spread-radius color ],
[ inset x-offset y-offset blur-radius spread-radius color ] *
```

none:默认值,元素没有阴影效果。

inset:阴影类型,可选。如果不设置,其默认投影方式是外阴影,inset 为内阴影。

x-offset:阴影水平偏移量,若取正值,则阴影在元素的右边;若取负值,则阴影在元素的左边。

y-offset：阴影垂直偏移量，若取正值，则阴影在元素的底部；若取负值，则阴影在元素的顶部。

blur-radius：阴影模糊半径，可选。取值为 0 表示阴影不具有模糊效果，取值越大，阴影边缘越模糊。

spread-radius：阴影扩展半径，可选。若取值为正值，表示整个阴影都扩大；若取值为负值，表示整个阴影都缩小。

color：阴影颜色，可选。

【例 2－25】2－25. html。box-shadow 属性运用。

```
<! DOCTYPE html >
<html >
  <head >
    <meta charset = "UTF-8" >
    <title >box-shadow 的阴影 </title >
    <style type = "text/css" >
      . box-shadow1 { / * 外阴影 * /
        width: 200px;
        height: 100px;
        border-radius: 10px;
        border: 1px solid #ccc;
        margin: 20px;
        box-shadow: 3px 3px 10px #06c;
      }
      . box-shadow2 {/ * 内阴影 * /
        width: 200px;
        height: 100px;
        border: 1px solid #ccc;
        border-radius: 10px;
        margin: 20px;
        box-shadow: inset 3px 3px 10px #06c;
      }
      . box-shadow3 {
        width: 200px;
        height: 100px;
        border: 1px solid #ccc;
        border-radius: 10px;
        margin: 20px;
        box-shadow: -5px 0 5px red, 0 5px 5px blue, 5px 0 5px green, 0-5px 5px
orange;
```

```
            /*制作多层阴影时,不设置模糊半径,只设置扩展半径,并配合多个阴影颜色,还可以制作多色边框效果*/
        }
      </style>
    </head>
    <body>
      <div class="box-shadow1"></div>
      <div class="box-shadow2"></div>
      <div class="box-shadow3"></div>
    </body>
  </html>
```

本例运行效果如图 2-27 所示。

图 2-27　例 2-25 运行效果

2.6.5　块级元素与内联元素

在不使用特定的定位和布局手段时,网页中各元素会有自己的排列布局方式,这就是标准文档流形成的效果。但是在实际制作页面时,经常需要人为地做些干预,使布局呈现预期的效果。在标准文档流里将元素分为块级元素和内联元素。

1. 块级元素(block element)

块级元素顾名思义就是以块显示的元素,其高度宽度都是可以设置的,如常用的 <div>、<p>、<ul>默认状态下都属于块级元素。块级元素比较霸道,默认状态下每次都占据一整行,后面的内容也必须再新起一行显示。也就是说,块级元素的宽度始终与浏览器宽度一样,与内容无关。

2. 内联元素(inline element)

内联元素也叫行内元素,其文本的显示方式与块级元素相反,内联元素的高度宽度都是不可以设置的，其宽度就是自身文字或者图片的宽度，如常用的 <a>、<span>、<em>都属于内联元素。内联元素的显示特点就是像文本一样显示，不会独自占据一个行。

块级元素(block element)和内联元素(inline element)都是 HTML 规范中的概念。块级元素和内联元素的基本差异是块级元素一般都从新行开始，而当加入了 CSS 控制以后，块级元素和内联元素的这种属性差异就不再是差异了。例如，可以把内联元素设置 display:block，将其更改成块级元素。

块级元素每个区域都占一行，不管定义的 width 为多少，而内联元素则是并排显示的。

2.7 浮动与定位

CSS 为定位和浮动提供了一些属性，利用这些属性，可以建立列式布局，将布局的一部分与另一部分重叠，还可以完成多年来通常需要使用多个表格才能完成的任务。

2.7.1 浮动(float)

在上节讲到了标准文档流，在标准流里块级元素占据整行空间，而内联元素则是像文本一样一个接着一个地排列。在页面布局中，经常可以看到文本围绕图片显示，这种方式称为“文本环绕”。在网页设计中，应用 CSS 的 float 属性就可以呈现出图片被文字包围的效果。

浮动属性的定义是通过 float 来声明的。在 CSS 中，任何元素都可以浮动，浮动的框可以向左或向右移动，直到它的外边缘碰到包含框或另一个浮动框的边框为止。由于浮动框不在文档的普通流中，所以文档的普通流中的块框表现得就像浮动框不存在一样。可以把 float 理解为一个“气球”，它是悬空的，是飘在实际位置之上的，不占据实际空间。

float 属性有三个值：none(默认，不浮动)、left(靠左浮动)、right(靠右浮动)。

【例 2-26】2-26.html。文字环绕。

```
<!DOCTYPE html>
<html lang="en-US">
  <head>
    <meta charset="UTF-8">
    <title>文字环绕</title>
    <style type="text/css">
      body
        {
          margin:0px;
          font-family:Arial, Helvetica, sans-serif;
          font-size:18px;
        }
```

```
        .container
        {
          width:500px;
          height:150px;
          background:#666666;
          margin:auto;
        }
        .div1
        {
          width:50px;
          height:50px;
          background-color:#0033cc;
          float:left;
          margin:0 10px 10px 0;
        }
        p
        {
          border:2px red solid;
          background-color:#cccc99;
            }
    </style>
  </head>
  <body>
      <div class="container">
        <div class="div1">box1 </div>
        <p>在这个段落中,box1 会浮动到左侧,box1 右边距为 10px,下边距为 20px,段落中文字环绕 box1,段落添加了红色的的边框。This is some text. This is some text. This is some text. This is some text. This is some text. This is some text. </p>
      </div>
  </body>
</html>
```

本例运行效果如图 2-28 所示。

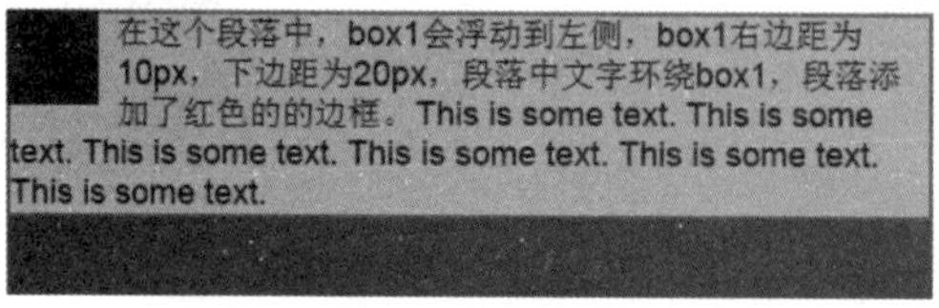

图 2-28 例 2-26 运行效果

如果多加入几个 box,将前三个 box 置为 float:left,第四个 box 置为 float:right,如下例。

【例 2-27】2-27.html。四个盒子的浮动显示。

```
<! DOCTYPE html >
<html lang = "en-US" >
    <head >
        <meta charset = "UTF-8" >
        <title >盒子浮动</title >
        <style type = "text/css" >
         body
         {
            margin:0px;
            font-family:Arial, Helvetica, sans-serif;
            font-size:18px;
      }
      .container
      {
        width:500px;
        height:500px;
        background:#666666;
        margin:auto;
      }
      .div1
      {
        width:50px;
        height:50px;
        background-color:#0033cc;
        float:left;
        margin:0 10px 10px 0;
      }
      .div2
      {
        width:100px;
        height:50px;
        background-color:#8064a2;
        float:left;
      }
      .div3
```

```
        {
            width:100px;
            height:150px;
            background-color:#000000;
            float:left;
        }
        .div4
        {
            width:150px;
            height:300px;
            background-color:#4f81bd;
            float:right;
        }
    </style>
</head>
<body>
    <div class="container">
        <div class="div1">box1</div>
        <div class="div2">box2</div>
        <div class="div3">box3</div>
        <div class="div4">box4</div>
    </div>
</body>
</html>
```

执行结果显示，前三个 box 呈现并排排列，第四个 box 靠右显示。

可以自由地设置上例中四个 box 的 float 值，若四个 box 都不浮动，则呈现纵向排列；若都浮动，则呈现横向排列；若有浮动的，有不浮动的，则不浮动的 box 将占据第 1 行实际空间，其后浮动的 box 只能从第 2 行开始（因为第 1 行已经被"堵"了，"飘"不过去），而之前浮动的 box 则覆盖在第 1 行实际位置之上（因为它在还没"堵"之前就已经"飘"在那里了）。读者可以自己动手练习下。

下面来介绍一个属性：clear。clear 属性规定元素的哪一侧不允许其他浮动元素，clear 属性值有四个：none（默认，不做清除）、left、right、both。其中，clear：left 表示该块级元素左侧不能有其他元素，clear：right 表示该块级元素右侧不能有其他元素，clear：both 表示该块级元素左右两侧都不能有其他元素。

注意：

clear 只是对其所在块级元素起作用，而不是对其他块级元素做清除。

如果想让例 2-25 中段落不围绕浮动的 box1，可以对 <p> 设置 clear：left，注意是对 <p> 设置，保证段落中的文字左侧没有其他元素，若对 box1 设置 clear：right，则不会对段落中的文字起效果。

如果要想显示为图 2-29 所示效果,应该怎么做呢?

图 2-29 五个盒子的浮动显示

分析:

① 从图中可以看出有五个盒子 div。为每个 div 设置 width、height、background-color, div 之间有间距,这个可以先不考虑,先把整体布局设置成图示样子。

② 从图中可以看出这五个 div 都是浮动的,如果不是浮动的,每个 div 会占据一行显示。

③ 如果每个 div 都是 float:left,由于 div3 的 height 值比较大,div2 只能“飘”到 div4 下方。这时,可以换种思维,靠左浮动不可以,试试看靠右浮动。靠右浮动顺序为 div4、div3、div1、div2,div5 无论是靠左浮动还是靠右浮动都可以。

④ 除了③提示的思路外,还可以把 div1 和 div2 组合在一起,“装”在一个 box 中。

【例 2-28】2-28. html。五个盒子的浮动显示。

```
<! DOCTYPE html>
<html lang="en-US">
    <head>
        <meta charset="UTF-8">
        <title>5 个盒子浮动</title>
        <style type="text/css">
      .container
      {
          width:500px;
          height:600px;
          background-color:#999999;
      }
      .div1
      {
          width:150px;
```

```
            height:150px;                 background-color:#4f81bd;
            margin:0 10px 0;
            float:right;
        }
        .div2
        {
            width:150px;
            height:150px;
            background-color:#9bbb59;
            margin:10px 10px 10px 0;
            float:right;
        }
        .div3
        {
            width:150px;
            height:310px;
            background-color:#c0504d;
            float:right;
        }
        .div4
        {
            width:150px;
            height:150px;
            background-color:#8064a2;
            float:right;
            margin-left:10px;
        }
        .div5
        {
            width:470px;
            height:150px;
            background-color:#f79646;
            float:right;
        }
    </style>
</head>
<body>
    <div class="container">
```

```
        <div class="div4">4</div>
        <div class="div3">3</div>
        <div class="div1">1</div>
        <div class="div2">2</div>
        <div class="div5">5</div>
    </div>
  </body>
</html>
```

读者可以动手试试④中提示的思路。同时,思考下如果没有外边的 container 效果会是怎样的?

2.7.2 定位(position)

DIV 定位一直是 Web 标准应用中的难点,定位就是说将某个元素放在某个位置上。

通过 position 属性实现横向多列布局及较为复杂的定位,如带有遮罩层效果的提示框、固定层效果、全屏广告等。

position 属性可以选择四种不同类型的定位,这会影响元素框生成的方式。

① static(静态定位):默认的属性值,元素按照标准文档流进行排布。元素框正常生成。块级元素生成一个矩形框,作为文档流的一部分,行内元素则会创建一个或多个行框,置于其父元素中。

② relative(相对定位):元素框偏移某个距离。元素仍保持其未定位前的形状,它原本所占的空间仍保留。

③ absolute(绝对定位):元素框从文档流完全删除,并相对于其包含块定位。包含块可能是文档中的另一个已定位的父元素或者是浏览器窗口。元素原先在正常文档流中所占的空间会关闭,就好像元素原来不存在一样。元素定位后生成一个块级框,而不论原来它在正常流中生成何种类型的框。

④ fixed(固定定位):元素框的表现类似于将 position 设置为 absolute,不过其包含块是浏览器窗口本身。

下面重点讲解相对定位和绝对定位。

1. 相对定位(relative)

相对定位是一个非常容易掌握的概念。如果对一个元素进行相对定位,它将出现在它所在的位置上。相对定位有四个属性:left、right、top、bottom,通过设置这四个属性值,让某个元素"相对于"它原来所在的位置进行移动。

相对定位的特点:

① 相对于自身原有位置进行偏移。

② 仍处于标准文档流中。

③ 随即拥有偏移属性和 z-index 属性。

当元素相对定位以后会产生 Z 轴上的堆叠,当不设置 z-index 属性时,默认该元素出现在 X 轴和 Y 轴所组成的平面上。

【例 2-29】2-29.html。相对定位应用。

```
<! DOCTYPE html>
<html>
  <head>
    <meta charset=" UTF-8">
    <title>相对定位</title>
    <style type="text/css">
        .box1 { background:red; height:100px;}
        .box2 {background: blue; height:100px;
        position:relative; left:30px; top:50px;}
        .box3 {background: yellow; height:100px;}
    </style>
  </head>
  <body>
    <div class="box1">box1</div>
    <div class="box2">box2</div>
    <div class="box3">box3</div>
  </body>
</html>
```

本例运行效果如图 2-30 所示。

图 2-30 例 2-29 运行效果

注意：

使用相对定位时，元素仍然在标准文档流中，无论是否进行移动，元素仍然占据原来的空间。其他元素仍以为“它”还在原来的位置上，因此，移动元素会导致它覆盖其他框。

2. 绝对定位(absolute)

设置为绝对定位的元素框从标准文档流完全删除，并相对于其包含块定位，包含块可能是文档中的另一个元素或者是浏览器窗口。元素原先在正常文档流中所占的空间会关闭,就好像该元素原来不存在一样。元素定位后生成一个块级框,而不论原来它在正常流中生成何种类型的框。

绝对定位使元素的位置与文档流无关,因此不占据空间。这一点与相对定位不同,相对定位实际上被看作普通流定位模型的一部分,因为元素的位置相对于它在普通流中的位置。普通流中其他元素的布局就像绝对定位的元素不存在一样。

绝对定位的元素的位置相对于最近的已定位祖先元素,如果元素没有已定位的祖先元素,那么它的位置相对于浏览器窗口。已定位祖先元素是指设定了绝对定位、相对定位或者固定定位中的任何一种元素。

绝对定位的特点:

① 建立了以包含块为基准的定位。

② 完全脱离了标准文档流。

③ 随即拥有偏移属性和 z-index 属性。

绝对定位分为未设置偏移量和设置偏移量两种情况。

未设置偏移量的情况:

① 无论是否存在已定位的祖先元素,都保持在元素的初始位置上。

② 脱离了标准文档流。

【例 2-30】2-30. html。未设置偏移量。

```
<! DOCTYPE html >
< html >
  < head >
    < meta charset = " UTF-8" >
    < title >未设偏移量的绝对定位 </title >
    < style type = " text/css" >
      . box1 { background:red; height:100px;}
      . box2 {background: blue; height:100px;position:absolute;}
      . box3 {background: yellow; height:100px;}
      . container {background:gray; height: 100px;position:relative;}/ * 为其包含块
设置相对定位 */
    </style >
  </head >
  < body >
      < div class = " box1" > box1 </div >
      < div class = " container" >
      < div class = " box2" > box2 </div >
      </div >
      < div class = " box3" > box3 </div >
  </body >
</html >
```

本例运行效果如图 2 -31 所示。

图 2 -31 例 2 -30 运行效果

将上例中的 container 中的 position 属性去掉,执行结果显示 box1 的位置是相对于浏览器窗口的。

设置偏移量的情况:

① 无已定位祖先元素,以 HTML 为偏移参照基准。

② 有已定位祖先元素,以最近的已定位祖先元素为偏移参照基准。

【例 2 -31】2 -31. html。设置偏移量的绝对定位。

```
<! DOCTYPE html >
<html >
  <head >
    <meta charset = "UTF-8" >
    <title >设偏移量的绝对定位 </title >
    <style type = "text/css" >
      . box1 { background:red; height:100px;}
      . box2 {background: blue; height:100px;position:absolute; left:30px; top:50px;}
      . box3 {background: yellow; height:100px;}
      . container {background:gray; height:100px;position:relative;}/* 为其包含块
设置相对定位 */
    </style >
  </head >
  <body >
    <div class = "box1" >box1 </div >
    <div class = "container" >
      <div class = "box2" >box2 </div >
    </div >
```

```
    <div class = "box3" > box3 </div >
  </body >
</html >
```

本例运行效果如图 2 - 32 所示。当一个元素设置绝对定位，而没有设置宽度时，宽度会根据内容自动调整。

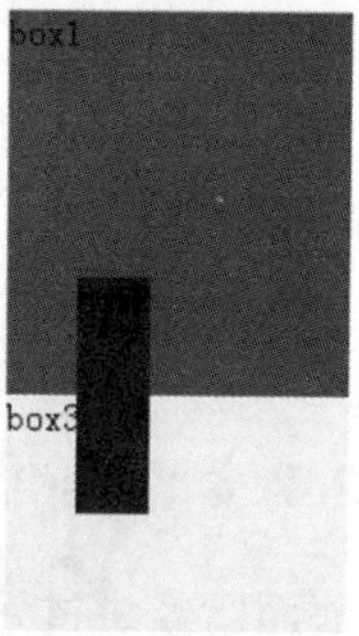

图 2 - 32 例 2 - 31 运行效果

使用 absolute 实现横向两列布局，常用于一列固定宽度，另一列宽度自适应的情况。通过对其父元素使用 relative 定位，对固定列宽的元素进行 absolute 定位。

2.7.3 z-index 属性

z-index 属性用于制定对象的层叠次序，使得某个元素浮于其他元素之上。在使用该属性时，必须定义 position 属性值为 absolute、relative 或 fixed。z-index 属性语法格式如下：

```
z-index:auto/ number
```

auto：遵循其父元素的定位。

number：整数，可以为负数。数值最大者叠加在最上层。

【例 2 - 32】2 - 32. html。z-index 属性的使用。

```
<! DOCTYPE html >
<html >
  <head >
    <meta charset = "UTF-8" >
    <title > z-index 属性使用 </title >
    <style type = "text/css" >
      . bgdiv { background:red; width:200px; height:100px;
      position:absolute; top:50px; left:50px;z-index:-1;}
      . prediv { background:yellow; width:50px; height:50px;
      position:absolute; top:75px; left:100px;z-index:999;}
    </style >
  </head >
  <body >
    <div class = "bgdiv" > 背景 box </div >
    <div class = "prediv" > 前景 box </div >
  </body >
</html >
```

本例运行效果如图 2 - 33 所示。

图 2-33　例 2-32 运行效果

2.7.4　display 属性

前面已经讲过元素分为块级元素和内联元素，在标准文档流中，块级元素占据一行空间，内联元素则在一排中一个接一个地排列。但是块级元素也可以通过 display 属性设置为内联元素，同样内联元素也可以通过该属性设置为块级元素。

display 属性值有三个：none（不显示）、block（以块级元素来显示）、inline（以内联元素来显示）。

【例 2-33】2-33. html。display 属性值设定。

```
<!DOCTYPE html>
<html>
  <head>
     <meta charset="UTF-8">
     <title>display 属性</title>
     <style type="text/css">
       .box1
       {
         background-color:#996699;
         display:block;
       }
       .box2
       {
         background-color:#0000ff;
         display:inline;
       }
       .box3
       {
         background-color:#3399cc;
         display:none;
       }
     </style>
```

```
    </head>
    <body>
        <span class = "box1" >box1 </span>
        <span class = "box1" >box2 </span>
        <div class = "box2" >box3 </div>
        <div class = "box2" >box4 </div>
        <div class = "box2" >box5 </div>
        <div class = "box3" >box6 </div>
        <span class = "box3" >box7 </span>
    </body>
</html>
```

本例运行效果如图 2-34 所示。从图中可以看到两个 box1 和 box2 由内联元素变成了块级元素显示，box3、box4、box5 则呈现内联元素显示，box6、box7 没有显示。

图 2-34 例 2-33 运行效果

2.7.5 实例：页面布局

前面几小节讲述了盒模型定位和浮动，本小节通过一个例子来说明其在页面布局的运用。

思考：要实现如图 2-35 所示效果，如何来做？

分析：

① 整个页面可以用一个大的 DIV 把所有的小 DIV 全部包含进去，设置最外层 DIV 的 width、height。由颜色可以看出标志 logo 和广告牌 banner 都在一个 DIV 中，菜单 menu 在另外一个 DIV 中，有下边距。左侧边栏 sidebar 是一个单独的 DIV，右侧内容 main content 是另一个 DIV，sidebar 向左浮动，main content 向右浮动，中间有一定的间隙。页脚 footer 是一个 DIV，它有上边距。

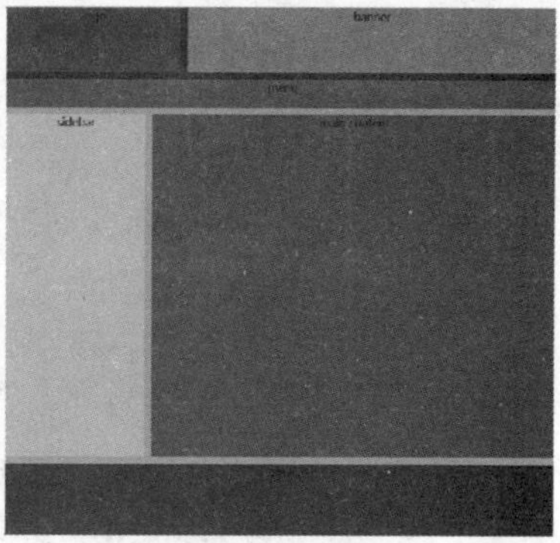

图 2-35 页面布局

② 由①的分析，可以在 body 中定义一个最外层 DIV，中间包含四个 DIV：head、menu、sidebar、main_content、footer。head 中有两个 DIV：logo、banner。

③ 为每个 DIV 设置其属性。

【例 2-34】2-34. html。页面布局完整代码。

```
<! DOCTYPE html>
<html>
    <head>
        <meta charset = "UTF-8" >
        <title>页面布局 </title>
```

```
<style type="text/css">
    body
    {
        margin: 0 auto;
        text-align:center;
    }
    /*定义最外层容器,长1000px,宽800px*/
    #container
    {
        width:800px;
        height:1000px;
        background-color:#cccccc;
    }
    /*定义页面头部,长100px,宽800px,
    头部中包含logo和广告牌banner,
    靠左浮动,并且头部左右两侧都不能有其他元素*/
    #head
    {
        width:800px;
        height:100px;
        margin:auto 0;
        background-color:#0000ff;
        float:left;
        clear:both;
    }
    /*定义logo,长90px,宽250px,
    靠左浮动,并且左侧不能有其他元素*/
    #logo
    {
        width:250px;
        height:90px;
        background-color:#ff0000;
        margin:0;
        float:left;
        clear:left;
    }
    /*定义广告牌banner,长90px,宽540px,
    logo和banner中间有10px的空隙,
```

```
靠右浮动,并且右侧不能有其他元素 */
#banner
{
    width:540px;
    height:90px;
    background-color:#ff9933;
    margin:0;
    float:right;
    clear:right;
}
/* 定义菜单 menu,长 40px,宽 800px,
下边距为 10px,靠左浮动,
并且左右两侧都不能有其他元素 */
#menu
{
    width:800px;
    height:40px;
    background-color:#3399ff;
    margin:auto 0 10px;
    float:left;
    clear:both;
}
/* 定义左侧栏 sidebar,长 740px,宽 200px,靠左浮动 */
.sidebar
{
    width:200px;
    height:740px;
    background-color:#00ff00;
    margin:auto 0;
    float:left;
}
/* 定义主要内容 main_content,长 740px,宽 590px,
靠右浮动,并且右侧不能有其他元素 */
.main_content
{
    width:590px;
    height:740px;
    background-color:#ff00ff;
```

```
            margin:auto 0;
            float:right;
            clear:right;
        }
        /*定义页脚 footer,长 100px,宽 800px,
        上边距为 10px,靠左浮动,
        并且左右两侧都不能有其他元素*/
        #footer
        {
            width:800px;
            height:100px;
            margin:10px 0 0;
            background-color:#666666;
            float:left;
            clear:both;
        }
    </style>
  </head>
  <body>
    <center>
      <div id = "container" >
        <div id = "head" >
        <div id = "logo" >logo </div >
        <div id = "banner" >banner </div >
      </div >
        <div id = "menu" >menu </div >
        <div class = "sidebar" >sidebar </div >
        <div class = "main_content" >main content </div >
        <div id = "footer" >footer </div >
      </div >
    </center >
  </body >
</html >
```

2.8 列表

HTML 语言提供了两种列表样式:有序列表(ol)和无序列表(ul),CSS 为项目列表提供了许多新的属性,本节主要介绍项目列表的样式类型、样式图片和位置等 CSS 属性,以及项目列表的一些相关应用。

2.8.1 列表样式类型:list-style-type 属性

list-style-type 属性主要定义项目列表的编号样式,语法格式如下:

```
ist-style-type :列表样式类型属性值;
```

列表样式类型属性可选值如表 2 - 19 所示。

表 2 - 19 列表样式类型可选值

值	描述
none	无标记
disc	默认值,标记是实心圆
circle	标记是空心圆
square	标记是实心方块
decimal	标记是数字
decimal-leading-zero	0 开头的数字标记(01, 02, 03 等)
lower-roman	小写罗马数字(i, ii, iii, iv, v 等)
upper-roman	大写罗马数字(I, II, III, IV, V 等)
lower-alpha	小写英文字母 The marker is lower-alpha (a, b, c, d, e 等)
upper-alpha	大写英文字母 The marker is upper-alpha (A, B, C, D, E 等)
lower-greek	小写希腊字母(alpha, beta, gamma 等)
lower-latin	小写拉丁字母(a, b, c, d, e 等)
upper-latin	大写拉丁字母(A, B, C, D, E 等)
hebrew	传统的希伯来编号方式
armenian	传统的亚美尼亚编号方式
georgian	传统的乔治亚编号方式(an, ban, gan 等)
cjk-ideographic	简单的表意数字

简单的列表使用如例 2 - 35,其运行效果如图 2 - 36 所示。

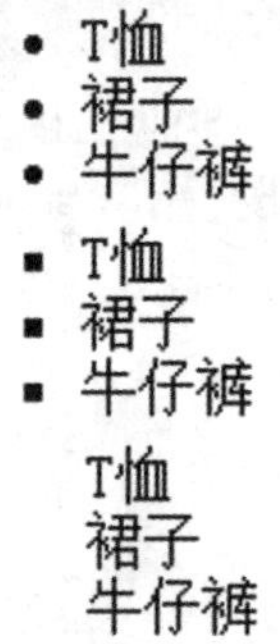

图 2 - 36 例 2 - 35 运行效果

【例 2 -35】2 -35. html。简单的列表的使用。

```
<! DOCTYPE html >
<html >
  <head >
    <meta charset = "UTF-8" >
    <title >项目列表 </title >
    <style type = "text/css" >
        ul. disc {list-style-type: disc}
        ul. square {list-style-type: square}
        ul. none {list-style-type: none}
    </style >
  </head >
  <body >
      <ul class = "disc" >
          <li >T 恤 </li >
          <li >裙子 </li >
          <li >牛仔裤 </li >
      </ul >
      <ul class = "square" >
          <li >T 恤 </li >
          <li >裙子 </li >
          <li >牛仔裤 </li >
      </ul >
      <ul class = "none" >
          <li >T 恤 </li >
          <li >裙子 </li >
          <li >牛仔裤 </li >
      </ul >
  </body >
</html >
```

如果为 <ul >或 <ol >标记设置 list-style-type 属性,那么在它们之间的所有 <li >标记都采用该样式;如果只为 <li >标记设置 list-style-type 属性,那么只有该条目采用此标记。如例 2 -36,其运行效果如图 2 -37 所示。

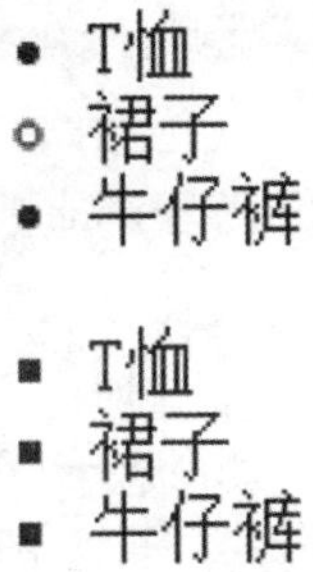

图 2－37 例 2－36 运行效果

【例 2－36】2－36. html。设置 list-style-type 属性的列表。

```
<!DOCTYPE html>
<html>
  <head>
    <meta charset="UTF-8">
    <title>设置 list-style-type 属性的列表</title>
    <style type="text/css">
      ul. disc {list-style-type: disc}
      ul. square {list-style-type: square}
      ul. none {list-style-type: none}
      li. special{list-style-type:circle}
    </style>
  </head>
  <body>
      <ul class="disc">
        <li>T 恤</li>
        <li class="special">裙子</li>
        <li>牛仔裤</li>
    </ul>
    <ul class="square">
        <li>T 恤</li>
        <li>裙子</li>
        <li>牛仔裤</li>
    </ul>
  </body>
</html>
```

2.8.2 列表样式图片:list-style-image 属性

list-style-image 属性用来设置列表项的图像属性,语法格式如下:

list-style-image:列表项目的图像属性值;

列表项目的图像属性值可以使用url(绝对路径或相对路径指定的图像),也可以使用none不指定图像,图像属性值的默认值就为none。具体使用方式如例2-37,其运行效果如图2-38所示。

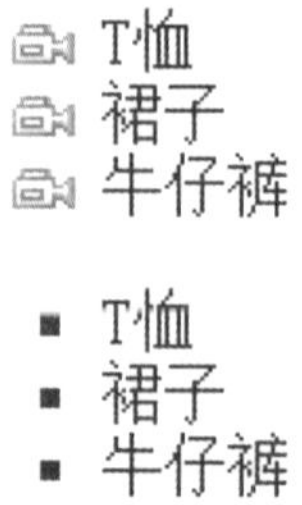

图2-38 例2-37运行效果

【**例2-37**】2-37.html。设置list-style-image属性的列表。

```
<! DOCTYPE html >
<html >
  <head >
    <meta charset = "UTF-8" >
    <title >设置 list-style-image 属性的列表 </title >
    <style type = "text/css" >
      ul. disc {
      list-style-image:url( "images/camera. gif" ) ;
      }
      ul. square {list-style-type: square}
    </style >
  </head >
  <body >
    <ul class = "disc" >
      <li >T 恤 </li >
      <li >裙子 </li >
      <li >牛仔裤 </li >
    </ul >
    <ul class = "square" >
      <li >T 恤 </li >
      <li >裙子 </li >
      <li >牛仔裤 </li >
    </ul >
  </body >
</html >
```

图标与文字之间的距离在不同浏览器中是不一样的,所以一般情况下我们不采用这种方式来设置列表的图片样式,而是通过设置 li 的背景图片的方式来设置列表图片。

一般步骤如下:

① 设置 list-style-type 属性的值为 none;

② 设置 <li> 标记的背景属性 background。

例 2-38 演示了此具体过程,其运行效果如图 2-39 所示。

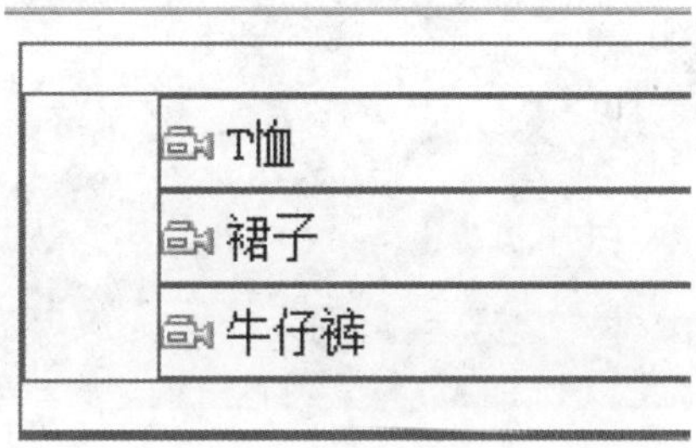

图 2-39　例 2-38 运行效果

【例 2-38】2-38.html。设置 li 的背景图片的方式来设置列表图片。

```
<! DOCTYPE html>
<html>
  <head>
    <meta charset="UTF-8">
    <title>设置 li 的背景图片的方式来设置列表图片</title>
    <style type="text/css">
      div,ul,li
      {
        border:1px solid red;
      }
      ul{
        list-style-type:none; /*列表样式为 none*/
        font-size:14px;
      }
      li{
        line-height:26px;
        height:26px; /*line-height 与 height 相等时文字上下居中显示*/
        padding-left:20px; /*li 的 padding 设置为:20px*/
        background-repeat:no-repeat; /*不平铺*/
        background-position:0px 8px; /*背景图片的位置,上下居中显示*/
        background-image:url("images/camera.gif"); /*背景图片,宽度:16px,高
度:10px*/
      }
```

```
        </style>
    </head>
    <body>
      <div>
        <ul>
          <li>T恤</li>
          <li>裙子</li>
          <li>牛仔裤</li>
        </ul>
      <div>
    </body>
</html>
```

2.8.3 列表样式定位:list-style-position 属性

list-style-position 属性用于声明列表标记相对于列表项内容的位置,语法格式如下:

```
ul{
    list-style-position:列表项目的位置属性值;
}
```

列表项目的位置属性值有以下几种:

① inside:列表项目标记放置在文本以内,且环绕文本根据标记对齐。

② outside:默认值,保持标记位于文本的左侧。列表项目标记放置在文本以外,且环绕文本不根据标记对齐。

③ inherit:规定应该从父元素继承 list-style-position 属性的值,默认值为 outside。

【例 2-39】2-39. html。list-style-position 属性的应用。

```
<! DOCTYPE html>
<html>
  <head>
    <meta charset="UTF-8">
    <title>项目列表</title>
    <style type="text/css">
      div{
        width:400px;
      }
      ul{
        border:1px solid blue;
      }
      li{
        border:1px solid red;
```

```
        }
        ul.inside {
          list-style-position: inside;
        }
        ul.outside {
          list-style-position: outside;
        }
      </style>
    </head>
    <body>
      <div>
        <p>设置列表的 list-style-position 的值为 "inside":</p>
        <ul class="inside">
          <li>月桂女神 - SHE</li>
          <li>悟 - 刘德华</li>
          <li>红色高跟鞋 - 蔡健雅</li>
        </ul>
        <p>设置列表的 list-style-position 的值为 "outside":</p>
        <ul class="outside">
          <li>喜欢的颜色 - 蓝色</li>
          <li>星座 - 射手</li>
          <li>梦想 - 音乐家</li>
        </ul>
      </div>
    </body>
</html>
```

本例运行效果如图 2-40 所示。

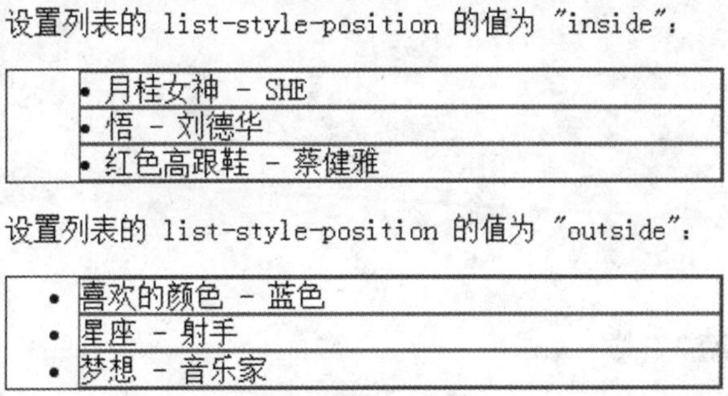

图 2-40　例 2-39 运行效果

2.8.4 list-style 属性

list-style 属性是一个设定列表样式的综合快捷的写法，该属性可以同时设定列表样式类型属性（list-style-type）、列表样式位置属性（list-style-position）和列表样式图片属性（list-style-image）。

由于它应用到所有 display 为 list-item 的元素，所以在普通的 HTML 和 XHTML 中只能用于 <li>元素，语法格式如下：

```
ul{
    list-style:属性值;
}
```

可以按顺序设置如下属性：

① list-style-type；

② list-style-position；

③ list-style-image。

可以不设置其中的某个值，如“list-style：circle inside；”也是允许的。未设置的属性会使用其默认值，默认值为 disc outside none。

具体应用如例 2－40，其运行效果如图 2－41 所示。

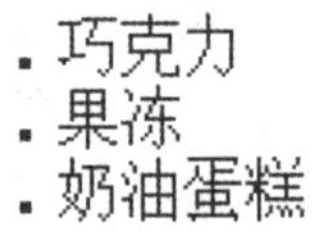

图 2－41　例 2－40 运行效果

【例 2－40】2－40. html。综合属性 list-style 的应用.

```
<! DOCTYPE html>
<html>
  <head>
    <meta charset = "UTF-8" >
    <title>综合属性 list-style 的应用</title>
    <style type = "text/css" >
      ul{
      list-style: square inside url("images/black.jpg")
    }
    </style>
  </head>
  <body>
    <ul class = "disc" >
        <li>巧克力</li>
        <li>果冻</li>
        <li>奶油蛋糕</li>
    </ul>
  </body>
</html>
```

2.8.5 案例一：竖排导航

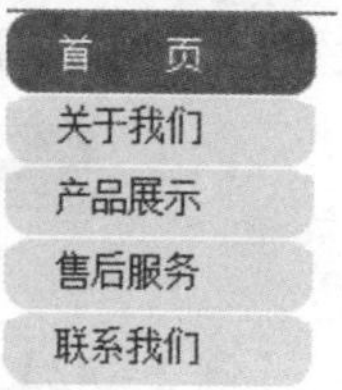

图 2-42 例 2-41 运行效果

本节将制作一个简单的竖直导航菜单，效果如图 2-42 所示。

首先通过 <ul> 和 <li> 制作一个竖排列表，然后设置 CSS 样式，注意设置圆角边框和文本缩进，如例 2-41。

【例 2-41】2-41. html。竖排导航菜单。

```
<! DOCTYPE html>
<html>
  <head>
    <meta charset="UTF-8">
    <title>竖排导航菜单</title>
    <style type="text/css">
      *{ margin:0; padding:0; font-size:14px;}
      a{ color:#333; text-decoration:none}
      .nav li a{
        display:block; /*设置为块,这样可以设置其宽和高*/
        text-indent:20px; /*设置文本缩进*/
        height:30px; line-height:30px; width:120px;
        background-color:#efefef; margin-bottom:1px;
        border-radius:10px; /*设置圆角边框*/
      }
      .nav li a:hover{ background-color:#f60; color:#fff}
    </style>
  </head>
  <body>
      <ul class="nav">
        <li><a href="#">首页</a></li>
        <li><a href="#">关于我们</a></li>
        <li><a href="#">产品展示</a></li>
        <li><a href="#">售后服务</a></li>
        <li><a href="#">联系我们</a></li>
    </ul>
  </body>
</html>
```

2.8.6 案例二：水平导航

本节将制作一个简单的水平导航菜单，效果如图 2-43 所示。

首先通过 <ul> 和 <li> 制作一个水平列表，水平列表可以通过 float:left 实现，然后设置 CSS 样式,注意设置菜单下橙色水平线、圆角边框和文本缩进,如例 2 - 42。

图 2 - 43 例 2 - 42 运行效果

【例 2 - 42】2 - 42. html。水平导航菜单。

```
<!DOCTYPE html>
<html>
  <head>
    <meta charset="UTF-8">
    <title>水平导航菜单</title>
    <style type="text/css">
      * {margin:0; padding:0; font-size:14px;}
      a{color:#333;text-decoration:none}
      .nav{list-style:none; height:30px;
          border-bottom:10px solid #f60; /* 设置导航菜单下水平橙色线 */
          margin-top:20px; padding-left:50px;}
      .nav li{float:left}
      .nav li a{
          display:block;
          height:30px; width:120px;
          text-align:center; line-height:30px;
          border-radius:10px; /* 设置圆角边框 */
          background:#efefef;
          margin-left:1px;
        }
      .nav li a.on, .nav li a:hover{
          background-position:0 -30px;
          color:#fff;background:#f60;
        }
    </style>
  </head>
  <body>
    <ul class="nav">
        <li><a class="on" href="#">首页</a></li>
        <li><a href="#">关于我们</a></li>
        <li><a href="#">产品展示</a></li>
        <li><a href="#">售后服务</a></li>
        <li><a href="#">联系我们</a></li>
```

```
    </ul>
  </body>
</html>
```

在此基础上我们可以做一些修改,如增加阴影效果等,读者可以自己试验下。

2.9　CSS 页面布局

布局又称版式布局,是指网页 UI 设计师将有限的视觉元素进行有机排列组合。一个引人入胜的网站首先要在布局、风格上吸引人。

网页布局的特点:

① 网页宽度可以自适应。

② 网页长度可以无限地延长,网页版块高度可以根据内容自适应。

2.9.1　网页基本组成

一个网页一般会有页头、导航、内容和页脚几部分构成。页头包含网站的 logo 和用于说明网站或做宣传广告的 banner 部分,但这也不是固定的,有的网页的页头没有包含 banner,banner 可以在网页的其他区域。导航有水平导航和竖排导航,内容部分主要是网页的基本内容,页脚一般放置公司信息和版权信息等。

分栏又称为分列,常见的布局分为单列、两列、三列和混合布局。用得最多的通常是混合布局。Web 前端 UI 工程师的任务是:如何通过技术手段灵活运用 CSS 的浮动、定位来完成 UI 设计的布局。

2.9.2　单列布局

1. 单列固定宽度布局

这是一种最简单的布局模式,所谓固定宽度,是指当浏览器窗口变化时,网页宽度不会随着改变,如例 2－43,其运行效果如图 2－44 所示。

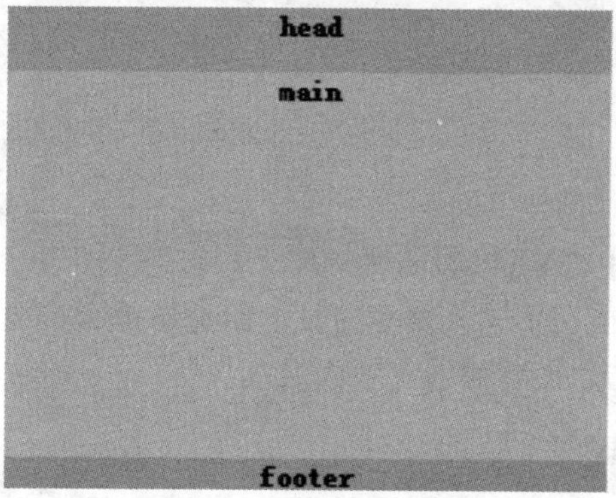

图 2－44　例 2－43 进行效果

【例 2-43】2-43.html。单列固定宽度布局。

```
<! DOCTYPE html>
<html>
  <head>
    <meta charset="UTF-8">
    <title>单列固定宽度布局</title>
    <style>
      body{ margin:0; padding:0; font-size:30px;}
      div{
            text-align:center; /* 文本居中 */
            font-weight:bold;
          }
     .head, .main, .footer{
        width:960px; /* 固定宽度 */
         /*
        width: 80%; 自适应宽度 */
        margin:0 auto; /* 浏览器让元素居中对齐 */
         }
       .head{ height:100px; background:#ccc;}
       .main{ height:600px; background:#fcc;}
       .footer{ height:50px; background:#9cf;}
     </style>
   </head>
   <body>
     <div class="head">head</div>
     <div class="main">main</div>
     <div class="footer">footer</div>
   </body>
</html>
```

2. 单列变宽布局

在 2-42.html 代码中将 width 设置为 80%，这个宽度可以让 DIV 大小随着浏览器窗口大小的改变而改变，也能在不同分辨率的显示器上显示所有网页内容，但是这种方式可能让原来不换行的文字产生换行而引起版面混乱。

2.9.3 两列布局

1. 两列固定宽度布局

由于 DIV 属于块级元素，各个 DIV 之间竖直排列，为了让两个 DIV 能够水平排列，需要将它们放到另一个 DIV 中,然后使用绝对定位或浮动的方法进行两列布局,如例 2-44,其运行效果如图 2-45 所示。

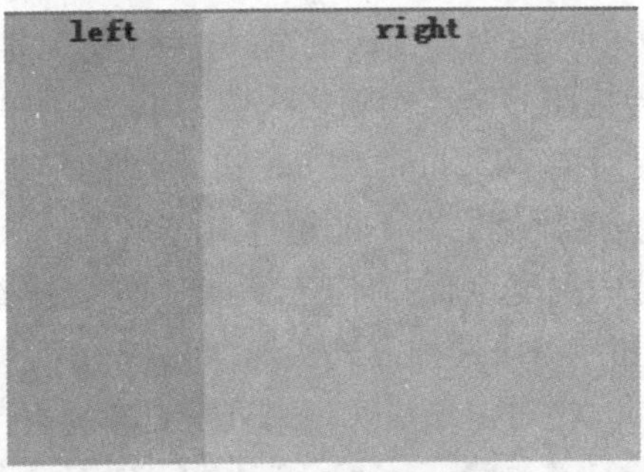

图 2-45 例 2-44 运行效果

【例 2-44】2-44.html。二列固定宽度布局。

```
<!DOCTYPE html>
<html>
  <head>
    <meta charset="UTF-8">
    <title>二列固定宽度布局</title>
    <style>
        body{ margin:0; padding:0; font-size:30px; font-weight:bold;}
        div{ text-align:center; line-height:50px;}
        .main{ width:960px; height:600px; margin:0 auto;}
        .left{ width:300px; height:600px;
          background:#ccc;
          float:left; /*向左浮动*/
        }
        .right{ width:660px; height:600px;
          background:#fcc;
          float:right; /*向右浮动*/
        }
    </style>
  </head>
  <body>
    <div class="main">
      <div class="left">left</div>
      <div class="right">right</div>
    </div>
  </body>
</html>
```

2. 两列变宽布局

两列变宽布局有两种变宽方式：一种是当浏览器窗口大小改变时，中间的两个 DIV 块都会按照一定比例随之改变，称为等比例变宽；另一种情况是，中间部分的一个 DIV 块大小不变，另一个 DIV 块会按照一定比例随之改变大小，称为单列变宽。

等比例变宽布局，只要对 2-45.html 中 left 和 right 的 width 属性设置一个宽度比例即可，需要注意的是，两栏宽度比例之和不能超过100%。

单列变宽布局，也就是一列宽度保持不变，另外一列会随着浏览器窗口的变化而变化。可以使用绝对定位法和浮动法两种方式实现，如例 2-45 和例 2-46。

【例 2-45】2-45.html。绝对定位法实现二列变宽布局。

```
<!DOCTYPE html>
<html>
  <head>
    <meta charset="UTF-8">
    <title>绝对定位实现二列变宽布局</title>
    <style>
      body{ margin:0; padding:0; font-size:30px; font-weight:bold;}
      div{ text-align:center; line-height:50px;}
      .main{ width:80%; height:600px; margin:0 auto;
          position:relative;
      }
      .left{ width:200px; height:600px; background:#ccc;
       /*用绝对定位将其停靠在浏览器的左侧*/
          position:absolute; left:0; top:0;
      }
      .right{ height:600px; background:#fcc;
          margin:0 0 0 210px;/*设置左边距为210px*/
      }
    </style>
  </head>
  <body>
    <div class="main">
      <div class="left">left</div>
      <div class="right">right</div>
    </div>
  </body>
</html>
```

使用绝对定位时，若固定宽度列的高度小于自适应宽度的列，则自适应宽度列中的内容会从父包含块中溢出。实际布局中,应以浮动布局为主,绝对定位布局为辅。

【例2-46】2-46.html。浮动实现二列变宽布局。

```
<!DOCTYPE html>
<html>
  <head>
    <meta charset="UTF-8">
    <title>浮动实现二列变宽布局</title>
    <style type="text/css">
      body{ margin:0; padding:0; font-size:30px; font-weight:bold;}
      div{ text-align:center; line-height:50px;}
      .main{ width:80%; height:600px; margin:0 auto;}
      .left{ width:200px; height:600px;
          background:#ccc;
          float:left; /*左浮动样式*/
      }
      .right{ height:600px; background:#fcc;
          margin-left: 210px; /*设置左边距为210px*/
      }
    </style>
  </head>
    <body>
      <div class="main">
          <div class="left">left</div>
          <div class="right">right</div>
    </div>
  </body>
</html>
```

2.9.4　三列布局

1. 三列固定宽度布局

这种布局读者可以参考前两小节固定宽度布局设置,本小节不再详细介绍。接下来主要介绍变宽布局。

2. 三列自适应布局

【例2-47】2-47.html。三列自适应布局。

```
<!DOCTYPE html>
<html>
```

```
  <head>
    <meta charset="UTF-8">
    <title>三列自适应布局</title>
    <style>
      body{ margin:0; padding:0; font-size:30px; font-weight:bold;}
      div{ text-align:center; line-height:50px;}
      .left{ width:20%; height:600px; background:#ccc;
         position:absolute; left:0; top:0;}
      .main{ height:600px; margin:0 20%; background:#9cf;}
      .right{ height:600px; width:20%; background:#fcc;
         position:absolute; top:0; right:0;}
    </style>
  </head>
  <body>
        <div class="left">left</div>
        <div class="main">main</div>
        <div class="right">right</div>
  </body>
</html>
```

3. 左右固定宽度中间变宽布局

【例 2-48】2-48.html。左右两列固定中间自适应布局。

```
<!DOCTYPE html>
<html>
  <head>
    <meta charset="UTF-8">
    <title>左右两列固定中间自适应布局</title>
    <style>
      body{ margin:0; padding:0; font-size:30px; font-weight:bold;}
      div{ text-align:center; line-height:50px;}
     .left{ width:240px; height:600px; background:#ccc;
         position:absolute; left:0; top:0;}
      .main{ height:600px; margin:0 240px; background:#9cf;}
      .right{ height:600px; width:240px; background:#fcc;
         position:absolute; top:0; right:0; }
    </style>
  </head>
  <body>
```

```
        <div class = "left" >left </div >
        <div class = "main" >main </div >
        <div class = "right" >right </div >
    </body >
</html >
```

2.9.5 混合布局

混合布局在前面几节都有介绍,如例2-22和例2-34都是混合布局。利用前面三小节中所讲的单列、两列、三列布局,可以组合成各种混合布局,如例2-49,其运行效果如图2-46所示。

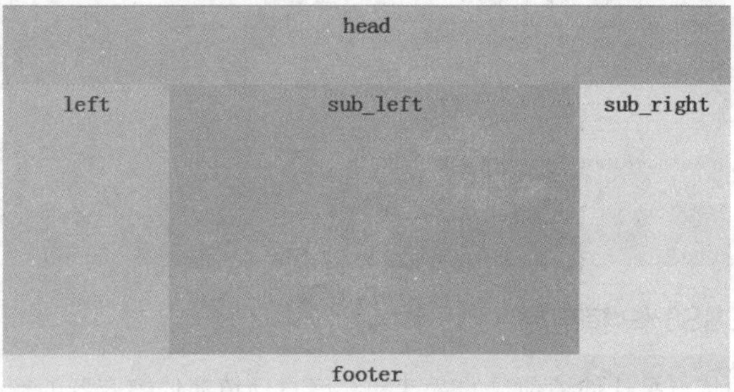

图2-46 例2-49运行效果

【例2-49】2-49.html。混合布局。

```
<! DOCTYPE html >
<html >
  <head >
    <meta charset = "UTF-8" >
    <title >混合布局 </title >
    <style >
        body{ margin:0; padding:0; font-size:30px; font-weight:bold;}
        div{ text-align:center; line-height:50px;}
        .head, .main, .footer{ width:960px; margin:0 auto;}
        .head{ height:100px;background:#9cf;}
        .left{ width:220px; height:600px;
            background:#ccc; float:left;}
        .right{ width:740px; height:600px;
            background:#fcc; float:right;}
        .r_sub_left{ width:540px; height:600px;
            background:#9c3; float:left;}
        .r_sub_right{ width:200px; height:600px;
```

```
            background:#9fc; float:right;}
        .footer{ height:50px; background:#9f9; clear:both;}
    </style>
  </head>
  <body>
    <div class = "head" >head </div >
    <div class = "main" >
      <div class = "left" >left </div >
      <div class = "right" >
        <div class = "r_sub_left" >sub_left </div >
        <div class = " r_sub_right" >sub_right </div >
      </div >
    </div >
    <div class = "footer" >footer </div >
  </body >
</html >
```

2.9.6 CSS3 伸缩布局

伸缩布局的特点是让伸缩项目的宽度和高度自动填充伸缩容器的额外空间。这可以用 flex 属性完成。一个伸缩容器会等比例地按照各伸缩项目的宽度比例分配额外空间，也会按照收缩比率缩小伸缩项目以避免伸缩项目溢出伸缩容器。下面通过一个案例来简单了解下伸缩布局。

【**例 2-50**】2-50.html。伸缩布局。

```
<! DOCTYPE html >
<html lang = "en-US" >
  <head >
    <meta charset = "GB2312" >
    <title >Flexbox 实现三列等高布局 </title >
    <style type = "text/css" media = "screen" >
    /*基本样式*/
      *{
        margin: 0;
        padding: 0;
        -webkit-box-sizing: border-box;
        box-sizing: border-box;
      }
      html,
      body {
```

```
    height: 100%;
    color: #fff;
}
body {
    min-width: 100%;
}
header,
section,
nav,
aside,
footer {
    display: block;
}
header {
    background-color: hsla(200,10%,70%,.5);
    min-height: 100px;
    padding: 10px 20px;
    min-width: 100%;
}
section{
    min-width: 100%;
    margin: 20px 0;
}
nav {
    background-color: hsla(300,60%,20%,.9);
    padding: 1%;
    width: 220px;
}
article {
    background-color: hsla(120,50%,50%,.9);
    padding: 1%;
    margin-left: 2%;
    margin-right: 2%;
}
aside {
    background-color: hsla(20,80%,80%,.9);
    padding: 1%;
    width: 220px;
```

```
    }
    footer {
      background-color: hsla(250,50%,80%,.9);
      min-height: 60px;
      padding: 1%;
      min-width: 100%;
    }
    /*定义伸缩布局*/
    body {
      min-width: 100%;
      /*设置元素为伸缩容器*/
      display: -webkit-flex;
      display: flex;
      /*设置伸缩元素水平排列,伸缩容器多行显示*/
      -webkit-flex-flow: column wrap;
      flex-flow: column wrap;
      /*设置伸缩元素向一行的起始位置靠齐*/
      -webkit-justify-content: start;
      justify-content: start;
    }
    section{
      display: -webkit-flex;
      display: flex;
      -webkit-flex: 1;
      flex:1; /*设置伸缩元素额外空间的倍数*/
    }
    article {
      -webkit-flex: 1;
      flex: 1; /*article的flex值和section的flex值一致,保证中间列等高*/
    }
  </style>
</head>
<body>
  <header>我是页眉</header>
  <section>
    <nav>我是侧边栏导航</nav>
    <article>我是主内容</article>
    <aside>我是右边栏</aside>
```

```
        </section>
        <footer>我是页脚</footer>
    </body>
</html>
```

首先定义好基本样式，之后最关键的是将 <body> 变成一个伸缩容器，然后使用 flex 属性将 section 和 article 设置为同样的倍数。本例运行效果如图 2－47 所示。随意调整页面大小，可以看到 <footer> 一直黏附在页面底部，除去 <header> 和 <footer> 的高度之外即为中间列部分空间，且中间三列等高。

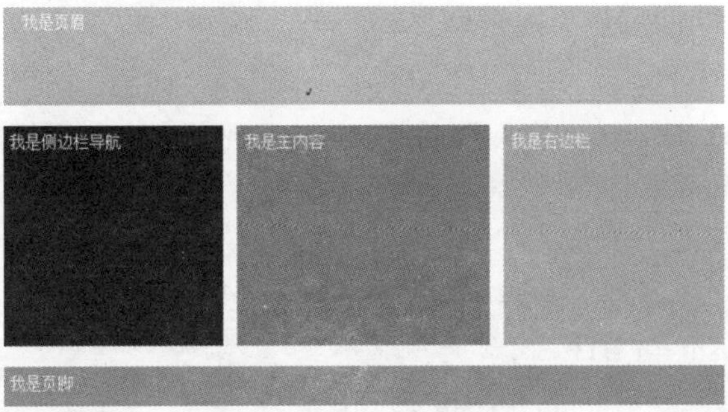

图 2－47　例 2－50 运行效果

2.9.7　CSS3 多列布局

CSS3 多列布局可以自动将内容按指定的列数排列，实现和报纸、杂志排版类似的效果。CSS3 多列布局包含 columns、column-gap、column-span 和 column-fill 等属性，每个属性在浏览器中的兼容性不一致，在实际使用时，需要添加各种浏览器的前缀。

多列布局的核心属性如表 2－20 所示。

表 2－20　CSS3 多列布局属性

属性	描述	取值
column-width	定义每列列宽	auto：默认值，列宽由其他属性决定，如可以由列数 column-count 来决定 length：由数值和长度单位来设置列宽，不能为负值
column-count	定义列数	auto：默认值，元素只有一列 integer：列数，不能为负值
column-gap	定义列间距	normal：默认值，一般情况下相当于 1em length：由浮点数字和单位标识符组成，如 2em、10px，不能为负值
column-rule	定义列边框（和 border 属性相似）。包括 column-rule-width，column-rule-style 和 column-rule-color 三个属性	取值和 border 属性取值类似

续表

属性	描述	取值
column-span	定义多列布局中子元素跨列效果	none:默认值,不跨列 all:元素跨越所有的列,并定位在列的 Z 轴之上
column-fill	控制每列列高效果	auto:默认值,各列高度随内容变化而自动变化 balance:各列高度会根据内容最多的一列的高度进行统一
columns	包括 column-width 和 column-count 两个属性,实现元素多列布局效果	

【例 2-51】2-51.html。文章标题跨列显示,实现杂志中多列排版显示效果。

```
<! DOCTYPE html>
<html lang="en-US">
  <head>
    <meta charset="UTF-8">
    <title>多列布局|column-span</title>
    <style type="text/css">
      * {
          margin: 0;
          padding: 0;
      }
      .wrapper {
          width: 40em; /* 固定宽度 */
          /* 读者可以将容器的总宽度设置为 body 的 50% 查看效果
          width: 50%; */
          margin-left: auto;
          margin-right: auto;
          border: 1px solid #ccc;
          padding: 5px;
          /* 多列布局 */
          -webkit-column-count: 4;
          column-count: 4;
          -webkit-column-gap: 2em;
          column-gap: 2em;
          -webkit-column-rule: .1em dashed #ccc;
          column-rule: .1em dashed #ccc;
          -webkig-column-fill: balance;
          column-fill: balance;
```

```
        }
        h1 {
            font-size: 1.5em;
            margin-bottom: 1em;
            -webkit-column-span: all;
            column-span: all;
            padding-bottom: 5px;
            text-align: center;
            border-bottom: 2px solid #ccc;
        }
        p {
            margin-bottom: 1em;
            text-indent: 2em;
            line-height: 1.625;
            font-size: .7em;
        }
      </style>
    </head>
    <body>
      <div class="wrapper">
      <h1>column-span 属性实现报纸杂志跨列居中显示效果</h1>
        <p>CSS3 的多列布局可以帮助我们在 Web 页面中轻松实现类似于报纸杂志
的排版效果,无须添加一些无用的标签以及依赖于浮动或者定位来实现那种布局效果。
</p>
        <p>CSS3 的多列布局可以帮助我们在 Web 页面中轻松实现类似于报纸杂志
的排版效果,无须添加一些无用的标签以及依赖于浮动或者定位来实现那种布局效果。
</p>
        <p>CSS3 的多列布局可以帮助我们在 Web 页面中轻松实现类似于报纸杂志
的排版效果,无须添加一些无用的标签以及依赖于浮动或者定位来实现那种布局效果。
</p>
        <p>CSS3 的多列布局可以帮助我们在 Web 页面中轻松实现类似于报纸杂志
的排版效果,无须添加一些无用的标签以及依赖于浮动或者定位来实现那种布局效果。
CSS3 的多列布局可以帮助我们在 Web 页面中轻松实现类似于报纸杂志的排版效果,无
须添加一些无用的标签以及依赖于浮动或者定位来实现那种布局效果。</p>
      </div>
    </body>
  </html>
```

本例运行效果如图 2-48 所示。

图 2-48　例 2-51 运行效果

2.10　CSS3 渐变

渐变是两种或多种颜色之间的过渡。最早支持 CSS3 渐变的是 Webkit 内核的浏览器，随后 Firefox 和 Opera 等浏览器也相应地给予支持，但众浏览器没有得到统一的标准，用法差异很大，不同的渲染引擎实现渐变的语法也不同，各浏览器都要带上自己的前缀。

2.10.1　CSS3 线性渐变

线性渐变指在渐变的过程中颜色沿着一条直线从左到右，从右到左，从顶部到底部，从底部到顶部或者沿着任意轴过渡。接下来从各浏览器中的语法入手介绍 CSS3 的线性渐变。

1. Webkit 引擎的线性渐变语法

（1）老式语法

```
-webkit-gradien( <type>, <point>, [ <radius> ]?, <point>, [ <radius> ]? [, <stop> ] * )
```

（2）新式语法

```
-webkit-linear-gradient([ <point> | <angle>,]? <stop>, <stop>, [, <stop> ] * )
```

第一个参数 type 表示渐变类型，可以是线性渐变的 linear 或者径向渐变的 radial。第二个和第三个参数是一对值，表示渐变的起始和终止位置，这对值可以用坐标表示也可以用关键值表示，如“left top（左上角）”和“left bottom（左下角）”。第四个和第五个参数分别是两个 color-stop 函数，该函数接受两个参数，第一个表示渐变的位置，0 表示起点，0.5 表示中点，1 表示终点，第二个表示该点的颜色。

2. Gecko 引擎的线性渐变语法

```
-moz-linear-gradient([ <point> | <angle>,]? <stop>, <stop>, [, <stop> ] * )
```

第一个参数表示渐变的方向，第二个和第三个参数分别是起点和终点的颜色。还可以在它们之间插入更多的参数，表示多种颜色的渐变。

3. Presto 引擎的 CSS3 线性渐变语法

```
-o-linear-gradient([ <point> | <angle>,]? <stop>, <stop>, [, <stop> ] * )
```

和-moz-linear-gradient 属性参数是一致的，这里不再重复。

4. Trident 引擎的 CSS3 线性渐变语法

```
-ms-linear-gradient([ <point> | <angle>,]? <stop>, <stop>, [, <stop>] * )
```

和-moz-linear-gradient 属性参数是一致的，这里不再重复。

5. W3C 标准 CSS3 线性渐变语法

```
linear-gradient([ <angle> | to <side-or-corner>,]? <color-stop> [, <color-stop>+] * )
```

第一个参数表示渐变的方向，同时决定渐变颜色的停止位置，这个数值可以省略，当省略时取值为 to bottom。决定渐变的方向主要有以下两种方法。

① angle：通过角度来确定渐变方向。0 度表示渐变方向从下向上，90 度表示渐变方向从左到右。如果取值为其他值，其角度按照顺时针方向旋转。

关键词：如"to top"、"to right"、"to bottom"、"to left"，这些关键词对应的角度值为"0deg"、"90deg"、"180deg"、"270deg"。

② 第二个和第三个参数表示颜色的起点和终点，可以在中间插入更多的颜色值。

【例 2-52】2-52. html。线性渐变按钮。第一行为 3D 立体渐变按钮，第二行为渐变按钮，第三行为圆角渐变按钮。

```
<!DOCTYPE html>
<html lang="en-US">
  <head>
    <meta charset="UTF-8">
    <title></title>
    <style type="text/css">
      body {
        background: #f8fcd4;
        /* 制作背景渐变效果 */
        background:-webkit-linear-gradient(to bottom, #f8fcd4 19%, #dbfacb 100%);
        background: linear-gradient(to bottom, #f8fcd4 19%, #dbfacb 100%);
        background-attachment: fixed;
      }
      body > div {
        text-align: center;
        display: block;
        width: 800px;
        margin: 50px auto;
      }
      /* 制作按钮基本样式 */
        .button,
```

```
.button-bevel {
  font-family: Arial, Helvetica, sans-serif;
  font-size: 13px;
  color: #fff;
  text-decoration: none;
  display: inline-block;
  text-align: center;
  padding: 7px 20px 9px;
  margin: .5em .5em .5em 0;
  cursor: pointer;/* 光标呈现为指示链接的指针(一只手) */
  /* 设置按钮文本阴影效果 */
  text-shadow: 0 1px 1px rgba(0,0,0,0.4);
  text-transform: capitalize;
  /* 制作按钮过渡动画效果 */
  transition: 0.1s linear;
}
 .button {
   border-radius: 2px; /* 设置圆角效果 */
   box-shadow: inset rgba(255,255,255,0.3) 1px 1px 0; /* 设置盒子阴影 */
}
/* 设置按钮悬停效果基本样式 */
 .button:hover,
 .button-bevel:hover {
   color: #fff;
   text-decoration: none;
}
/* 设置按钮点击效果基本样式 */
.button:active {
  box-shadow: inset rgba(0,0,0,0.4) 0px 0px 6px; /* 点击时修改盒子阴影效果 */
}
/* 设置圆角按钮样式 */
.rounded {
  border-radius: 20px;
}
/* 制作橙色按钮 */
 .orange {
   background: rgb(255,183,0);
   /* 制作向下渐变效果 */
```

```
            background: -webkit-linear-gradient(to bottom, rgba(255,183,0,1) 0%,rgba(255,140,0,1) 100%);
            background: linear-gradient(to bottom, rgba(255,183,0,1) 0%,rgba(255,140,0,1) 100%);
            border: 1px solid #e59500;
        }
        /*制作橙色按钮悬停*/
        .orange:hover {
            background: rgb(255,203,72);
            background: -webkit-linear-gradient(to bottom, rgba(255,203,72,1) 0%,rgba(255,156,35,1) 100%);
            background: linear-gradient(to bottom, rgba(255,203,72,1) 0%,rgba(255,156,35,1) 100%);
        }
        /*制作红色按钮*/
        .red {
            background: #e25b53;
            background:-webkit-linear-gradient(to bottom, #e25b53 0%, #dd2011 100%);
            background: linear-gradient(to bottom, #e25b53 0%,#dd2011 100%);
            border: 1px solid #c42222;
        }
        /*制作红色按钮悬停*/
        .red:hover {
            background: #dd7671;
            background: -webkit-linear-gradient(to bottom, #dd7671 0%, #dd2011 100%);
            background: linear-gradient(to bottom, #dd7671 0%,#dd2011 100%);
        }
        /*制作3D立体按钮基本样式*/
        .button-bevel {
            vertical-align: top;
            border-radius: 4px;
            border: none;
            padding: 10px 25px 12px;
        }
        /*制作3D按钮点击效果*/
        .button-bevel:active {
```

```
        position: relative;
        top: 5px;
      }
      /* 制作橙色3D按钮立体效果 */
      .button-bevel.orange {
        box-shadow: #c46d00 0 6px 0px, rgba(0, 0, 0, 0.3) 0 10px 3px;
      }
      /* 制作橙色3D按钮点状态击效果 */
      .button-bevel.orange:active {
        box-shadow: #c46d00 0 3px 0, rgba(0, 0, 0, 0.2) 0 6px 3px;
      }
      /* 制作红色3D按钮立体效果 */
      .button-bevel.red {
        box-shadow: #88180e 0 6px 0px, rgba(0, 0, 0, 0.3) 0 10px 3px;
      }
      /* 制作红色3D按钮点状态击效果 */
      .button-bevel.red:active {
        box-shadow: #88180e 0 3px 0, rgba(0, 0, 0, 0.2) 0 6px 3px;
      }
      </style>
    </head>
    <body>
      <div>
        <a href="#" class="button-bevel orange"> OK </a>
        <a href="#" class="button-bevel red"> cancle </a>
      </div>
      <div>
        <a href="#" class="button orange"> OK </a>
        <a href="#" class="button red"> cancle </a>
      </div>
      <div>
        <a href="#" class="button rounded orange">OK </a>
        <a href="#" class="button rounded red">cancle </a>
    </div>
  </body>
</html>
```

本例运行效果如图2－49所示。

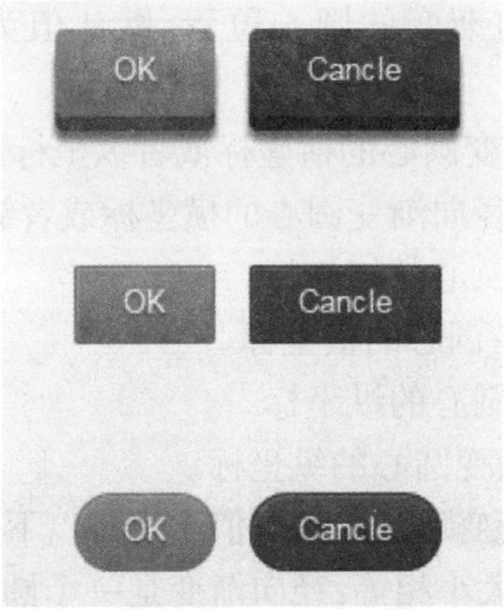

图 2-49　例 2-52 运行效果

2.10.2　CSS3 径向渐变

径向渐变是圆形或椭圆形渐变。颜色不再沿着一条直线轴变化,而是从一个起点朝所有方向混合。接下来从各浏览器中的语法入手介绍 CSS3 的径向渐变语法。

1. Webkit 引擎的径向渐变语法

(1) 老式语法

```
-webkit-gradien([ <type> ], [ <position>, || <angel>,] [ <shape> || <size>,]
<color-stop>, <color-stop> [, <color-stop> ] * );
```

(2) 新式语法

```
-webkit-radial-gradient( [ <position>, || <angel>,] [ <shape> || <size>,]
<color-stop>, <color-stop> [, <color-stop> ] * );
```

2. Gecko 引擎的径向渐变语法

```
-moz-radial-gradient( [ <position>, || <angel>,] [ <shape> || <size>,]
<color-stop>, <color-stop> [, <color-stop> ] * );
```

3. Presto 引擎的 CSS3 径向渐变语法

```
-o-radial-gradient( [ <position>, || <angel>,] ? [ <shape> || <size>,]?
<color-stop>, <color-stop> [, <color-stop> ] * );
```

4. Trident 引擎的 CSS3 径向渐变语法

```
-ms-radial-gradient( [ <position>, || <angel>,] ? [ <shape> || <size>,]?
<color-stop>, <color-stop> [, <color-stop> ] * );
```

5. W3C 标准 CSS3 径向渐变语法

```
radial-gradient( [ [ <shape> || <size> ] [at <position> ]?, | at <position>,]?
<color-stop> [, <color-stop> ] + );
```

CSS3 径向渐变的属性参数如下：

① position:用来定义径向渐变的圆心位置,默认值为 center。其取值主要有以下几种:

length:用长度指定径向渐变圆心的横坐标或者纵坐标。

percentage:用百分比指定径向渐变圆心的横坐标或者纵坐标。

left:设置左边为径向渐变圆心的横坐标。

right:设置右边为径向渐变圆心的横坐标。

top:设置顶部为径向渐变圆心的纵坐标。

bottom:设置底部为径向渐变圆心的纵坐标。

② shape:用来定义径向渐变形状。其取值主要有以下两种:

circle:如果 size 和 length 大小相等,径向渐变是一个圆形,也就是用来指定圆形的径向渐变。

ellipse:如果 size 和 length 大小不等,径向渐变是一个椭圆形,也就是用来指定椭圆形的径向渐变。

③ size:用来定义径向渐变结束形状大小,默认值是 farthest-corner。可以显式地设定一些关键词。

closest-side:指定径向渐变半径长度为从圆心到离圆心最近的边。

closest-corner:指定径向渐变半径长度为从圆心到离圆心最近的角。

farthest-side:指定径向渐变半径长度为从圆心到离圆心最远的边。

farthest-corner:指定径向渐变半径长度为从圆心到离圆心最远的角。

如果 shape 设置为 circle 或者省略,size 可能显示设置为 length。表示用长度指定径向渐变的横向或纵向直径长度,并根据直径长度来确定径向渐变的形状是圆形或者椭圆。如果 shape 设置为 ellipse 或者省略,size 可能显式设置为 length 或者 percentage,主要用来设置椭圆的大小。第一个值代表椭圆的椭圆的水平半径,第二个值代表椭圆的垂直半径。

④ color-stop:径向渐变线上的停止颜色,可以定义为负值。

【例 2 -53】2 -53. html。径向渐变按钮。

```
<! DOCTYPE html >
<html lang = "en-US" >
  <head >
    <meta charset = "UTF-8" >
    <title >径向渐变 </title >
    <style type = "text/css" >
      * {
        margin: 0;
        padding: 0;
      }
      div {
        width: 200px;
        height: 200px;
```

```
            border-radius: 100%;
            margin: 50px auto;
            border: 5px solid hsla(60,50%,80%,.8);
        }
        .circle { /* 制作圆形径向渐变 */
            background-image: -webkit-radial-gradient(20px circle, hsla(220, 89%,
100%,1),hsla(30,60%,60%,.9));
            background-image: radial-gradient(20px circle, hsla(220,89%,100%,1),
hsla(30,60%,60%,.9));
        }
        .ellipse { /* 制作椭圆形径向渐变 */

            background-image: -webkit-radial-gradient(2em 4em ellipse, hsla(220,89%,
100%,1),hsla(30,60%,60%,.9));
            background-image: radial-gradient(2em 4em ellipse, hsla(220,89%,100%,
1),hsla(30,60%,60%,.9));
        }
        .twoCircle { /* 制作两色同心圆径向渐变——内径小于外径 */
            background-image: radial-gradient(50px 100px at 100px 100px, hsla(120,
70%,60%,.9),hsla(360,60%,60%,.9));
            }

        .thCircle { /* 三色径向渐变 */
            background-image: -wekbit-radial-gradient(red,green,blue);
            background-image: radial-gradient(red,green,blue);
        }
        .thCircle2 { /* 确定位置的三色径向渐变 */
            background-image: -wekbit-radial-gradient(red 20%,green 50%,blue 80%);
            background-image: radial-gradient(red 20%,green 50%,blue 80%);
        }
        /* 制作多色径向渐变 */
        .multiCircle {
            background-image: radial-gradient(90px circle at top,rgb(0,0,0) 30%,rgba
(255,190,90,.9) 200px, hsl(123,58%,90%) 8em, hsla(230,40%,90%,.8) 80%,
blue);
        }
        .multiEllipse {
            background-image: radial-gradient(farthest-side ellipse at top,rgb(0,0,0) 30%,
```

```
rgba(255,190,90,.9) 200px,hsl(123,58%,90%) 8em,hsla(230,40%,90%,.8) 80%,
blue);
            }
        </style>
    </head>
    <body>
        <div class="circle"></div>
        <div class="ellipse"></div>
        <div class="twoCircle"></div>
        <div class="thCircle"></div>
        <div class="thCircle2"></div>
        <div class="multiCircle"></div>
        <div class="multiEllipse"></div>
    </body>
</html>
```

本例运行效果如图 2－50 所示。

图 2－50 例 2－53 运行效果

2.10.3 CSS3 重复渐变

有时候我们希望创建在一个元素的背景上重复的渐变“模式”，在没有重复渐变的属性之前，主要通过重复背景图片创建线性重复渐变，但是没有创建重复径向渐变的类似方式。CSS3 通过 repeating-linea-gradient 和 repeating-radial-gradient 语法可以直接实现重复的渐变效果，如例 2－54。

【例 2－54】2－54. html。重复线性和径向渐变。

```
<! DOCTYPE html >
<html lang = "en-US" >
  <head >
    <meta charset = "UTF-8" >
    <title >重复线性和径向渐变 </title >
    <style type = "text/css" >
      * {
        margin: 0;
        padding: 0;
      }
      div {
        width: 400px;
        height: 300px;
        margin: 20px auto;
      }
      . linearRep { /* 重复线性渐变 */
        background-image: -webkit-repeating-linear-gradient(red,green 40px, orange 80px);
        background-image: repeating-linear-gradient(red,green 40px, orange 80px);
      }
      . radialRep { /* 重复径向渐变 */
        background-image: -webkit-radial-linear-gradient(red,green 40px, orange 80px);
        background-image: repeating-radial-gradient(red,green 40px, orange 80px);
      }
    </style >
  </head >
  <body >
    <div class = "linearRep" > </div >
    <div class = "radialRep" > </div >
  </body >
</html >
```

本例运行效果如图 2 - 51 所示。

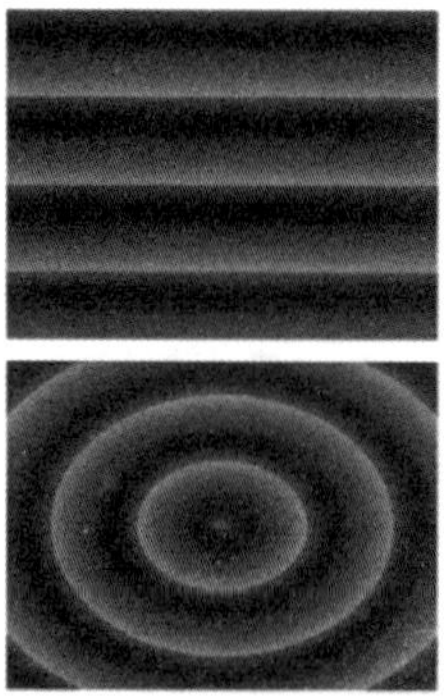

图 2 - 51　例 2 - 54 运行效果

2.11　CSS3 变形过渡动画

CSS3 新增了一些用来实现动画效果的属性，通过这些属性可以实现以前通常需要使用 Flash 或 JavaScript 才能实现的效果。借助 CSS3 可以轻松实现对元素的倾斜、缩放、旋转，以及添加过渡效果，并且可以将这些变化组合成动画效果来展示。但众浏览器没有得到统一的标准，使用时各浏览器都要带上自己的前缀。

2.11.1　CSS3 变形

CSS3 中提供了 transform 和 transform-origin 属性来实现变换效果，在使用中还需要添加各浏览器前缀。下面详细介绍这两个属性。

1. transform 属性

transform 属性让元素在一个坐标系中变形，包含一系列的变形函数，可以移动、旋转、缩放。

transform 属性的语法格式如下：

```
transform: none | <transform-function> [ <transform-function> ] *
```

变形中常用的 2D 和 3D 变形函数如表 2 - 21 和表 2 - 22 所示。

表 2 - 21　2D transform 常用的 transform-function 功能

函数	功能描述
translate()	移动元素，根据 X 轴和 Y 轴坐标重新定位元素位置。有两个扩展函数：translateX()和 translateY()
scale()	缩放元素使元素尺寸发生变化。有两个扩展函数：scaleX()和 scaleY()
rotate()	旋转元素
skew()	使元素倾斜。有两个扩展函数：skewX()和 skewY()
matrix()	定义变形矩阵，基于 X 轴和 Y 轴坐标重新定位元素位置

表 2-22 3D transform 常用的 transform-function 功能

函数	功能描述
translate3d()	移动元素,指定 3D 变形移动位移量
translatez()	指定 3D 位移在 Z 轴上的位移量
scale3d()	缩放元素
scaleZ()	指定 Z 轴的缩放量
rotate3d()	指定元素具有一个三维旋转的角度
rotateX()、rotateY()、rotateZ()	指定元素具有旋转的角度
perspective()	指定一个透视投影矩阵
matrix3d()	定义变形矩阵

【例 2-55】2-55.html。制作旋转图标。当点击第一列图标时,实现图标顺时针旋转 360 度并且放大 1.2 倍;当点击第二列图标时,实现图标逆时针旋转 360 度并且缩小 0.7倍。

```
<! DOCTYPE html >
<html lang = "en-US" >
  <head >
    <meta charset = "UTF-8" >
    <title >制作旋转图标 </title >
    <style type = "text/css" >
      * {
        margin: 0;
        padding: 0;
      }
      body {
        padding: 100px;
      }
      ul:before, ul:after {
        display: table;
        content: "";
      }
        ul:after {
        clear: both;
        overflow: hidden;
      }
      ul {
        zoom: 1;
```

```
    list-style: none outside none;
    margin-bottom: 30px;
}
ul li {
    float: left;
    margin: 10px;
}
ul a {
    display: block;
    float: left;
    text-decoration: none;
}
ul img {
    border: 0;
}
h1 {
    margin: 2em 0;
}
/* 设置动画效果 */
#socialicons img, #socialicons2 img{
    -moz-transition: all 0.8s ease-in-out;
    -webkit-transition: all 0.8s ease-in-out;
    -o-transition: all 0.8s ease-in-out;
    -ms-transition: all 0.8s ease-in-out;
    transition: all 0.8s ease-in-out;
}
/* 设置变形,顺时针旋转 360 度,放大 1.2 倍 */
#socialicons img:hover{
    -moz-transform: rotate(360deg) scale(1.2);
    -webkit-transform: rotate(360deg) scale(1.2);
    -o-transform: rotate(360deg) scale(1.2);
    -ms-transform: rotate(360deg) scale(1.2);
    transform: rotate(360deg) scale(1.2);
}
/* 设置变形,逆时针旋转 360 度,缩小 0.7 倍 */
#socialicons2 img:hover{
    -moz-transform: rotate(-360deg) scale(.7);
    -webkit-transform: rotate(-360deg) scale(.7);
```

```
        -o-transform: rotate(-360deg) scale(.7);
        -ms-transform: rotate(-360deg) scale(.7);
        transform: rotate(-360deg) scale(.7);
      }
    </style>
  </head>
  <body>
    <h1>顺时针旋转 360 度放大 1.2 倍</h1>
    <ul id="socialicons">
      <li><a href="#"><img src="images/rss.png" alt="" /></a></li>
      <li><a href="#"><img src="images/facebook.png" alt="" /></a></li>
      <li><a href="#"><img src="images/yahoo.png" alt="" /></a></li>
    </ul>
    <h1>逆时针旋转 360 度缩小 0.7 倍</h1>
    <ul id="socialicons2">
      <li><a href="#"><img src="images/rss.png" alt="" /></a></li>
      <li><a href="#"><img src="images/facebook.png" alt="" /></a></li>
      <li><a href="#"><img src="images/yahoo.png" alt="" /></a></li>
    </ul>
  </body>
</html>
```

本例运行效果如图 2－52 所示。

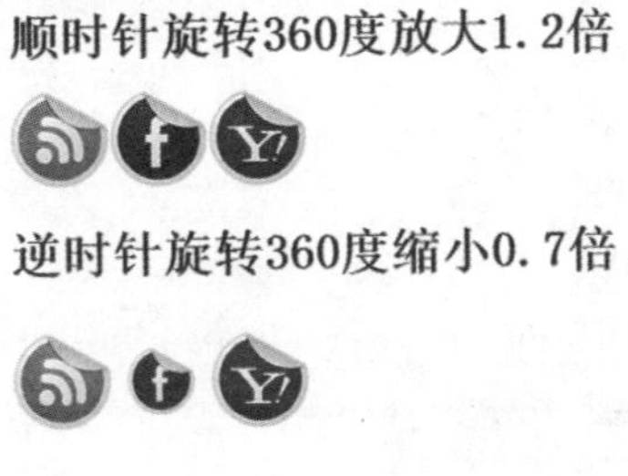

图 2－52 例 2－55 运行效果

2. transform-origin 属性

transform-origin 属性用来指定元素的中心点位置。默认情况下，变形的原点在元素的中心点。

transform-origin 属性的语法格式如下：

```
transform-origin: x-offset | x-offset-keyword y-offset | y-offset-keyword z-offset
```

transform-origin 属性值可以使百分比、em、px 等具体的值，也可以是 top、right、bottom、left 和 center 等关键词。

2D 变形中该属性可以提供两个参数，也可以提供一个参数。如果提供两个参数，第一个表示横坐标，第二个表示纵坐标；如果提供一个参数，该值表示横坐标，纵坐标默认为50%。3D 变形中该属性还包括了 Z 轴的第三个值，取值说明如表 2－23 所示。

表 2－23　3D 变形中的 transform-origin 属性取值说明

属性值	功能描述
x-offset	设置水平方向 X 轴的偏移量，可以用 length 或 percentage 值。可以是正值（沿 X 轴向右偏移），也可以是负值（沿 X 轴向左偏移）
y-offset	设置垂直方向 Y 轴的偏移量，可以用 length 或 percentage 值。可以是正值（沿 Y 轴向下偏移），也可以是负值（沿 Y 轴向上偏移）
x-offset-keyword	设置水平方向 X 轴的偏移量，是 left、right、center 关键词中的一个
y-offset-keyword	设置水平方向 Y 轴的偏移量，是 top、bottom、center 关键词中的一个
z-offset	设置 3D 变形中远离用户眼睛视点的距离，默认值为 z＝0，取值为 length

【例 2－56】2－56. html。3D 变形中 transform-origin 修改元素原点的 3D 旋转效果。第一列为图片旋转 10 度、25 度、35 度、45 度和 60 度时堆叠效果。第一列为图片旋转 10 度、25 度、35 度、45 度和 60 度，并且使用 transform-origin 修改元素原点的堆叠效果。

```
<! DOCTYPE html >
<html lang = "en-US" >
  <head >
    <meta charset = "UTF-8" >
    <title >transform-origin 改变元素原点前后 rotate3d( )旋转图像效果 </title >
    <style type = "text/css" >
        div {
          width: 500px;
          height: 300px;
          margin: 30px auto;
          position: relative;
          background: url( images/bg-grid. jpg) no-repeat center center;
          background-size: 100% 100%;
        }
        div img {
          position: absolute;
          top: 50%;
          left: 50%;
          margin-left: -71px;
          margin-top: -100px;
          backface-visibility: visible; /* 显示被旋转的 div 元素的背面 */
          transform: perspective(500px); /* 设置用户和元素 3D 空间 Z 平面的距离 */
        }
```

```
        div img:nth-child(1){
            opacity: .5; /* 设置元素透明度 */
            z-index: 1; /* 设置元素的堆叠顺序 */
            transform: rotate3d(1, 1, 1,10deg);
        }
        div img:nth-child(2){
            opacity: .6;
            z-index: 2;
            transform: rotate3d(1, 1, 1,25deg);
        }
        div img:nth-child(3){
            opacity: .7;
            z-index: 3;
            transform: rotate3d(1, 1, 1,35deg);
        }
        div img:nth-child(4){
            opacity: .8;
            z-index: 4;
            transform: rotate3d(1, 1, 1,45deg);
        }
        div img:nth-child(5){
            z-index: 5;
            transform: rotate3d(1, 1, 1,60deg);
        }
        div:nth-of-type(2) img {
            transform-origin: left bottom -50px; /* 改变元素原点 */
        }
    </style>
</head>
<body>
    <div>
        <img src="images/cardKingClub.png" alt="" width="142" height="200" />
        <img src="images/cardKingClub.png" alt="" width="142" height="200" />
        <img src="images/cardKingClub.png" alt="" width="142" height="200" />
        <img src="images/cardKingClub.png" alt="" width="142" height="200" />
        <img src="images/cardKingClub.png" alt="" width="142" height="200" />
    </div>
    <div>
```

```
        <img src="images/cardKingClub.png" alt="" width="142" height="200" />
        <img src="images/cardKingClub.png" alt="" width="142" height="200" />
        <img src="images/cardKingClub.png" alt="" width="142" height="200" />
        <img src="images/cardKingClub.png" alt="" width="142" height="200" />
        <img src="images/cardKingClub.png" alt="" width="142" height="200" />
    </div>
  </body>
</html>
```

本例运行效果如图 2－53 所示。

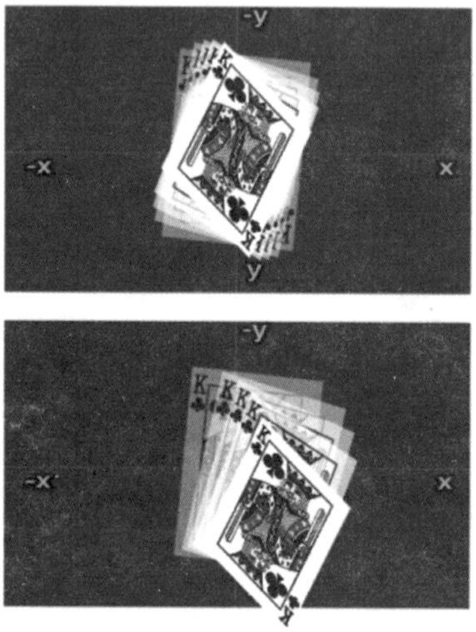

图 2－53　例 2－56 运行效果

2.11.2　CSS3 过渡

CSS3 的过渡功能像一种润滑剂，通过一些 CSS 的简单动作触发样式平滑过渡。CSS3 的 transition 允许 CSS 的属性值在一定时间区间内平滑过渡。这种效果可以在鼠标单击、获得焦点、被点击或对元素任何改变中触发，并平滑地以动画效果改变 CSS 的属性值。

transition 属性的语法格式如下：

```
transition: [transition-property] || [transition-duration] || [transition-timing-function] || [transition-delay]
```

transition 属性主要包括四个属性值：

① transition-property：指定过渡的 CSS 属性。

② transition-duration：指定完成过渡所需要的时间。

③ transition-timing-function：指定过渡函数。

④ transition-delay：指定过渡延迟时间。

1. 设置过渡属性 transition-property

要让 transition 属性能正常工作,需要给元素设置两套样式用于用户与页面的交互。通过 transition-property 属性来指定过渡动画的 CSS 属性名称。该属性的语法格式如下:

```
transition-property: none | all | < single-transition-property > [, < single-transition-property > ] *
```

none:没有指定任何样式。

all:默认值,表示指定元素所有支持 transition-property 属性的样式。

single-transition-property:指定样式。

用 transition-property 属性来指定过渡属性并不是所有属性都可以过渡,具体什么属性可以实现 transition 效果如表 2-24 所示。

表 2-24 支持 transition 过渡功能的 CSS 属性

background-color	background-position	border-bottom-color	border-bottom-width
border-left-color	border-left-width	border-right-color	border-right-width
border-spacing	border-top-color	border-top-width	bottom
clip	color	font-size	font-weight
height	left	letter-spacing	line-height
margin-bottom	margin-left	margin-right	margin-top
max-height	max-widht	min-height	min-width
opacity	outline-color	outline-width	padding-bottom
padding-left	padding-right	padding-top	right
text-indent	text-shadow	wertical-align	visibility
width	word-spacing	z-index	

在设置过渡属性时,可以同时设置多个过渡样式,样式之间需要使用逗号隔开。

2. 设置过渡持续时间 transition-duration

transition-duration 属性的语法格式如下:

```
transition-duration: < times > [, < times > ] *
```

time 单位为 s(秒)或 ms(毫秒),默认值为 0,表示变换是即时的。和 transition-property 属性一样,当设置多个过渡属性时,每个值之间使用逗号隔开。

3. 设置过渡函数 transition-timing-function

transition-timing-function 属性的语法格式如下:

```
transition-timing-function: < single-transition-function > [, < single-transition-function > ] *
```

single-transition-function 单一过渡函数如表 2-25 所示。

表 2－25 single-transition-function 单一过渡函数

函数	描述
ease	默认值，从初始状态过渡到终止状态时速度由快变慢，逐渐变慢
linear	从初始状态过渡到终止状态时速度是恒速的
ease-in	从初始状态过渡到终止状态时，呈现一种加速状态，也称渐显效果
ease-out	从初始状态过渡到终止状态时，呈现一种减速状态，也称渐隐效果
ease-in-out	从初始状态过渡到终止状态时，呈现一种先加速再减速状态，也称渐显渐隐效果
cubic-bezier(n,n,n,n)	在 cubic-bezier 函数中定义自己的值，可能的值是 0 至 1 之间的数值

4. 设置过渡延迟时间 transition-delay

transition-delay 属性的语法格式如下：

```
transition-delay: <times> [ , <times> ] *
```

取值为 time，默认值为 0（立即触发），也可以是正整数、负整数，非零的时候必须将单位设置为 s 或者 ms。

正整数：元素的过渡动作不会立即触发，过了设定的时间之后才触发。

负整数：元素的过渡动作会从该时间点开始显示，之前的动作被截断。

【例 2－57】2－57. html。当鼠标悬浮在盒子上时，盒子背景色从“#2277ff”过渡到“#b35c10”用了 2s，同时 border-radius 属性从 0. 5em 过渡到 50% 用了 4s。

```
<! DOCTYPE html >
<html lang = "en-US" >
  <head >
    <meta charset = "UTF-8" >
    <title >transition 属性的基本应用 </title >
    <style type = "text/css"  media = "screen" >
      . transition{
        background:#2277ff;
        width: 100px;
        height: 100px;
        border-radius: .5em;
        -webkit-transition-property: background,border-radius;
        -webkit-transition-duration: 2s,3s;
        -webkit-transition-timing-function: linear,ease-in;
        -webkit-transition-delay: 2s,4s;
        transition-property: background,border-radius;
        transition-duration: 2s,3s;
        transition-timing-function: linear,ease-in;
```

```
            transition-delay: 2s,4s;
            /* 以上四个属性也可以简写为:
            transition: background 2s linear 2s, border-radius 3s ease-in 4s;
             */
          }
        .transition:hover {
           background:#b35c10;
           border-radius: 50% ;
          }
       </style>
    </head>
    <body>
       <div class = "transition" > </div>
    </body>
</html>
```

2.11.3 CSS3 动画

CSS3 新增了一个动画属性 animation,可以像 Flash 制作动画一样,通过关键帧控制动画的每一步,实现更为复杂的动画效果。animation 实现动画效果主要由两部分组成。

① 通过类似 Flash 动画中的关键帧来声明一个动画。

② 在 animation 属性中调用关键帧声明的动画,从而实现一个更为复杂的动画效果。

animation 属性的语法格式如下:

```
animation:[ <animation-name> < animation-duration> < animation-timing-function>
 <animation-delay> < animation-iteration-count> < animation-direction>
 < animation-paly-state> < animation-fill-mode>] *
```

1. 关键帧

在 CSS3 中,把@ keyframes 称为关键帧,语法格式如下:

```
@ keyframes IDENT {
     from {
        /* CSS 样式 */
     }
     percentage {
        /* CSS 样式 */
     }
     to {
        /* CSS 样式 */
     }
}
```

也可以将关键词 from 和 to 换成百分比：

```
@keyframes IDENT {
    0% {
      /* CSS 样式 */
    }
    percentage {
      /* CSS 样式 */
    }
    100% {
      /* CSS 样式 */
    }
}
```

其中，INDENT 是自定义的动画名称，percentage 用来定义某个时间段的动画效果。

2. 为元素应用动画

要在 CSS 中为元素应用动画，首先要创建一个已命名的动画，然后将其附加到该元素属性声明块中的一个元素上。例如，

```
@keyframes wobble {
    0% {
      margin-left: 100px;
      background: green;
    }
    40% {
      margin-left: 150px;
      background: orange;
    }

    60% {
      margin-left: 75px;
      background: blue;
    }
    100% {
      margin-left: 100px;
      background: red;
    }
}
```

animation 属性调用@keyframes 声明的动画。例如，

```
.demo {
margin-left: 100px;
background: blue;
webkit-animation:wobble 0.2s ease-in;
animation:wobble 0.2s ease-in;
}
```

animation 调用 wobble 动画之后,会影响元素相对应的 CSS 属性值,动画中设置的属性不会产生叠加效果,只是一次次地覆盖前一次出现的样式。

3. 动画子属性

animation 具有八个子属性,如表 2-26 所示。

表 2-26 animation 子属性

属性	描述	取值
animation-name	定义动画名称	none:无动画 IDENT:由@ keyframes 创建的动画名称,必须和@ keyframes 中的 IDENT 一致
animation-duration	设置动画的播放时间	单位为 s(秒),默认值为 0
animation-timing-function	设置动画播放方式	和 transition-timing-function 属性取值相同
animation-delay	设置动画延迟时间	单位为 s(秒)
animation-iteration-count	设置动画播放次数	通常为整数,默认值为 1 取值为 infinite 则动画无限次播放
animation-direction	设置动画播放方向	normal:(默认值)向前播放 alternate:动画播放为偶数次时向前播放,为奇数次时反方向播放
animation-paly-state	控制动画播放状态	running:(默认值)播放 paused:暂停
animation-fill-mode	设置对象动画时间之外的状态	none:(默认值)动画将按预期进行和结束 forwards:设置对象状态为动画结束时的状态 backwards:设置对象状态为动画开始时的状态 both:同时具有 forwards 和 backwards 的效果

【例 2-58】2-58. html。综合案例——幻灯片播放效果。当点击对应的一个小图时,会找到一张大图铺满整个浏览器屏幕。每个大图出现时用不同的动画效果,第一个图从左到右出现,第二个图从下到上出现,第三个图从小到大放大出现,第四个图从大到小缩小出现,第五个图旋转出现。

```
<! DOCTYPE html>
<html lang="en-US">
  <head>
    <meta charset="UTF-8">
    <title>CSS3 Full Background Slider</title>
    <style type="text/css">
        html,body {
          height: 100%;
        }
        img.bg {
          /* 设置全屏填充 */
          min-height: 100%;
          min-width: 1024px;
          width: 100%;
          height: auto ! important; /*高度自适应*/
          height: 100%;
          /* 图片定位*/
          position: fixed;
          left: 0;
          z-index:1;
        }
        @media screen and (max-width: 1024px) { /* 响应式布局*/
          img.bg {
          left: 50%;
          margin-left: -512px; /* 50%  */
          }
        }
        /*对小图列表定义样式*/
        .slider {
          position: absolute;
          width: 100%;
          text-align: center;
          z-index: 9999;
          bottom: 100px;
        }
        .slider li {
          display: inline-block;
          width: 170px;
```

```
        height: 130px;
        margin-right: 15px;
    }
    .slider a {
        display: inline-block;
        width: 170px;
        padding-top: 70px;
        padding-bottom: 20px;
        position: relative;
        cursor: pointer;
        border: 2px solid #fff;
        border-radius: 5px;
        vertical-align: top;
        color: #fff;
        text-decoration: none;
        font-size: 22px;
        font-family: 'Yesteryear', cursive;
        text-shadow: -1px -1px 1px rgba(0, 0, 0, 0.8),-2px -2px 1px rgba(0, 0,
0, 0.3),-3px -3px 1px rgba(0, 0, 0, 0.3);
    }
    .slider li:nth-of-type(1) a {
        background-color: #02646e;
    }
    .slider li:nth-of-type(2) a {
        background-color: #eb0837;
    }
    .slider li:nth-of-type(3) a {
        background-color: #67b374;
    }
    .slider li:nth-of-type(4) a {
        background-color: #e6674a;
    }
    .slider li:nth-of-type(5) a {
        background-color: #e61061;
    }
    .slider a:after {
        content:"";
        display: block;
```

```
    height: 120px;
    width: 120px;
    border: 5px solid #fff;
    border-radius: 50%;
    position: absolute;
    left: 50%;
    margin-left: -60px;
    z-index: 9999;
    top: -80px;
}
.slider li:nth-of-type(1) a::after {
    background: url(images/sbg1.jpg) no-repeat center;
}
.slider li:nth-of-type(2) a::after {
    background: url(images/sbg2.jpg) no-repeat center;
}
.slider li:nth-of-type(3) a::after {
    background: url(images/sbg3.jpg) no-repeat center;
}
.slider li:nth-of-type(4) a::after {
    background: url(images/sbg4.jpg) no-repeat center;
}
.slider li:nth-of-type(5) a::after {
    background: url(images/sbg5.jpg) no-repeat center;
}
.slider a::before {
    content: "";
    display: block;
    height: 120px;
    width: 120px;
    border: 5px solid #fff;
    border-radius: 50%;
    position: absolute;
    left: 50%;
    margin-left: -60px;
    z-index: 99999;
    top: -80px;
    background: rgba(0,0,0,0.3);
```

```
}
.slider a:hover::before {
  opacity:0;
}
/* SlideLeft 图片从左到右出现 */
@-webkit-keyframes 'slideLeft' {
  0% { left: -500px; }
  100% { left: 0; }
}
@keyframes 'slideLeft' {
  0% { left: -500px; }
  100% { left: 0; }
}
/* 通过伪类:target 来调用定义的动画 */
.slideLeft:target {
  z-index: 100;
  -webkit-animation-name: slideLeft;
  -webkit-animation-duration: 1s;
  -webkit-animation-iteration-count: 1;
  animation-name: slideLeft;
  animation-duration: 1s;
  animation-iteration-count: 1;
}
/* SlideBottom 图片从下到上出现 */
@-webkit-keyframes 'slideBottom' {
  0% { top: 350px; }
  100% { top: 0; }
}
@keyframes 'slideBottom' {
  0% { top: 350px; }
  100% { top: 0; }
}
.slideBottom:target {
  z-index: 100;
  -webkit-animation-name: slideBottom;
  -webkit-animation-duration: 1s;
  -webkit-animation-iteration-count: 1;
  animation-name: slideBottom;
```

```
  animation-duration: 1s;
  animation-iteration-count: 1;
}

/* ZoomIn 图片从小到大放大出现 */
@-webkit-keyframes 'zoomIn' {
  0% { -webkit-transform: scale(0.1); }
  100% { -webkit-transform: none; }
}
@keyframes 'zoomIn' {
  0% { transform: scale(0.1); }
  100% { transform: none; }
}
.zoomIn:target {
  z-index: 100;
  -webkit-animation-name: zoomIn;
  -webkit-animation-duration: 1s;
  -webkit-animation-iteration-count: 1;
  animation-name: zoomIn;
  animation-duration: 1s;
  animation-iteration-count: 1;
}

/* ZoomOut 图片从大到小缩小出现 */
@-webkit-keyframes 'zoomOut' {
  0% { -webkit-transform: scale(2); }
  100% { -webkit-transform: none; }
}
@keyframes 'zoomOut' {
  0% { transform: scale(2); }
  100% { transform: none; }
}
.zoomOut:target {
  z-index: 100;
  -webkit-animation-name: zoomOut;
  -webkit-animation-duration: 1s;
  -webkit-animation-iteration-count: 1;
  animation-name: zoomOut;
```

```
  animation-duration: 1s;
  animation-iteration-count: 1;
}

/* Rotate 旋转出现 */
@-webkit-keyframes 'rotate' {
  0% { -webkit-transform: rotate(-360deg) scale(0.1); }
  100% { -webkit-transform: none; }
}
@keyframes 'rotate' {
  0% { transform: rotate(-360deg) scale(0.1); }
  100% { transform: none; }
}
.rotate:target {
  z-index: 100;
  -webkit-animation-name: rotate;
  -webkit-animation-duration: 1s;
  -webkit-animation-iteration-count: 1;
  animation-name: rotate;
  animation-duration: 1s;
  animation-iteration-count: 1;
}

/* Not Target */
@-webkit-keyframes 'notTarget' {
  0% { z-index: 75; }
  100% { z-index: 75; }
}
@keyframes 'notTarget' {
  0% { z-index: 75; }
  100% { z-index: 75; }
}
/* 通过调用 :not(:target)来关闭其他动画 */
.bg:not(:target) {
  -webkit-animation-name: notTarget;
  -webkit-animation-duration: 1s;
  -webkit-animation-iteration-count: 1;
  animation-name: notTarget;
```

```
            animation-duration: 1s;
            animation-iteration-count: 1;
        }

    </style>
  </head>
  <body>
    <section class="demo">
      <div class="slider">
        <ul class="clearfix">
          <li><a href="#bg1">Hipster Fashion Haircut </a></li>
          <li><a href="#bg2">Cloud Computing Services &amp; Consulting</a></li>
          <li><a href="#bg3">My haire is sooo fantastic! </a></li>
          <li><a href="#bg4">Eat healthy &amp; excersice! </a></li>
          <li><a href="#bg5">Lips so kissable I could die... </a></li>
      </ul>
     </div>
     <img src="images/bg1.jpg" alt="" class="bg slideLeft" id="bg1" />
     <img src="images/bg2.jpg" alt="" class="bg slideBottom" id="bg2" />
     <img src="images/bg3.jpg" alt="" class="bg zoomIn" id="bg3" />
     <img src="images/bg4.jpg" alt="" class="bg zoomOut" id="bg4" />
     <img src="images/bg5.jpg" alt="" class="bg rotate" id="bg5" />
    </section>
  </body>
</html>
```

本例运行效果如图 2－54 所示。

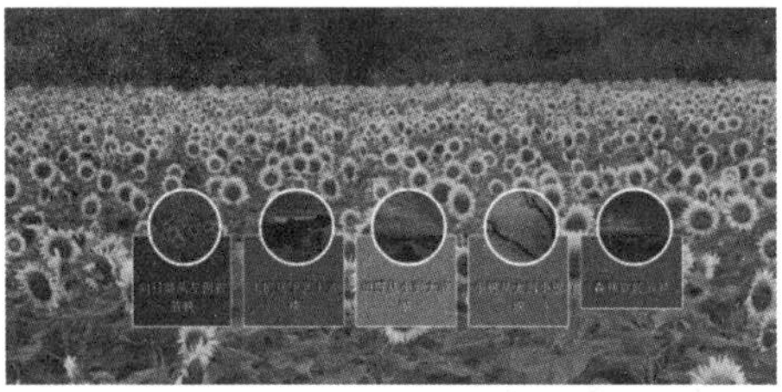

图 2－54　例 2－58 运行效果

本章小结

本章详细讲述了 CSS 控制页面表现的方法，包括字体、文本、背景、定位、表单、链接、导航等，特别详细地讲解了盒子模型、标准流、浮动、定位等重点知识，并深入剖析了 CSS 页面布局的核心技术，包括固定宽度布局和变宽布局。本章通过大量翔实的案例，逐知识点讲解，便于读者理解和学习。

第 3 章 JavaScript 语法基础

本章要点

- JavaScript 概述
- JavaScript 基本语法
- JavaScript 事件
- JavaScript 自定义对象
- JavaScript 内置对象

JavaScript 是一种基于对象和事件驱动并具有相对安全性的脚本语言。通过 JavaScript 可以实现用户与网页的交互;通过 JavaScript 可以构建客户端逻辑,丰富网页功能,降低服务器端压力。本章主要介绍 JavaScript 基本语法、事件及对象等内容。

3.1 JavaScript 概述

3.1.1 JavaScript 介绍

JavaScript 是目前在 Web 程序开发中应用最为广泛的客户端脚本编程语言,最初是网景公司(Netscape)为自己的 Navigator 浏览器开发的一种脚本语言,叫作 LiveScript,它的出现是为了提高网页设计的互动性,Netscape 公司在与 Sun 公司合作之后将其改名为 JavaScript。

随后 Microsoft 在其 Internet Explorer 3.0 中加入了自己的脚本语言,命名为 JScript 1.0,它与 JavaScript 非常类似。为了避免无序竞争,欧洲计算机制造协会(ECMA)在 JavaScript 基础上制定了 ECMA-262 标准,并将其命名为 ECMAScript,该标准被国际标准化组织(ISO)采纳,作为各浏览器使用脚本程序的统一标准。

JavaScript 是一种解释型语言,不需要编译,而是作为 HTML 文件的一部分由解释器解释执行,所有的现代 Web 浏览器都包含了 JavaScript 解释器,目前绝大多数网站都使用了 JavaScript。

JavaScript 是一种动态、弱类型、基于原型的语言,虽然“看上去像 Java”,语法上有类似之处,一些名称和命名规范也借自 Java,但 JavaScript 的主要设计原则源自 Self 和 Scheme。JavaScript 与 Java 的近似,是当时网景为了营销考虑与 Sun 公司达成协议的结果。

1. JavaScript 是脚本语言

作为一种脚本语言,JavaScript 可以嵌入到 HTML 文档中。JavaScript 脚本语言是解释执行的,即浏览器读取一句代码,解释一句,执行一句,如果一条语句解释不了或执行不了,那么下面的语句也无法继续运行。

2. JavaScript 是一种轻量级的编程语言

JavaScript 是一种编程语言,与超文本标记语言(HTML)不同。HTML 是标记语言,通过一系列的标记表达网页中的元素;JavaScript 是编程语言,按照这个语言规定的语法规则,我们可以书写一系列的语句来表达一个逻辑。

3. JavaScript 是一种基于对象的语言

JavaScript 语言是基于对象的(Object-Based),而不是面向对象的(Object-Oriented)。之所以说它是一种基于对象的语言,主要是因为它没有提供抽象、继承、重载等有关面向对象语言的许多功能。虽然 JavaScript 语言是基于对象的,但它还是具有一些面向对象的基本特征。它可以根据需要创建自己的对象,从而进一步扩大 JavaScript 的应用范围,增强编写强大 Web 文档的功能。

4. JavaScript 是一种基于事件驱动的语言

JavaScript 语言是基于事件驱动的,通过事件驱动机制可以对用户的输入或操作做出响应。所谓事件就是指在页面中执行了某种操作所产生的动作,如按下鼠标、移动窗口、选择菜单等都可以视为事件。当事件发生后,浏览器可以"感知"到这些事件的发生,从而通过事件处理程序对事件做出响应。

5. JavaScript 是一种相对安全性语言

JavaScript 是一种安全性语言,它不允许访问本地的硬盘,更不能将数据直接存入到服务器上,也不允许对网络文档进行修改和删除,只能通过浏览器实现信息浏览或动态交互,从而可以有效地防止数据丢失。

综上所述,JavaScript 是一种基于对象和事件驱动并具有安全性能的脚本语言,具有简单性、安全性和跨平台性等显著特点。JavaScript 的简单性主要体现在:第一,它是一种基于 Java 基本语句和控制流之上的简单而紧凑的设计,对学习 Java 是一种非常好的过渡;第二,它的变量类型采用弱类型,并未使用严格的数据类型;第三,JavaScript 可以用很小的程序做大量的事,如创建交互式网页、控制浏览器的行为等。JavaScript 的安全性主要体现在:它不允许访问本地的硬盘,更不能将数据存入到服务器上,也不允许对网络文档进行修改和删除,只能通过浏览器实现信息浏览或动态交互,从而可以有效地防止数据丢失。JavaScript 的跨平台性主要体现在:JavaScript 是依赖于浏览器本身的,与操作环境无关,只要能运行浏览器的计算机,并有支持 JavaScript 的浏览器就可以正确执行,从而实现了"编写一次,走遍天下"的梦想。正是以上的这些 JavaScript 的特点,使 JavaScript 在

Web 编程领域中得到了普及和运用,具有广阔的发展前景。

3.1.2 在 HTML5 中引入 JavaScript

这一节主要解决 JavaScript 脚本“写在哪里”的问题。在此之前,先介绍一下 JavaScript 的编辑环境。由于 JavaScript 程序是纯文本的,且不需要编译,所以任何纯文本的编辑器都可以编辑 JavaScript 文件,我们常用的编辑环境有记事本、EditPlus 和 DreamWeaver 等工具。在 HTML 文件中嵌入 JavaScript 有内部引入、外部引入和内联引入三种方式,这些方式与 HTML 中加载 CSS 很相似。HTML 加载 JavaScript 主要用到了 <script>标签。

1. 三种引入方式

(1) 内部引入

内部引入 JavaScript,即通过 HTML 的 <script>标签直接嵌入 JavaScript 代码。例如,

```
<head>
  <script>
    document.write("JavaScript 脚本语言");
  </script>
</head>
```

上述代码将在页面中输出一句话:JavaScript 脚本语言。

注意:

在 HTML5 中,script 标签的 type 属性为可选属性,用来指定脚本的 MIME 类型,默认值为 text/javascript,所以在 HTML5 中不再必须为 script 标签指定属性 type = "text/javascript"。

(2) 外部引入

外部引入 JavaScript 就是引用单独的 JavaScript 文件,这种方式可以使代码更清晰,更容易扩展。src 定义指向包含脚本的文件的 URL:

```
<head>
  <script src="example.js"></script>
</head>
```

当 <script>标签具有 src 属性时, <script>元素中的内容将被忽略,而会通过 src 的 URL 来获取 JavaScript 代码。外部 JavaScript 文件可以包含任何的 JavaScript 代码,但是外部 JavaScript 文件不能包含 <script> 标签。例如,

```
document.write("JavaScript 脚本语言");
document.write("Web 前台开发与设计");
```

(3) 内联引入

内联引入 JavaScript 是通过 HTML 标签中的事件属性实现的。例如,通过 onclick 等 HTML 事件属性调用 JavaScript:

```
<input type="button" value="单击我" onclick="alert(你点击了一个按钮);">
```

以上为嵌入 JavaScript 脚本的三种方式。

2. script 标签的位置

这些 script 标签可以放在文档中任何需要它们的地方。在大多数情况下，可将 script 标签放在 <head> 元素中：

```
<head>
  <title>A Document</title>
  <script src="example1.js"></script>
  <script>
    //JavaScript 代码
  </script>
</head>
```

在 <head> 元素中包含所有 JavaScript 文件，意味着必须等到全部 JavaScript 代码都被下载、解析和执行完成以后，才能开始渲染页面的内容。对于那些需要很多 JavaScript 代码的页面来说，这必然会导致浏览器在渲染页面时出现明显的延迟，而延迟期间的浏览器窗口中将是一片空白。为了避免这个问题，也可以在 <body> 元素中引入 JavaScript 代码。例如，

```
<body>
  <script src="example2.js"></script>
  <script>
    // JavaScript 代码
  </script>
</body>
```

除此之外，script 标签可以使用属性 defer 和 async 来改变 JavaScript 代码的执行顺序。async 是 HTML5 中 script 标签新增加的一个属性，该属性定义脚本是否异步执行，其值为 true 或 false。

只有当 script 具有 src 属性时，async 和 defer 属性才可以指定。如果指定 async 为 true，JavaScript 脚本会在页面解析过程中执行；如果指定 defer 的值为 true，JavaScript 脚本会在页面解析结束后执行；如果 async 和 defer 都为 false，那么脚本会立即执行，页面将在脚本执行完毕后继续解析。

本小节主要介绍了 JavaScript 的三种嵌入方式，下节将介绍 JavaScript 的基本语法，解决"怎么写"的问题。

3.2 JavaScript 基本语法

3.2.1 注释

在书写 JavaScript 时，经常需要加注释。JavaScript 注释用于增强代码的可读性。

1. 单行注释

单行的注释以“//”开始。例如，

```
<script>
  document.write("<h1>This is a header</h1>");      // 这行代码输出标题
  document.write("<p>This is a paragraph</p>");      // 这行代码输出段落
  document.write("<p>This is another paragraph</p>");
</script>
```

2. 多行注释

也可以添加多行注释，多行注释以“/ *”开头，以“ * /”结尾。例如，

```
<script>
  /*下面的代码将输出
  一个标题和两个段落*/
  document.write("<h1>This is a header</h1>");
  document.write("<p>This is a paragraph</p>");
  document.write("<p>This is another paragraph</p>");
</script>
```

注释也可以用来防止代码执行。例如，我们用注释来阻止一行代码的执行：

```
<script>
  document.write("<p>This is a paragraph</p>");
  //document.write("<p>This is another paragraph</p>");
</script>
```

用注释来阻止若干行代码的执行：

```
<script>
  /*
  document.write("<h1>This is a header</h1>");
  document.write("<p>This is a paragraph</p>");
  document.write("<p>This is another paragraph</p>");
  */
</script>
```

如果浏览器不支持 JavaScript 脚本，如浏览器版本过低，或者浏览器支持的 JavaScript 脚本版本与该脚本代码使用的版本所支持的对象、属性或方法不同，或者将浏览器对 JavaScript 脚本的支持设置为禁止，这些情况将导致浏览器对当前脚本不能解释出正确的结果，在这里可以通过以下两种方式进行处理。

(1) 使用 HTML 注释 <! --… --> 和 JavaScript 注释//

结合 HTML 注释 <! --… --> 和 JavaScript 注释//，可以达到以下效果：当浏览器支持 JavaScript 时，执行 JavaScript；当浏览器不支持 JavaScript 时，JavaScript 代码将不执行。

代码如下：

```
<head>
  <script>
  <!--
    document.write("JavaScript 脚本语言");
  //-->
  </script>
</head>
```

当浏览器支持 JavaScript 时，//代码生效，因此 HTML 的注释没有效果，所以 JavaScript 代码可以执行；当浏览器不支持 JavaScript 时，//代码无效，因此屏蔽了 <!-- ……-->之间的 JavaScript 代码，JavaScript 代码不能执行。

（2）使用 <noscript>标签

通过 JavaScript 注释的方式可以隐藏 JavaScript 代码，通过 <noscript>标签可以为用户提供更好的体验（提示用户你的浏览器不支持 JavaScript），若浏览器不支持 JavaScript，则会显示 <noscript>标签中的内容。代码如下：

```
<body>
    <script>
        document.write("JavaScript 脚本语言");
    </script>
    <noscript>
        <p>若您想查看本网页，则必须启用 JavaScript。然而，JavaScript 似乎被禁用，要么就是您的浏览器不支持 JavaScript。请更改您的浏览器选项以启用 JavaScript，刷新重试。</p>
    </noscript>
</body>
```

3.2.2 数据类型

JavaScript 的数据类型分为两类：原始类型和对象类型。其中，原始类型包括未定义（Undefined）、空值（Null）、布尔值（Boolean）、字符串（String）、数值（Number），对象类型即 Object 数据类型。

String 数据类型：字符串是用单引号或双引号来说明的。例如，下列语句中定义的 String 型变量 sname1 和 sname2 包含相同的内容：

```
var sname1 = "John";
var sname2 = 'John';
```

若字符串本身含有双引号，则应使用单引号将字符串括起来；若字符串本身含有单引号，则应使用双引号将字符串引起来。一般来说，双引号或单引号的选择在整个 JavaScript 脚本代码中应尽量保持一致，以养成良好的编程习惯。

Number 数据类型：JavaScript 支持整数和浮点数。整数可以为正整数、0 或者负整数；

浮点数可以包含小数点,也可以包含一个 “e”(大小写均可,在科学记数法中表示“10 的幂”),或者同时包含这两项。

Boolean 数据类型:可能的 Boolean 值有 true 和 false。这是两个特殊值,不能用作 1 和 0。

Undefined 数据类型:Undefined 类型有且只有一个值,称为 undefined。任何没有被赋值的变量都是 undefined 值。

Null 数据类型:Null 类型有且只有一个值,称为 null。

Object 数据类型:除了上面提到的各种常用类型外,Object 也是 JavaScript 中的重要组成部分,这部分将在后面章节详细介绍。

请区别表 3 - 1 中数据所属的类型。

表 3 - 1 数据所属类型举例

数据	数据类型
123	Number
123.5	Number
"123"	String
" "	String
" '"	String
'" '	String
false	Boolean
'true'	String
Undefined	Undefined
null	Null
"NULL"	String
"中国人的英语单词是'Chinese'"	String

3.2.3 常量与变量

1. 常量

常量是 JavaScript 中的固定值,它们在程序中是不发生变化的,为程序提供固定的和精确的数据值。各种类型的数据都是常量,常量可以细分为整型常量、实型常量、布尔值常量、字符串常量、空值常量等。

整型常量可以使用十六进制、八进制和十进制表示其值,最常用的是十进制表示法。实型常量是由整数部分加小数部分表示,如 12.32、193.98 等,还可以使用科学或标准方法表示,如 5E7、4e5 等。

2. 变量

在程序运行过程中其值可以改变的量称为变量,一个变量由变量名和变量值构成。

下面来介绍变量的命名、变量的声明、变量的作用域等内容。

(1) 变量的命名

JavaScript 是一种区分大小写的语言,因此将一个变量命名为 computer 和将其命名为 Computer 是不一样的。

另外,变量名称的长度是任意的,但必须遵循以下规则:

① 第一个字符必须是一个字母(大小写均可),或一个下划线(_),或一个美元符($)。

② 后续的字符可以是字母、数字、下划线或美元符。

③ 变量名称不能是保留字。

对变量命名时尽量使用有意义的变量名来增加程序的可读性。当使用多个有意义的单词命名一个变量时,第一个单词的首写字母小写,以后每个单词的首写字母大写,如 myCollage。

(2) 变量的声明

JavaScript 是一种弱类型的语言,不支持显式声明变量的类型,所以在 JavaScript 脚本中各种数据类型的变量统一使用关键字 var 来对变量进行声明,其用法为在关键字 var 后面加上变量名,形式如下:

```
var 变量名;
var 变量名 = 值(数据);
```

或

```
var 变量名1,变量名2,…;
var 变量名1 = 值1,变量名2 = 值2,变量名3 = 值3,…;
var 变量名1 = 值1,变量名,变量名3 = 值2,…;
```

例如,

```
var width =50; //在内存中分配地址空间,存放数据,值为数字50
var b =8,c =9,d =10;
var height =7,length;
```

JavaScript 脚本语言允许开发者不首先声明变量就直接使用,而在变量赋值时自动声明该变量。一般来说,为培养良好的编程习惯,同时为了使程序结构更加清晰易懂,建议在使用变量前对变量进行声明。

如果未在 var 声明语句中给变量指定初始值,那么虽然声明了这个变量,但在给它存入一个值之前它的初始值就是 undefined。例如,

```
var a;      //在内存中分配地址空间,存放数据的值为 undefined
```

【例3-1】3-1.html。定义两个变量,并交换变量的值。

```
var s =1,t =2,temp;
alert(s);
alert(t);
temp =s;
s =t;
```

```
t = temp;
alert(s);
alert(t);
```

在上述代码中，变量 s 和 t 通过中间变量 temp 实现了值的交换。

注意：

语句"alert(变量名);"作用是通过警告框显示变量的值。

(3) 变量的作用域

变量的作用域是指变量在什么范围内才有效，在 JavaScript 中同样有全局变量和局部变量。

全局变量：可以在脚本中的任何位置被调用，全局变量的作用域是当前文档中整个脚本区域，全局变量是定义在所有函数体之外。

局部变量：只能在此变量声明语句所属的函数内部使用，局部变量的作用域仅为该函数体。

3.2.4 运算符

运算符是用来完成某种操作的表示符号，JavaScript 脚本语言支持的运算符包括算术运算符(+, -, *, /, ++, --, %)、赋值运算符(=, +=, -=, *=, /=, %=, <<=, >>=, |=, &=)、比较运算符(>, <, <=, >=, ==, ===, !=, !==)、逻辑运算符(||, &&, !)、条件运算符(?:)、字符串运算符(+)、位运算符(|, &, <<, >>, ~, ^)、typeof 运算符、instanceof 运算符等。

1. 算术运算符

算术运算符用于执行变量之间、变量与值之间或值与值之间的算术运算。JavaScript 中的算术运算符有单目运算符和双目运算符。

单目运算符：++(递加1)、--(递减1)。

双目运算符：+(加)、-(减)、*(乘)、/(除)、%(取模)。

例如，给定 y=5，表3-2 解释了这些算术运算符。

表3-2 算术运算符

运算符	描述	例子	结果
+	加	x=y+2	x=7
-	减	x=y-2	x=3
*	乘	x=y*2	x=10
/	除	x=y/2	x=2.5
%	求余数（保留整数）	x=y%2	x=1
++	累加	x=++y	x=6
--	递减	x=--y	x=4

2. 赋值运算符

赋值运算符用于把操作符右边的值赋给操作符左边的变量。例如,给定 x =10 和 y =5,表 3 –3 解释了赋值运算符。

表 3 –3 赋值运算符

运算符	例子	等价于	结果
=	x = y		x = 5
+ =	x + = y	x = x + y	x = 15
– =	x – = y	x = x – y	x = 5
* =	x * = y	x = x * y	x = 50
/ =	x/ = y	x = x/y	x = 2
% =	x% = y	x = x% y	x = 0

3. 比较运算符

比较运算符用于比较两边的操作数。如果比较的结果成立,运算结果为 true;不成立,则为 false。比较运算符有 <(小于)、>(大于)、< =(小于等于)、> =(大于等于)、= =(等于)、! =(不等于)、= = =(全等于)、! = =(不全等于)。例如,给定 x =5,表 3 –4 解释了比较运算符。

表 3 –4 比较运算符

运算符	描述	例子
= =	等于	x = =8 为 false
= = =	全等(值和类型)	x = = =5 为 true;x = = ="5" 为 false
! =	不等于	x! =8 为 true
>	大于	x >8 为 false
<	小于	x <8 为 true
> =	大于或等于	x > =8 为 false
< =	小于或等于	x < =8 为 true

4. 逻辑运算符

逻辑运算符用于执行布尔运算,常常和比较运算符一起使用。逻辑运算符有“&&”(逻辑与运算符)、“||”(逻辑或运算符)和“!”(逻辑非运算符)。例如,给定 x =6 以及 y =3,表 3 –5 解释了逻辑运算符。

表 3 –5 逻辑运算符

运算符	描述	例子
&&	and	(x < 10 && y > 1) 为 true
||	or	(x = =5 || y = =5) 为 false
!	not	! (x = =y) 为 true

逻辑与/或有时候被称为“短路与/或”。这是因为当第一操作数(x)已经可以决定结果时,它们将不去理会 y 的值。例如,false&&y,因为 x = = false,不管 y 的值是什么,结果始终是 false,于是该表达式立即返回 false,而不论 y 是多少,甚至 y 可以导致出错,程序也可以照样运行下去。

5. 条件运算符

JavaScript 还包含了基于某些条件对变量进行赋值的条件运算符,格式如下:

```
variablename = (condition)? value1:value2;
```

当条件 condition 成立时,变量 variablename 值为 value1;不成立时,变量值为 value2,如:

```
var a = 10,b;
b = (a > 0)? 100: -100;   //结果为 100
```

6. 字符串运算符

当“ + ”运算符对字符串进行操作时,实现字符串的连接功能,如:

```
txt1 = "What a very";
txt2 = "nice day";
txt3 = txt1 + txt2;
```

如果把数字与字符串相加,结果将成为字符串,如:

```
var x;
x =5 +5;
alert(x);                          //x 的值为 10
x = "5" + "5";
alert(x);                          //x 的值为“55”
x =5 + "5";
alert(x);                          //x 的值为“55”
x = "5" +5;
alert(x);                          //x 的值为“55”
```

7. 位运算符

JavaScript 语言支持的基本位运算符包括“&”、“|”、“^”和“ ~ ”等。脚本代码执行位运算时先将操作数转换为二进制数,操作完成后再将返回值转换为十进制。表 3 -6 解释了位运算符。

表 3 -6 位运算符

运算符	例子	描述
&	9&4	按位与,若两数据对应位都是 1,则该位为 1,否则为 0
^	9^4	按位异或,若两数据对应位相反,则该位为 1,否则为 0
|	9|4	按位或,若两数据对应位都是 0,则该位为 0,否则为 1

续表

运算符	例子	描述
~	~4	按位非,若数据对应位为0,则该位为1,否则为0
> >	9 > >2	算术右移,将左侧数据的二进制值向右移动由右侧数值表示的位数,左边空位补0
< <	9 < <2	算术左移,将左侧数据的二进制值向左移动由右侧数值表示的位数,忽略被移出的位
> > >	9 > > >2	逻辑右移,将左边数据表示的二进制值向右移动由右边数值表示的位数,忽略被移出的位,左侧空位补0

8. typeof 运算符

typeof 是一元运算符,放在单个操作数的前面,操作数可以是任意类型。typeof 用于表明操作数的数据类型,返回值为表示操作数类型的一个字符串。表3－7 列出了任意值在 typeof 运算后的返回值。

表3－7 任意值在 typeof 运算后返回值

操作数	typeof
Undefined	"undefined"
Null	"object"
true 或 false	"boolean"
任意数字或 NaN	"number"
任意字符串	"string"
任意函数	"function"
任意内置对象(非函数)	"Object"
任意宿主对象	由编译器各自实现的字符串,但不是"undefined"、"boolean"、"number"或"string"

typeof 运算符可以带上圆括号,这让 typeof 看起来像一个函数名,而不是一个运算符关键字:typeof(i)。当操作数是 null 的时候,typeof 将返回“object”。typeof 运算符对于区分对象和其他原始值来说是很有帮助。若想区分对象的类型,则需要使用其他方式,如使用 instanceof 运算符等。

9. instanceof 运算符

通常来讲,使用 instanceof 运算符可以判断一个实例是否属于某种类型。instanceof 运算符的左操作数是一个对象,右操作数标识对象的类型。若左侧的对象是右侧类型的实例,则表达式返回 true,否则返回 false。

在使用 typeof 运算符时,无论使用的是什么类型的对象,它都返回“object”。ECMAScript 引入了另一个运算符 instanceof 来解决这个问题。instanceof 运算符与 typeof 运算符相似,用于识别正在处理的对象的类型。与 typeof 方法不同的是,instanceof 方法能够明确地确认对象为某种特定类型。

JavaScript 中对象的类型是通过初始化它们的构造函数来定义的。这样的话，instanceof 的右操作数应当是一个函数。例如，

```
var d = new Date();                //通过 Date()构造函数来创建一个新对象
d instanceof Date;                 //计算结果为 true,d 是 Date()创建的
d instanceof Number;               //计算结果为 false,d 不是一个 Number 对象
var a = [1, 2, 3];                 //通过数组直接量的写法创建一个数组
a instanceof Array;                //计算结果为 true,a 是一个数组
a instanceof RegExp;               //计算结果为 false,数组不是正则表达式
```

instanceof 运算符可以在继承关系中用来判断一个实例是否属于它的父类型。上例中定义 d 为 Date 类型的对象，a 为 Array 类型的对象，那么：

```
d instanceof Object;             //计算结果为 true,所有的对象都是 Objcct 的实例
a instanceof Object;             //计算结果为 true,所有的数组都是对象
```

需要注意的是，instanceof 的左操作数不是对象的话，instanceof 返回 false。若右操作数不是函数，则抛出一个类型错误异常。

3.2.5 表达式

表达式是指用运算符把常数和变量连接起来的、具有一定的值的代数式。表 3－8 将这些运算符从高优先级到低优先级排列。

表 3－8 运算符优先级和表达式值

运算符	表达式	说明
求反、自加、自减	－x	返回 x 的相反数
	! x	返回与 x（布尔值）相反的布尔值
	x++	x 值加 1，但仍返回原来的 x 值
	x－－	x 值减 1，但仍返回原来的 x 值
	++x	x 值加 1，返回后来的 x 值
	－－x	x 值减 1，返回后来的 x 值
乘、除	x * y	返回 x 乘以 y 的值
	x/y	返回 x 除以 y 的值
	x% y	返回 x 与 y 的模（x 除以 y 的余数）
加、减	x＋y	返回 x 加 y 的值
	x－y	返回 x 减 y 的值
关系运算	x < y　x < = y x > = y　x > y	当符合条件时返回 true 值，否则返回 false 值

续表

运算符	表达式	说明
等于、不等于	x = = y	当 x 等于 y 时返回 true 值,否则返回 false 值
	x！ = y	当 x 不等于 y 时返回 true 值,否则返回 false 值
位与	x&y	当两个数位同时为 1 时,返回的数据的当前数位为 1,其他情况都为 0
位异或	x^y	两个数相同返回 0,两个数不同返回 1
位或	x|y	两个数位中只要有一个为 1,则返回 1;当两个数位都为 0 时才返回 0

注意：

所有与四则运算有关的运算符都不能作用在字符串型变量上。字符串可以使用 +、+ = 作为连接两个字符串之用。

表达式与数学中的定义相似,计算也相似。给定 a = 1,b = 21,c = 9,wrong = false,请分析以下表达式的值：

```
a + b/c > 5&&(a + b)/c < 3||! wrong? 100:0;
```

计算过程如下：

① 计算括号内的 a + b,即得 a + b/c > 5&&22/c < 3||! wrong? 100:0;

② 计算! wrong,即得 a + b/c > 5&&22/c < 3||true? 100:0;

③ 计算 b/c,即得 a + 2 > 5&&22/c < 3||true? 100:0;

④ 计算 22/c,即得 a + 2 > 5&&2 < 3||true? 100:0;

⑤ 计算 a + 2,即得 3 > 5&&2 < 3||true? 100:0;

⑥ 计算 3 > 5,即得 false&&2 < 3||true? 100:0;

⑦ 计算 2 < 3,即得 false&&true||true? 100:0;

⑧ 计算 false&&true,即得 false ||true? 100:0;

⑨ 计算 false||true,即得 true? 100:0;

⑩ 计算 true? 100:0,得出表达式的值为 100。

3.2.6 语句

JavaScript 语句是发给浏览器的命令。这些命令的作用是告诉浏览器要做的事情。JavaScript 程序是 JavaScript 语句的序列。浏览器按照编写顺序依次执行每条语句。

JavaScript 语句有两种基本的形式,即简单语句和复合语句。JavaScript 简单语句将表达式(expressions)用某种方式组合起来,以完成某项任务,常用的简单语句包含变量声明语句、赋值语句、函数或方法调用语句。简单语句与简单语句之间用";"间隔,通常情况下,一个语句单独占有一行,如：

```
var x,y = 10;                //变量声明
x = 4;                       //赋值语句
```

```
x + =4;//赋值语句
x = x * y;//赋值语句
alert(x);//函数或方法调用语句
```

通常来说,用“{}”括起来的一组 JavaScript 语句称为语句块(blocks)。语句块(blocks)通常与复合语句和函数结合使用。复合语句经常用于控制程序流程,在下一小节的程序流程控制里将仔细探讨,如:

```
<script>
{
    document.write("<h1>This is a header</h1>");
    document.write("<p>This is a paragraph</p>");
    document.write("<p>This is another paragraph</p>");
}
</script>
```

3.2.7 程序流程控制

程序流程控制用于控制代码的执行顺序,有用于不同情况不同处理的分支语句,也有用于满足某一条件时重复执行的循环语句。分支语句和循环语句是常见的复合语句。

1. 分支语句

在编写代码实现某一逻辑时,经常需要根据不同的条件进行不同的处理。这时候可以使用分支语句来完成这个任务,分支语句有四种方式:if 语句、if…else 语句、if…else if…else 语句和 switch 语句。

(1) if 语句

如果希望指定的条件成立时执行代码,就可以使用这个语句,格式如下:

```
if (条件){
    条件成立时执行代码
}
```

【例 3-2】3-2.html。随机产生一个[0,24]之间的整数作为时间点,如果时间点大于 8 并且小于 12,弹出警告框,提示信息“现在是上午!”;最后无论条件满足与否,都需输出“现在时间是几点”。

```
<script>
    var d = Math.random() * 24;                //产生随机数
    var time = Math.floor(d);                  //对产生的随机数取整
    if (time >8&&time <12){                    //判断条件时间点大于 8 并且小于 12
    alert("现在是上午!");
}
document.write("<h1>现在时间是" + time + "点!  </h1>");
</script>
```

不难发现，语句“alert("现在是上午!")”不一定执行，只有条件满足时才执行，而语句“document. write(" <h1>现在时间是" + time + "点! </h1>")”总是执行。

(2) if…else 语句

如果希望条件成立时执行一段代码，而条件不成立时执行另一段代码，那么可以使用 if…else 语句，格式如下：

```
if (条件){
条件成立时执行此代码
}else{
条件不成立时执行此代码
}
```

【例 3-3】3-3. html。随机产生一个[0,24]之间的整数作为时间点，如果时间点小于 12，弹出警告框，提示信息“不到 12 点”；否则，提示信息“过了 12 点”。最后，无论条件满足与否，都需输出“现在时间是几点”。

```
<script>
    var d = Math.random() * 24;                    //产生随机数
    var time = Math.floor(d);                      //对产生的随机数取整
    if (time < 12) {
        alert("不到 12 点");
    }else{
        alert("过了 12 点");
    }
    document.write("<h1>现在时间是" + time + "点! </h1>");
</script>
```

不难发现，语句“alert("不到 12 点")”和“alert("过了 12 点")”，必有一个执行。

(3) If…else if…else 语句

如果希望多个条件下的不同处理，可以使用 if…else if…else 语句，格式如下：

```
if(条件 1){
    条件 1 成立时执行此代码
}else if(条件 2){
    条件 2 成立时执行此代码
}else{
    条件 1 和条件 2 均不成立时执行此代码
}
```

【例 3-4】3-4. html。随机产生一个[0,24]之间的整数作为时间点，如果时间点小于 7，弹出警告框提示信息“早上好!”；如果时间小于 12，提示信息“上午好!”；如果时间小于 18，提示信息“下午好!”；如果时间小于 24，提示信息“晚上好!”。无论条件满足与否，都需输出“现在时间是几点!”。

```
<script>
    var d = Math.random() * 24;                          //产生随机数
    var time = Math.floor(d);                            //对产生的随机数取整
    if (time <7) {
        alert("早上好!");
    } else if(time <12) {
      alert("上午好!");
    } else if(time <18) {
        alert("下午好!");
    } else {
        alert("晚上好!");
}
document.write("<h1>现在时间是" +time +"点!  </h1>");
</script>
```

不难发现,if…else if…else 语句的若干语句块中,必有一个执行。

(4) switch 语句

如果需要根据某一表达式的值进行不同处理,可以使用 switch 语句,格式如下:

```
switch(n){
    case 1:
        执行代码块 1
        break;
    case 2:
        执行代码块 2
        break;
    default:
        如果 n 即不是 1 也不是 2,则执行此代码
}
```

switch 后面的(n)可以是表达式,也可以(并通常)是变量。表达式中的值会与 case 中的数字作比较,如果与某个 case 相匹配,那么其后的代码块就会被执行,break 的作用是防止代码自动执行到下一行。

【例 3-5】3-5.html。随机产生一个[0,24]之间的整数作为时间点,如果时间点为 8,弹出警告框,提示信息"该上课了!";如果时间为 12,提示信息"该下课了!";如果时间点为 0,提示信息"深度睡眠中……";如果都不是,提示信息"不关注这个时间点"。无论条件满足与否,都需输出"现在时间是几点"。

```
<script>
    var d = Math.random() * 24;                    //产生随机数
    var time = Math.floor(d);                      //对产生的随机数取整
```

```
    switch (time){
    case 8:
        alert("该上课了!");
        break;
    case 12:
        alert("该下课了!");
        break;
    case 0:
        alert("深度睡眠中……");
        break;
    default:
        alert("不关注这个时间点");
    }
    document.write("<h1>现在时间是" +time +"点! </h1>");
</script>
```

各个分支语言都有其特点，“if 语句”的语句块，条件满足时才执行；“if…else 语句”的语句块肯定有一个执行，是“二选一”的；“if…else if…else 语句”语句块肯定有一个要执行，是“多选一”的；“switch 语句”语句块肯定也是有一个要执行，是“多选一”的，与“if…else if…else 语句”的不同之处在于其判断条件是“点”，不能是“段”。

2. 循环语句

当我们需要重复执行一段代码的时候就需要用到循环，JavaScript 中有四种循环语句，分别是 while、do…while、for 和 foreach 语句。

(1) while 循环

当条件满足时，执行循环体的一段代码，执行完后，重新判断条件是否满足，如果满足，继续执行循环体中的代码，如此反复，直到条件不满足时，跳出循环，格式如下：

```
while (条件){
    需执行的代码
}
```

【例 3-6】3-6.html。分行输出 0 到 7 之间的整数。

```
<html>
  <head>
    <script>
      var i =0;
      while (i<=7){
      document.write(i);
      document.write("<br/>");
      i =i +1;
```

```
    }
  </script>
 </head>
</html>
```

结果如下：

```
0
1
2
3
4
5
6
7
```

(2) do…while 循环

执行循环体一次，然后判断条件是否满足，如果满足，继续执行循环体，直到条件不满足为止。do…while 循环是 while 循环的变种。不同之处在于，do…while 循环至少执行一次循环体中的代码。do…while 循环语句格式如下：

```
do{
    需执行的代码
}while(条件)
```

分析以下代码执行结果：

```
<html>
  <head>
    <script>
      var i=10;
      do{
        document.write("The number is " + i);
        document.write("<br/>");
        i=i+1;
      }while(i<0)
    </script>
  </head>
</html>
```

结果如下：

```
The number is 10
```

(3) for 循环

for 循环用于将一段代码循环执行指定的次数，所以在一段代码重复执行次数已确定的情况下，我们经常使用 for 循环，格式如下：

```
for (变量 = 开始值;变量 < = 结束值;变量 = 变量 + 步进值){
    需执行的代码
}
```

用 for 循环实现例 3 - 6：

```
<html>
  <head>
    <script>
      var i =0
      for(i =0;i < =7;i + + ){
        document. write(i)
        document. write(" <br / >")
      }
    </script>
  </head>
</html>
```

结果如下：

```
0
1
2
3
4
5
6
7
```

（4）foreach 循环

foreach 循环用于遍历数组或者集合对象。foreach 循环中的代码每执行一次，就会对数组或集合的当前元素做相应操作，格式如下：

```
for (变量 in 对象){
    在此执行代码
}
```

具体使用请参考 3.5.4 小节数组对象。循环体重复执行，但是有两个语句可以用来中断循环体的执行，它们是 break 语句和 continue 语句。break 语句用来终止循环，continue 语句用来终止当前的循环体执行，进入下一次循环体。请分析以下两段代码：

第一段代码：

```
<html>
  <head>
    <script>
      var i =0;
```

```
        for (i=0;i<=10;i++){
          if (i==3){break;}
          document.write("The number is " + i);
          document.write("<br/>");
        }
      </script>
    </head>
</html>
```

结果如下：

```
The number is 0
The number is 1
The number is 2
```

第二段代码：

```
<html>
  <head>
    <script>
      var i=0;
      for (i=0;i<=10;i++){
        if (i==3){continue;}
        document.write("The number is " + i);
        document.write("<br/>");
      }
    </script>
  </head>
</html>
```

结果如下：

```
The number is 0
The number is 1
The number is 2
The number is 4
The number is 5
The number is 6
The number is 7
The number is 8
The number is 9
The number is 10
```

3. try…catch…finally 语句

在代码的运行过程中，错误是不可避免的，总的来说，错误发生于两种情况：一是程序内部的逻辑或者语法错误,二是运行环境或者用户输入中不可预知的数据造成的错误。对于前者,就称之为错误(error),可以通过调试程序来解决;而后一种则更多地称之为异常(exception),顾名思义,就是超出常规,没有按程序设计的意愿来输出数据。当然,异常还会有许多种类型。所以说,异常并不等价于错误,相反,有时还会利用异常来解决一些问题。JavaScript 可以捕获一个异常并进行相应的处理。

我们可以使用 try…catch…finally 语句处理可能发生异常的代码,若发生异常,则由 catch 捕获并进行处理,其语法如下:

```
try{
    //要执行的代码
}catch(e){
    //处理异常的代码
}finally{
    //无论异常发生与否,都会执行的代码
}
```

通过异常处理,可以避免程序停止运行,从而具有了一定的自我修复能力。

在 AJAX 开发中,利用异常处理的一个典型应用就是创建 XMLHttpRequest 对象,不同浏览器创建它的方式是不一样的,为了使代码能够跨浏览器运行,就可以利用异常,一种方法不行,再用另一种方法,直到不发生异常为止。例如,

```
<script>
    <!--
        var xmlhttp;
        try{
            //尝试用 IE 浏览器的方式创建 XMLHttpRequest 对象
            xmlhttp = new ActiveXObject("Microsoft.XMLHTTP");
        }catch(e){
        try{
            //尝试用非 IE 浏览器的方式常见 XMLHttpRequest 对象
            xmlhttp = new XMLHttpRequest();
        }catch(e){}
        }
    //-->
</script>
```

通过这种方式,就可以跨浏览器创建 XMLHttpRequest 对象。注意,即使不在 catch 块内进行处理,catch 标识及其参数 e 也是必须写的,否则会产生语法错误,而 finnally 则不是必须的。

在 JavaScript 中有其内部的异常机制,在遇到非法操作时能自动抛出异常。实际的开发中,由于程序的复杂,有时需要自己手动抛出异常,这可以通过 throw 语句来实现:

```
throw value;
```

其中 value 就是要抛出的异常变量,它可以是 JavaScript 中的任何一种类型。例如,

```
<script>
    var x = prompt("Enter a number between 0 and 10:","");  //提示框,用于输入数据
    try{
      if(x > 10){
        throw "Err1";                                        //抛出异常
      }else if(x < 0){
      throw "Err2";                                          //抛出异常
      }
    }catch(e){                                               //捕获异常
      if(er = = "Err1"){                                     //处理异常
      alcrt("Error! Thc valuc is too high");
      }
      if(er = = "Err2"){                                     //处理异常
      alert("Error! The value is too low");
      }
    }
</script>
```

我们也可以使用 new Error(message)创建异常对象,然后抛出这个异常对象。

3.3 函数

函数是实现一定功能的代码块,函数只定义一次,可以被执行或调用任意次。

3.3.1 函数定义

在 JavaScript 中,创建函数最常用的两个方法是函数声明和函数表达式。

1. 函数声明

通常情况下,我们定义一个函数声明主要包含四部分:function 关键字、函数名、参数列表和函数体。其定义格式如下:

```
function 函数名(参数列表){
    代码……;              //函数体
}
```

JavaScript 对大小写敏感,关键词 function 必须是小写的。

函数名要能较明确地体现函数的功能意义。若函数命名是单单词,一般情况首字母取小写;若函数命名是多单词,则第一单词的首字母小写,后面每个单词的首字母大写。

参数列表是由 0 个或者多个用逗号隔开的参数名称组成。当实现的功能需要用到一些外部提供的数据时,就需要定义参数;当实现的功能不需要用到外部提供的数据时,此

时可以不带参数,即参数列表为空。

函数体位于一对花括号之中,它包含0条或多条JavaScript语句,一旦调用函数,就会执行这些语句,函数可以有返回值,使用return将其值返回。

函数定义好之后,只有调用才会执行,不调用是不会执行的,调用一次执行一次。调用格式如下:

```
函数名(参数值);
```

【例3-7】3-7.html。请定义一个函数,实现输出从0到9的功能。

```
<script>
    function writeNumber(){
        for(var i=0;i<10;i++){
            document.write(i);
        }
    }
    writeNumber();                  //调用函数
    document.write("输出完毕!");
</script>
```

2. 函数表达式

如果函数定义作为赋值表达式的一部分的话,那么它就是一个函数表达式。例如,

```
//这个函数表达式用来求传入参数的平方,并把它赋值给一个变量
var sq = function square(x){
    return x*x;
}
```

以表达式方式定义的函数,函数的名称是可选的。上述代码可修改为:

```
var square=function(x){ //函数可以没有名称,为匿名函数
    return x*x;
}
```

一般而言,以表达式方式定义的函数不需要名称,这会使代码更加紧凑,这种定义方式特别适合用来定义那些只会用到一次的函数,但是对于需要多次调用的函数仍需要命名。

3.3.2 函数的形式参数

当参数列表中有多个参数时,参数之间用逗号分隔。在定义参数时,不指定参数类型。

【例3-8】3-8.html。定义一个函数,实现两个数的加法运算并输出计算结果。

```
<script>
    function sum(a,b){              //定义两个参数,不指定参数类型
        var result;
```

```
        result = a + b;
        document.write(result);
        document.write("<br/>");
    }
    sum(1,18);//函数调用,传入两个实参
</script>
```

sum函数实现两个数的加法运算,哪两个数字呢?需要外部提供两个数据,所以定义两个参数,而且不需要提供形参的类型。调用函数时,把参数值传递给相应参数。

3.3.3 函数返回值

函数是可以有返回值的,对于没有返回值的函数,功能只是完成一个操作。对于一个函数,如果执行完成相应操作后,我们还想从函数中得到一个值,这时候需要用到返回值。返回值通过return语句实现,格式如下:

```
return 表达式或变量或值;
```

【例3-9】3-9.html。定义一个函数,通过该函数得到1+2+…+n的计算结果,并将该结果赋值给一个变量。

```
<script>
    function sumAdd(n){
        var result = 0;
        for(var i = 1;i <= n;i++){
            result += i;
        }
        return result;
    }
    var test = sumAdd(100);//调用函数,并将返回值(计算结果)赋予变量test
    document.write(sumAdd(50)); //调用函数,并将返回值(计算结果)输出
</script>
```

【例3-10】3-10.html。定义一个函数,判断一个数字是正数还是负数。

```
<script>
    function isPositive(n){
        if(n>0){
            return true;
        }else{
            return false;
        }
    }
    var test = Math.random()*200-100; /*产生-100到100之间的随机数,并赋
```

```
予变量 test */
        if(isPositive(test)){
        document.write("随机产生的是正数");
        } else{
            document.write("随机产生的是负数");
        }
    </script>
```

其实函数是一种特殊的 JavaScript 对象，它可以通过 new Function(参数列表)来定义，但使用的情况极少，在此不作介绍。

3.3.4 函数作用域

在 JavaScript 中没有块级作用域，只有函数作用域(function scope)。JavaScript 的函数作用域是指在函数内声明的变量在函数体内始终是可见的，即作用域为整个函数。例如，

```
function test(x){
① var i=x; //i 在整个函数体内均是可见的，i 的作用域为整个函数
   if (i>3){
② var j=3; //j 在整个函数体内均是可见的，不仅仅是在这个代码段内
     for(var k = 1;k<3;k++){ //k 在整个函数体内均是可见的，不仅仅是在循环内
         alert(k); //循环输出 1,2
     }
     alert(i); //输出 5
   }
   alert(j); //输出 3，变量 j 已经定义，但有可能未被初始化
   alert(k); //输出 3，变量 k 已经定义，但有可能未被初始化
   alert(x); //输出 5
}
test(5);
```

变量的函数作用域的特点意味着变量在声明之前甚至已经可用，在上述代码中，对于变量 j，在标号为②的声明语句之前已经可用。JavaScript 的这个特性被非正式地称为变量前提，即 JavaScript 函数里声明的所有变量(但不涉及赋值)都被“提前”至函数体的顶部。若在标号为②的语句之前，如在标号为①的语句之后输出 j，则 j 的值为 undefined，这是由于 j 只被声明，没有被赋值。

函数参数也是局部变量，它们只在函数体内有定义。

在函数体内，局部变量的优先级高于同名的全局变量。如果在函数内声明的一个局部变量或者函数参数中带有的变量和全局变量重名，那么全局变量就会被局部变量所遮盖。

3.4 事件

3.4.1 事件与事件处理概述

事件是浏览器响应用户交互操作的一种机制，JavaScript 的事件处理机制可以改变浏览器响应用户操作的方式，这样就可以开发出具有交互性，并易于使用的网页。

浏览器为了响应某个事件而进行的处理程序，叫作事件处理程序。

事件定义了用户与页面交互时产生的各种操作，如单击超级链接或按钮时，就产生一个单击(click)操作事件。浏览器在程序运行的大部分时间都等待交互事件的发生，并在事件发生时自动调用事件处理程序，完成事件处理过程。

3.4.2 JavaScript 的常用事件

事件不仅可以在用户交互过程中产生，而且浏览器自己的一些动作也可以产生事件。例如，当载入一个页面时就会发生 load 事件，卸载一个页面时就会发生 unload 事件等。JavaScript 常用事件如表 3－9 所示。

表 3－9 JavaScript 的常用事件

事件	事件名	描述
鼠标事件	onclick	鼠标点击时触发此事件
	onmouseover	当鼠标移动到某对象范围的上方时触发此事件
	onmouseout	当鼠标离开某对象范围时触发此事件
	onmousedown	按下鼠标时触发此事件
	onmouseup	鼠标按下后松开鼠标时触发此事件
键盘事件	onkeypress	当键盘上的某个键被按下并且释放时触发此事件
	onkeydown	当键盘上某个按键被按下时触发此事件
	onkeyup	当键盘上某个按下的按键被放开时触发此事件
页面相关事件	onload	页面加载至内存完成时触发此事件
	onunload	页面从内存卸载完毕时触发此事件
	onerror	出现错误时触发此事件
	onresize	当浏览器的窗口大小被改变时触发此事件
	onscroll	浏览器的滚动条位置发生变化时触发此事件
表单元素相关事件	onblur	当前元素失去焦点时触发此事件
	onfocus	当某个元素获得焦点时触发此事件
	onchange	当前元素失去焦点并且元素的内容发生改变时触发此事件
	onreset	当表单中 RESET 的属性被激发时触发此事件
	onsubmit	一个表单被递交时触发此事件

下面是一个使用 onmouseover 事件的例子。当 onmouseover 事件被触发即鼠标放置到当前的这个元素上时，执行相应的事件处理程序，代码如下：

```
<p style="width:100px;height:100px;background-color:gray" onmouseover="var a
=3,b=5;alert(a+b);" >
    鼠标移动到这个段落上,对3和5进行加运算,然后通过弹出框显示计算结果。
</p>
```

上面的例子中,当鼠标放在段落上时 onmouseover 事件触发,从而引发事件处理程序的执行。通常,我们把事件处理程序定义为一个函数即事件处理函数,这样,当某个事件触发后,只需调用相应的事件处理函数。

变动上面的例子,实现效果:当我们单击一个按钮时,进行3和5的数字加运算,代码如下:

```
<input name="btn" type="button" id="btn" value="按钮" onclick="compute
();" />
<script>
    function compute(){
        var a=3,b=5;
      alert(a+b);
    }
</script>
```

当单击按钮事件触发后,调用事件处理函数 compute(),执行相应操作。此外,还有一种写法:

```
<input name="btn" type="button" id="btn" value="按钮"/>
<script>
    function compute(){
    var a=3,b=5;
    alert(a+b);
    }
    document.getElementById("btn").onclick = compute;
</script>
```

首先,我们获得按钮对象,然后将定义好的事件处理函数指派给该对象的 onclick 事件句柄。这样,当按钮单击事件触发后,会通过 onclick 事件句柄,去执行被指派的事件处理函数。当然,事件处理函数的定义也可以采用匿名方式,格式如下:

```
<input name="btn" type="button" id="btn" value="按钮" />
<script>
    document.getElementById("btn").onclick = function(){
        var a=3,b=5;
        alert(a+b);
    }
</script>
```

注意：

document. getElementById(元素 id)作用是通过 HTML 元素属性 id 值,得到相应元素对象。

3.4.3 项目实践

1. 项目简介

简单计算器。利用已学知识,构建如下简单计算器:当在文本框中输入数字后,单击"计算"按钮,会根据单选框的选择进行相应运算,运算结果在第三个文本框中输出;当在文本框中输入的不是数字的时候,会给出错误提示。简单计算器运行效果如图 3-1 所示。

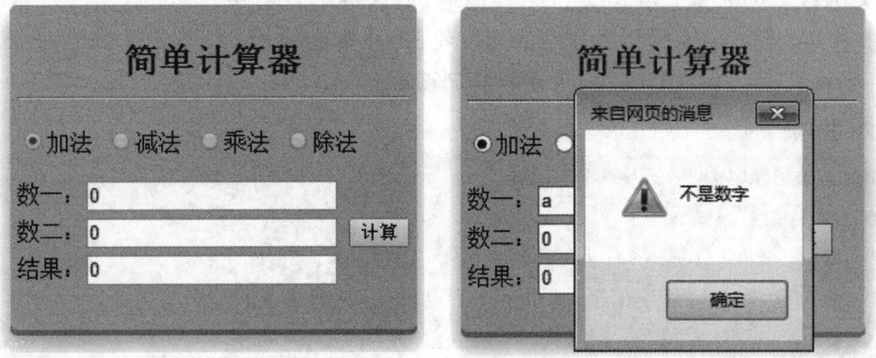

图 3-1 简单计算器运行效果

2. 知识点

本项目的设置重在加固对 JavaScript 基本语法的掌握,包括事件、函数、程序流程控制等知识点。此外,还涉及以下几个全局函数。

isNaN(参数):检测参数是否为非数字,如果不是数字,函数返回值为 true;否则,函数返回值为 false。

parseInt(字符串参数):将字符串解析为整数,如果解析成功,函数返回值为相应数字;否则,函数返回值为 NaN(表示不是数字)。

3. 项目分析

这个项目涉及的 HTML 和 CSS 内容非常简单,不再赘述。我们着重分析一下要实现的客户端逻辑。首先,要从文本框中获取相应数字;然后,根据单选框获取运算符;最后,根据运算符对数字进行相应运算。所以,我们可以定义三个函数分别来实现此三步功能。

定义函数 getNum 来获取文本框中的相应数字。具体分为以下两步:

① 从文本框中获得文本框的 value 值(字符串类型数据)。

② 若这个值不是由纯数字构成的字符串,则弹出警告框提示;否则,转换为相应整数并返回这个整数值。

代码如下:

```
function getNum(idInput){
    var num;
    num = document.getElementById(idInput).value;
    if(isNaN(num)){
      alert("不是数字");
      }else{
      num = parseInt(num);
      return num;
      }
}
```

定义函数 getOpt 来获取运算符。具体地，依次逐个查看单选框的状态，若当前这个单选框是选中状态，则读取与其对应的运算符，停止继续查看；若当前这个单选框不是选中状态，则查看下一个。最终，返回读取的运算符。

代码如下：

```
function getOpt(){
    var opt = "+";
    for(var i = 1;i <= 4;i++){
        if(document.getElementById("opt" + i).checked){
          opt = document.getElementById("opt" + i).value;
          break;
        }
    }
    return opt;
}
```

定义函数 compute 完成根据运算符对数字进行相应运算的功能。具体地，若运算符为"+"，则对两个数字进行加运算；若运算符为"-"，则对两个数字进行减运算；若运算符为"*"，则对两个数字进行乘法运算；若运算符为"/"，并且除数不等于零，则对两个数字进行除法运算。最终，返回运算结果。

代码如下：

```
function compute(num1Para,num2Para,optPara){
    var result = 0;
    switch(optPara){
        case "+":
          result = num1Para + num2Para;
          break;
        case "-":
          result = num1Para-num2Para;
```

```
            break;
        case " * ":
            result = num1Para * num2Para;
            break;
        case "/":
            if(num2Para! =0){
                result = num1Para/num2Para;
            }else{
                alert("除数不能为0");
            }
            break;
        dcfault:
            result = "不合法运算符";
    }
    return result;
}
```

接下来,定义事件处理函数 computeGo,当单击按钮时,调用该函数。此函数完成以下任务:

① 利用 getNum 函数分别获取文本框中的数字。

② 利用 getOpt 函数获取运算符。

③ 利用 compute 函数对获取的数字进行相应运算,并将运算结果显示在文本框内。

代码如下:

```
function computeGo(){
    var num1,num2,opt;
    num1 = getNum("num1");
    num2 =  getNum("num2");
    if(num1 = = undefined||num2 = = undefined){
        return;
    }
    opt = getOpt();
    document.getElementById("result").value = compute(num1,num2,opt);
}
```

4. 具体步骤

① 构建 HTML 页面。

```
<body>
    <div id = "container" >
        <h2>简单计算器<hr/></h2>
```

```
        <input id = "opt1"  name = "opt"  checked = "checked"  type = "radio"  value = "
+" /> 加法
        <input id = "opt2"  name = "opt"  type = "radio"  value = "-"  /> 减法
        <input id = "opt3"  name = "opt"  type = "radio"  value = " * " /> 乘法
        <input id = "opt4"  name = "opt"  type = "radio"  value = "/"  /> 除法
        <br/>
        数一: <input id = "num1"  name = "txt1"  type = "text"  value = "0"  />
        <br/>
        数二: <input id = "num2"  name = "txt2"  type = "text"  value = "0"  />
        <input type = "button"  value = "计算"  onclick = "computeGo();"  /> <br/>
        结果: <input id = "result"  name = "txt3"  type = "text"  value = "0"  />
    </div>
</body>
```

② 利用 CSS 调整样式。

```
<style type = "text/css">
    #container {
        margin:auto;
        width:271px;
        height:217px;
        padding:5px;
        font-size:16px;
        border-radius:5px;
        background: -ms-linear-gradient(#8fcced,#8bceec);
        background: -moz-linear-gradient(#8fcced,#8bceec);
        background: -o-linear-gradient(#8fcced,#8bceec);
        background: -webkit-linear-gradient(#8fcced,#8bceec);
        background: linear-gradient(#8fcced, #8bceec);
        box-shadow: 0px 4px #009de4, 0px 10px 15px rgba(0, 0, 0, 0.2);
    }
    h2{
        text-align:center;
    }
    #num1{
        margin-top:20px;
    }
    #num2,#result{
        margin-top:5px;
```

```
    }
</style>
```

③ 添加 JavaScript 脚本,构建逻辑。

```
<script>
    function getNum(idInput){
        var num;
        num = document.getElementById(idInput).value;
        if(isNaN(num)){
        alert("不是数字");
        }else{
        num = parseInt(num);
        return num;
        }
    }
    function getOpt(){
        var opt = "+";
        for(var i = 1;i <= 4;i++){
            if(document.getElementById("opt" + i).checked){
            opt = document.getElementById("opt" + i).value;
            break;
            }
        }
        return opt;
    }
    function compute(num1Para,num2Para,optPara){
        var result = 0;
        switch(optPara){
            case "+":
              result = num1Para + num2Para;
              break;
            case "-":
              result = num1Para-num2Para;
              break;
            case "*":
              result = num1Para * num2Para;
              break;
            case "/":
```

```
                if(num2Para! =0){
                   result = num1Para/num2Para;
                }else{
                   alert("除数不能为0");
                }
                break;
             default:
             result = "不合法运算符",
      }
      return result;
                }
                function computeGo(){
                var num1,num2,opt;
                num1 = getNum("num1");
                num2 = getNum("num2");
                if(num1 = =undefined||num2 = =undefined){
                   return;
                }
                opt = getOpt();
                document.getElementById("result").value =compute(num1,num2,opt);
      }
   </script>
```

3.5 JavaScript 对象基础

对象是 JavaScript 中一种基本的数据类型,JavaScript 是基于对象(object-based)的编程语言,大家遇到的所有东西几乎都是对象。但是,它又不是一种真正的面向对象编程(OOP)语言,因为它的语法中没有 class(类)。对象是一种复合值,它是属性(properties)的无序集合。每个属性都是一个名/值对,对象可以看成包含从名到值的映射的集合。

在 JavaScript 中,经常使用到三种对象,分别是内置对象、宿主对象和自定义对象。

① 内置对象是由 ECMAScript 规范定义的对象,如字符串、日期和正则表达式等都是内置对象。

② 宿主对象是由 JavaScript 解释器所嵌入的宿主环境(如 Web 浏览器)定义的对象。客户端 JavaScript 中表示网页结构的 HTML Element 对象都是宿主对象。既然宿主环境定义的方法可以被当成普通 JavaScript 方法,那么宿主对象可以看成内置对象。

③ 自定义对象是由运行中的 JavaScript 代码创建的对象。

在 JavaScript 中还经常用到两类属性:自有属性和继承属性。

① 自有属性是直接在对象中定义的属性。

② 继承属性是在对象的原型对象中定义的属性。

内置对象和宿主对象都可以看成内置对象,内置对象为我们编程提供了许多方便,但对于复杂的客户端程序而言,这些还远远不够。庆幸的是,JavaScript 提供了对象扩展机制,用户可以自定义 JavaScript 对象。

3.5.1 创建 JavaScript 对象

在 JavaScrip 中可以通过三种方式创建对象:对象直接量、关键字 new 和 Object. create( )方法。

1. 对象直接量

对象直接量是创建 JavaScript 对象最直接的方式。对象直接量就是由若干个名值对组成的映射表,名和值之间用冒号分割,多个名值对之间用逗号分割,整个映射表用花括号括起来,格式为:

```
var objectName = {
    property1: value1,
    property2: value2,
    …,
    propertyN: valueN
}
```

属性名可以是 JavaScript 标识符,也可以是字符串,属性值也可以是表达式。例如,

```
var empty = {};                                   //没有任何属性的对象
var point = { x:0, y:0 };                         //两个属性的对象
var point2 = { x:point. x, y:point. y + 1 };      //更复杂的值
var book = {
    "main title": "JavaScript",                   //属性名包含空格必须使用字符串
    "sub-title": "The Definitive Guide",          //属性名有连字符必须使用字符串
    "for": "all audiences",                       //for 是保留字,必须使用字符串
author: {                                         //这个属性值是一个对象
    firstname: "David",                           //注意这些属性名都没有引号
    surname: "Flanagan"
  }
}
```

在 ECMAScript5 中,对象直接量中的最后一个属性后的逗号会被忽略。对象直接量是一个表达式,这个表达式的每次运算都创建并初始化一个新的对象,每次计算对象直接量的时候,也都会计算它的每个属性值。也就是说,如果在一个重复调用的函数中的循环体内使用了对象直接量,它将创建多个新对象,并且每次创建的对象的属性值也可能不同。

2. 关键字 new

new 运算符创建并初始化一个新对象。关键字 new 后跟随一个函数调用，这里的函数称作构造函数。

那么什么是构造函数呢？构造函数是用来创建和初始化一个新的对象的，任何一个函数都可以作为构造函数。

下面定义一个函数，并把它作为构造函数：

```
function Person(namePara) {                //定义构造函数
    this.name = namePara;                  //定义属性
    this.sayName = function() {            //通过匿名函数定义方法
        window.alert("I am" + this.name + "!");
    };
}
```

构造函数定义之后，我们通过 new 关键字来创建对象，格式为：

```
new 构造函数名称(参数列表)
```

下面创建 Person 对象，并赋值给 p1：

```
var p1 = new Person("zhangsan");
```

JavaScript 语言核心中的基本数据类型都包含内置构造函数。例如，

```
var o = new Object();  //创建一个空对象，和{}一样
var a = new Array();  //创建一个空数组，和[]一样
var d = new Date();  //创建一个表示当前时间的 Date 对象
var r = new RegExp("js");  //创建一个可以进行模式匹配的 RegExp 对象
```

3. Object.create()方法

在讲述第三种对象创建技术之前，我们应该首先解释一下原型对象。

JavaScript 为每一个函数都创建原型对象，每一个函数都包含一个 prototype 属性，这个属性指向一个对象的引用，这个对象称作"原型对象"，当将函数用作构造函数的时候，新创建的对象会从原型对象上继承属性。

下面通过例子说明，创建如下函数，并把它作为构造函数：

```
function Student(paramSid) {               //定义构造函数
    this.sid = paramSid;                   //定义属性
    this.printMessage = function() {       //通过匿名函数定义方法
        window.alert("学号:" + this.sid);
    };
}
```

那么 JavaScript 会为该构造函数创建一个原型对象，在构造函数 Student 中包含一个 prototype 属性，prototype 属性指向该原型对象，在原型对象中包含唯一一个不可枚举的 constructor 属性，constructor 属性指向该构造函数，该构造函数与原型对象之间的关系如图 3-2 所示。

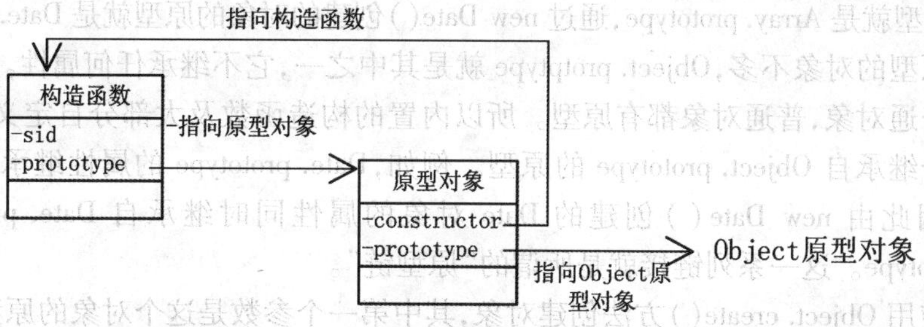

图 3-2 构造函数与原型对象之间的关系

每一个 JavaScript 对象都有原型对象(null 除外),每个对象都从原型对象中继承属性。所有通过对象直接量创建的对象都具有同一个原型对象:Object.prototype,通过关键字 new 和构造函数调用创建的对象的原型就是构造函数的 prototype 属性所指向的对象。

下面通过例子来演示通过运算符 new 调用构造函数创建一个新对象的基本过程,进而让读者了解原型对象的概念。

首先通过运算符 new 和构造函数来创建一个新对象,把新创建的对象赋值给 s1:

```
var s1  =  new Student("15001");
```

这时对象 s1 的 prototype 属性将指向构造函数的原型对象,即 Student.prototype,如图 3-3 所示。

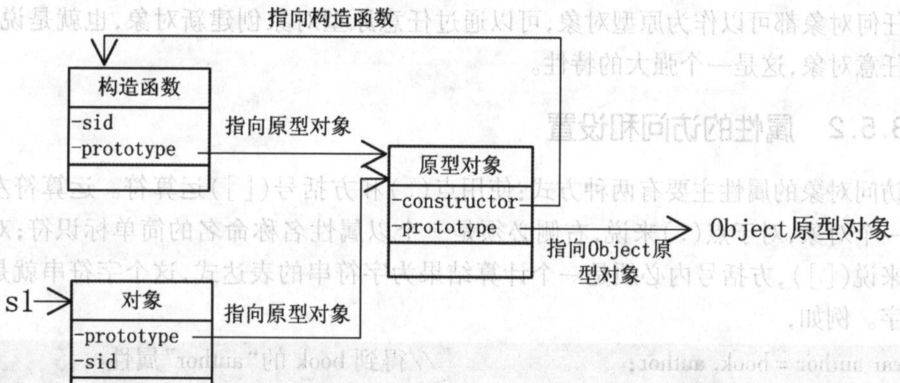

图 3-3 实例、构造函数与原型对象之间的关系

然后调用构造函数 Student,浏览器给新的对象分配内存,this 关键字将指向这个新对象,通过 this.sid 为对象添加 sid 属性并赋值,完成对象的初始化,这就是使用运算符 new 调用构造函数进行对象的创建和初始化过程。

由于对象都将会从原型对象继承属性,所以对象 s1 将继承其原型对象中的属性,包括 constructor,所以对象 s1 的 constructor 属性将指向构造函数 Student。对于对象直接量来说,其原型对象是 Object.prototype,由于对象会继承其原型对象中的属性,所以对象直接量将继承 Object.prototype 中的 constructor 属性,所以对象直接量的 constructor 属性将指向 Object 的构造函数。

通过 new Object()创建的对象也继承自 Object.prototype。同样,通过 new Array()创建

的对象的原型就是 Array. prototype,通过 new Date( )创建的对象的原型就是 Date. prototype。

没有原型的对象不多,Object. protptype 就是其中之一,它不继承任何属性。其他原型对象都是普通对象,普通对象都有原型。所以内置的构造函数及大部分自定义构造函数都具有一个继承自 Object. prototype 的原型。例如,Date. prototype 的属性继承自 Object. prototype,因此由 new Date( ) 创建的 Date 对象的属性同时继承自 Date. prototype 和 Object. prototype。这一系列链接就是所谓的"原型链"。

可以使用 Object. create( )方法创建对象,其中第一个参数是这个对象的原型,Object. create( )的第二个参数是可选的,用来提供对对象属性的进一步描述。

Object. create( )的使用方法很简单,只需传入所需的原型对象即可:

```
var o1 = Object.create({x:1, y:2});   //o1 继承了原型对象的属性 x 和 y
```

可以通过传入参数 null 来创建一个没有原型的新对象,但通过这种方式创建的对象不会继承任何属性和方法,甚至不包括基础方法,如 toString( ),也就是说,它将不能和" + "运算符一起正常工作:

```
var o2 = Object.create(null);         //o2 不继承任何属性和方法
```

如果想创建一个普通的空对象(如通过{ }或 new Object( )创建的对象),需要传入 Object. prototype 即可:

```
var o3 = Object.create(Object.prototype);     //o3 和{}和 new Object()一样
```

任何对象都可以作为原型对象,可以通过任意原型对象创建新对象,也就是说,可以继承任意对象,这是一个强大的特性。

3.5.2 属性的访问和设置

访问对象的属性主要有两种方式:使用点(.)和方括号([ ])运算符。运算符左侧应当是一个对象,对于点(.)来说,右侧必须是一个以属性名称命名的简单标识符;对于方括号来说([ ]),方括号内必须是一个计算结果为字符串的表达式,这个字符串就是属性的名字。例如,

```
var author = book.author;              //得到 book 的"author"属性
var name = author.name;                //得到获得 author 的"name"属性
title = book["main title"];            //得到 book 的"main title"属性
```

和访问属性值的写法一样,通过点和方括号也可以创建属性或给属性赋值,但需要将它们放在赋值表达式的左侧:

```
book.author = "john";                  //给 book 创建一个名为"author"的属性
book["main title"] = "JavaScript";     //给"main title"属性赋值
```

在 ECMAScript 3 中,点运算符后的标识符不能是保留字。例如,o. for 或 o. class 是非法的,因为 for 是 JavaScript 的关键字,class 是保留字。若一个对象的属性名是保留字,则必须使用方括号的形式访问它们,如 o["for"]和 o["class"],ECMAScript 5 对此放宽了限制,可以在点运算符后直接使用保留字。

当使用方括号时,我们说方括号内的表达式必须返回字符串。其实更严格地讲,表达

式必须返回字符串或返回一个可以转换为字符串的值。

3.5.3 继承

JavaScript 对象具有“自有属性”,也有一些属性是从原型对象继承而来的。

假设要查询对象 a 的属性 x,如果 a 中不存在 x,那么将会继续在 a 的原型对象中查询属性 x。如果原型对象中也没有 x,但这个原型对象也有原型,那么继续在这个原型对象的原型上执行查询,直到找到 x 或者查找到一个原型是 null 的对象为止。可以看到,对象的原型属性构成了一个“链”,通过这个“链”可以实现属性的继承。

```
var o = {};                        //定义对象 o,o 从 Object. prototype 继承对象的方法
o. x = 1;                          //给 o 定义一个属性 x
var p = Object. create( o) ;       //p 继承 o 和 Object. prototype
p. y = 2;                          //给 p 定义一个属性 y
var q = Object. create( p) ;       //q 继承 p、o 和 Object. prototype
q. z = 3;                          //给 q 定义一个属性 z
var s = q. toString( ) ;           //toString 继承自 Object. prototype
var k = q. x + q. y                //k 的值为 3, x 和 y 分别继承自 o 和 p
```

现在假设给对象 o 的属性 x 赋值,如果 o 中已经有属性 x(这个属性不是继承来的),那么这个赋值操作只改变这个已有属性 x 的值。如果 o 中不存在属性 x,那么赋值操作给 o 添加一个新属性 x。如果 o 继承的属性中存在 x,那么这个继承的属性就被新创建的同名属性覆盖。例如,

```
var person  = {name:"zs"};                               //一个用来继承的对象 person
var student =  Object. create( person) ;                 // student 继承属性 person
student. sid = "12001"; student. score  =  "90";         //student 定义两个属性
student. name  = "ls"  ;                                 //student 覆盖继承来的属性
alert( person. name) ;                                   //显示为“zs”,原型对象没有修改
```

3.5.4 JavaScript 内置对象

1. Global 对象

全局(Global)对象是 JavaScript 的内置对象之一,作为 JavaScript 的全局函数和全局属性的占位符。通过使用全局对象,可以访问其他所有预定义的对象、函数和属性。全局对象不是任何对象的属性,所以它没有名称。

在顶层 JavaScript 代码中,可以用关键字 this 引用全局对象。但通常不必用这种方式引用全局对象,因为全局对象是作用域链的头,这意味着所有非限定性的变量和函数名都会作为该对象的属性来查询。例如,当 JavaScript 代码引用 parseInt( )方法时,它引用的是全局对象的 parseInt( )方法。全局对象是作用域链的头,还意味着在顶层 JavaScript 代码中声明的所有变量都将成为全局对象的属性。全局对象没有构造函数,无法实例化一个新的全局对象。

表 3 - 10 和表 3 - 11 列举出了 Global 对象的部分属性和方法。

表 3－10　Global 对象属性

属性	描述
Infinity	代表正的无穷大的数值
java	代表 java.＊ 包层级的一个 JavaPackage
NaN	指示某个值是不是数字值
Packages	JavaPackage 对象
undefined	指示未定义的值

表 3－11　Global 对象方法

方法	描述
decodeURI( )	解码某个编码的 URI
decodeURIComponent( )	解码一个编码的 URI 组件
encodeURI( )	把字符串编码为 URI
encodeURIComponent( )	把字符串编码为 URI 组件
escape( )	对字符串进行编码
eval( )	计算 JavaScript 字符串，并把它作为脚本代码来执行
getClass( )	返回一个 JavaObject 的 JavaClass
isFinite( )	检查某个值是否为有穷大的数
isNaN( )	检查某个值是否是数字
parseFloat( )	解析一个字符串并返回一个浮点数
parseInt( )	解析一个字符串并返回一个整数
String( )	String 的构造函数
Object( )	Object 的构造函数
Array( )	Array 的构造函数
Number( )	Number 的构造函数
RegExp( )	RegExp 的构造函数
Date( )	Date 的构造函数
unescape( )	对由 escape( ) 编码的字符串进行解码

当 JavaScript 解释器启动时（或者任何 Web 浏览器加载新页面的时候），它将创建一个新的全局对象，并给它一组定义的初始属性。

全局属性：如 undefined、Infinity 和 NaN。

全局函数：如 isNaN( )、parseInt( ) 和 eval( )。

构造函数：如 Date( )、RegExp( )、String( )．Object( ) 和 Array( )。

全局对象：如 Math 和 JSON。

对于客户端 JavaScript 来讲，Window 对象定义了一些额外的全局属性，如 window.

name、window. location、window. top 等，这些属性也具有全局作用域，这部分内容将在后续章节进行介绍。

Global 对象同样包含了为程序定义的全局值。如果在代码中声明了一个全局变量，那么这个全局变量也是全局对象的一个属性。

2. Object 对象

根据对象的继承机制，任何对象（除了 null），都继承自 Object 的原型对象，Object 对象也继承自它的原型对象，所以了解 Object 的原型对象中的属性和方法是很有必要的。

表 3－12 列出了部分 Object 原型对象的方法。

表 3－12 Object 原型对象的部分方法

方法	描述
constructor	返回对创建对象的构造方法的引用
hasOwnProperty	返回一个布尔值，判断对象是否有某个特定的属性，必须用字符串指定该属性
isPrototypeOf	返回一个布尔值，判断该对象是否为另一个对象的原型
propertyIsEnumerable	判断给定的属性是否可以用 for…in 语句进行枚举
toLocaleString	返回基于当前区域设置转换为字符串的对象
toString	返回对象的原始字符串表示，对于 Object 对象，ECMA-262 没有定义这个值，所以不同的 ECMAScript 实现具有不同的值
valueOf	返回最适合该对象的原始值，对于许多对象，该方法返回的值都与 toString( ) 的返回值相同

Object 对象除了继承 Object 的原型对象中的属性和方法外，还有 Object 对象的自有属性和方法，表 3－13 列举出部分 Object 对象的自有属性和方法。

表 3－13 Object 对象部分自有属性和方法

属性/方法	描述
prototype 属性	原型对象的引用
create( ) 方法	创建一个具有指定原型且可选择性地包含指定属性的对象

下面定义一个对象 person，并为 person 添加一个属性 name，由于 person 的原型对象为 Object 的原型对象，所以 person 对象继承 Object 原型对象的属性和方法：

```
var person  =  new Object( ) ;
person. name = "zs" ;
/ * 调用继承自 Object. prototype 的方法：hasOwnProperty，由于添加了属性 name，所以
   结果为 true * /
alert( person. hasOwnProperty( "name" ) ) ;
```

3. String 对象

内置对象 String 主要提供对字符串的操作，String 对象的构造方法为 String( )，可以

通过运算符 new 来调用构造函数 String( )创建一个新的 String 对象：

```
var s = new String(参数); /*将参数转换成字符串,并返回这个字符串的 String 对象*/
```

也可以将一个字符串直接赋值给 String 对象：

```
var s1 = "hello";
```

String 对象定义了大量属性和方法，如表 3-14 和表 3-15 所示。

表 3-14 String 对象常用方法

方法	描述	FF	N	IE
charAt( )	返回在指定位置的字符	1	2	3
concat( )	连接字符串	1	4	4
indexOf( )	检索字符串	1	2	3
lastIndexOf( )	从后向前搜索字符串	1	2	3
match( )	找到一个或多个正则表达式的匹配	1	4	4
replace( )	替换与正则表达式匹配的子串	1	4	4
search( )	检索与正则表达式相匹配的值	1	4	4
slice( )	提取字符串的片断，并在新的字符串中返回被提取的部分	1	4	4
split( )	把字符串分割为字符串数组	1	4	4
substr( )	从起始索引号提取字符串中指定数目的字符	1	4	4
substring( )	提取字符串中两个指定的索引号之间的字符	1	2	3
toLowerCase( )	把字符串转换为小写	1	2	3
toUpperCase( )	把字符串转换为大写	1	2	3

表 3-15 String 对象常用属性

属性	描述	FF	N	IE
length	字符串的长度	1	2	3
prototype	对 String 原型对象的引用	1	2	4

注：FF：Firefox，N：Netscape，IE：Internet Explorer。

下面演示 String 对象属性和方法使用的例子：

```
var hw = new String("hello world");
alert(hw.length);                //输出"11"
alert(hw.charAt(1));             //第一个字符的位置是0,所以输出 "e"
alert(hw.charCodeAt(1));         //输出 "101",为小写字母 "e" 的字符编码
var s1 = new String("hello ");
var sResult1 = s1.concat("world");
alert(sResult1);                 //输出 "hello world"
alert(s1);                       //输出 "hello "
```

```
var s2 = new String("hello ");
var sResult2 = s2 + "world";
alert(sResult2);//输出 "hello world"
alert(s2);//输出 "hello "
var name = new String("zhangsan");
alert(name.indexOf("a"));//输出 "2"
alert(name.lastIndexOf("a"));//输出 "6"
/*ECMAScript 提供了两种方法从子串创建字符串值:slice 和 substring 方法,以
substring(m,n)为例,子串的起始位置为 m,终止位置为 n-1。如果省略第二个参数,终
止位就默认为字符串的长度*/
alert(name.slice("3")); //输出 "ngsan"
alert(name.substring("3")); //输出 " ngsan"
alert(name.slice("3","5")); //输出 "ng"
alert(name.substring("3","5")); //输出 "ng"
/*slice 和 substring 方法功能非常类似,只在参数为负数时,它们处理参数的方式才
稍有不同,slice()方法会用字符串的长度加上参数,substring()方法则将其作为 0 处理,
也就是说将忽略它*/
var lname = new String("Lisi");
alert(lname.toUpperCase());
//输出 "LISI"
alert(lname.toLowerCase());
//输出 "lisi"
```

4. RegExp 对象

一个正则表达式就是由普通字符(如字符 a 到 z)以及特殊字符(称为元字符)组成的文字模式。该模式描述在查找文字主体时待匹配的一个或多个字符串。正则表达式作为一个模板,将某个字符模式与所搜索的字符串进行匹配。

表 3-16 是元字符及其在正则表达式上下文中的行为的一个完整列表。

表 3-16 元字符及其在正则表达式上下文中的行为

字符	描述
\	将下一个字符标记为一个特殊字符,或一个原义字符,或一个后向引用,或一个八进制转义符。例如,'n'匹配字符 "n",'\n'匹配一个换行符。序列 '\\' 匹配 "\" 而 "\(" 则匹配 "("
^	匹配输入字符串的开始位置。如果设置了 RegExp 对象的 Multiline 属性,^ 也匹配 '\n' 或 '\r' 之后的位置
$	匹配输入字符串的结束位置。如果设置了 RegExp 对象的 Multiline 属性,$ 也匹配 '\n' 或 '\r' 之前的位置

续表

字符	描述
*	匹配前面的子表达式零次或多次。例如,"zo * " 能匹配 "z" 以及 "zoo", * 等价于{0,}
+	匹配前面的子表达式一次或多次。例如,"zo + " 能匹配 "zo" 以及 "zoo",但不能匹配 "z", + 等价于 {1,}
?	匹配前面的子表达式零次或一次。例如,"do(es)?" 可以匹配 "do" 或 "does" 中的"do" ,? 等价于 {0,1}
{n}	n 是一个非负整数。匹配确定的 n 次。例如,"o{2}" 不能匹配 "Bob" 中的 "o",但是能匹配 "food" 中的两个 "o"
{n,}	n 是一个非负整数。至少匹配 n 次。例如,"o{2,} " 不能匹配 "Bob" 中的 "o",但能匹配 "foooood" 中的所有 o。"o{1,} " 等价于 "o + ",'o{0,}' 则等价于 'o *'
{n,m}	m 和 n 均为非负整数,其中 n < = m,最少匹配 n 次且最多匹配 m 次。例如, "o{1,3}" 将匹配 "fooooood" 中的前 3 个 "o"。"o{0,1}" 等价于 "o?"。请注意在逗号和两个数之间不能有空格
?	当该字符紧跟在任何一个其它限制符 (*, +, ?, {n}, {n,}, {n,m}) 后面时,匹配模式是非贪婪的。非贪婪模式尽可能少的匹配所搜索的字符串,而默认的贪婪模式则尽可能多的匹配所搜索的字符串。例如,对于字符串 "oooo","o + ?" 将匹配单个 "o",而 "o + " 将匹配所有 'o'
.	匹配除 "\n" 之外的任何单个字符。要匹配包括 "\n" 在内的任何字符,请使用像 " [. \n] " 的模式
(pattern)	匹配 pattern 并获取这一匹配。所获取的匹配可以从产生的 Matches 集合得到,在 VBScript 中使用 SubMatches 集合,在 JScript 中则使用 $0… $9 属性。要匹配圆括号字符,请使用 '\(' 或 '\)'
(?:pattern)	匹配 pattern 但不获取匹配结果,也就是说这是一个非获取匹配,不进行存储供以后使用。这在使用 "或" 字符(|)来组合一个模式的各个部分是很有用的。例如,"industr(?:y|ies)"就是一个比"industry|industries"更简略的表达式
(? =pattern)	正向预查,在任何匹配 pattern 的字符串开始处匹配查找字符串。这是一个非获取匹配,也就是说,该匹配不需要获取供以后使用。例如,"Windows (? =95|98|NT|2000)" 能匹配 "Windows 2000" 中的 "Windows" ,但不能匹配 "Windows 3.1" 中的 "Windows"。预查不消耗字符,也就是说,在一个匹配发生后,在最后一次匹配之后立即开始下一次匹配的搜索,而不是从包含预查的字符之后开始
(?! pattern)	负向预查,这是一个非获取匹配,也就是说,该匹配不需要获取供以后使用。例如,'Windows (?! 95|98|NT|2000)'能匹配 "Windows 3.1" 中的 "Windows",但不能匹配 "Windows 2000" 中的 "Windows"。预查不消耗字符,也就是说,在一个匹配发生后,在最后一次匹配之后立即开始下一次匹配的搜索,而不是从包含预查的字符之后开始
x|y	匹配 x 或 y。例如,"z|food" 能匹配 "z" 或 "food"。"(z|f)ood" 则匹配 "zood" 或 "food"

续表

字符	描述
[xyz]	字符集合。匹配所包含的任意一个字符。例如,"[abc]" 可以匹配 "plain" 中的 "a"
[^xyz]	负值字符集合。匹配未包含的任意字符。例如,"[^abc]" 可以匹配 "plain" 中的'p'
[a-z]	字符范围。匹配指定范围内的任意字符。例如,"[a-z]" 可以匹配 "a" 到"z" 范围内的任意小写字母字符
[^a-z]	负值字符范围。匹配任何不在指定范围内的任意字符。例如,"[^a-z]"可以匹配任何不在 "a" 到 "z" 范围内的任意字符
\b	匹配一个单词边界,也就是指单词和空格间的位置。例如,"er\b" 可以匹配"never" 中的 "er",但不能匹配 "verb" 中的 "er"
\B	匹配非单词边界。"er\B" 能匹配 "verb" 中的 "er",但不能匹配 "never" 中的 "er"
\cx	匹配由 x 指明的控制字符。例如, \cM 匹配一个 Control-M 或回车符。x 的值必须为 A-Z 或 a-z 之一。否则,将 c 视为一个原义的"c"字符
\d	匹配一个数字字符。等价于 [0-9]
\D	匹配一个非数字字符。等价于 [^0-9]
\f	匹配一个换页符。等价于 \x0c 和 \cL
\n	匹配一个换行符。等价于 \x0a 和 \cJ
\r	匹配一个回车符。等价于 \x0d 和 \cM
\s	匹配任何空白字符,包括空格、制表符、换页符等。等价于 [\f\n\r\t\v]
\S	匹配任何非空白字符。等价于 [^ \f\n\r\t\v]
\t	匹配一个制表符。等价于 \x09 和 \cI
\v	匹配一个垂直制表符。等价于 \x0b 和 \cK
\w	匹配包括下划线的任何单词字符。等价于"[A-Za-z0-9_]"
\W	匹配任何非单词字符。等价于 "[^A-Za-z0-9_]"
\xn	匹配 n,其中 n 为十六进制转义值。十六进制转义值必须为确定的两个数字长。例如,"\x41" 匹配 "A","\x041" 则等价于 '\x04' & "1"。正则表达式中可以使用 ASCII 编码
\num	匹配 num,其中 num 是一个正整数。对所获取的匹配的引用。例如,"(.)\1" 匹配两个连续的相同字符
\n	标识一个八进制转义值或一个后向引用。若\n 之前至少 n 个获取的子表达式,则 n 为后向引用;否则,若 n 为八进制数字(0-7),则 n 为一个八进制转义值

续表

字符	描述
\nm	标识一个八进制转义值或一个后向引用。若\nm 之前至少有 nm 个获取得子表达式,则 nm 为后向引用。若\nm 之前至少有 n 个获取,则 n 为一个后跟文字 m 的后向引用。如果前面的条件都不满足,若 n 和 m 均为八进制数字 (0 - 7),则 \nm 将匹配八进制转义值 nm
\nml	若 n 为八进制数字(0 - 3),且 m 和 l 均为八进制数字(0 - 7),则匹配八进制转义值 nml
\un	匹配 n,其中 n 是一个用四个十六进制数字表示的 Unicode 字符。例如, \u00A9 匹配版权符号(c)

这里有一些可能会遇到的正则表达式示例,如表 3 - 17 所示。

表 3 - 17 常用的正则表达式

正则表达式	匹配
^1[3|4|5|8][0 -9]\d{8} $	匹配手机号码格式
^\d{3} - \d{8} $ |^\d{4} - \d{7} $	匹配形式如 0511 - 4405222 或 021 - 87888822
^\d{15} $ |^\d{18} $ |^\d{17}[xX] $	匹配 15 或 18 位身份证号码
^([a - zA - Z0 - 9_ -]) + @ ([a - zA - Z0 - 9_ -]) + ((.[a - zA - Z0 - 9_ -]{2,3}){1,2}) $	匹配电子邮箱格式

在 JavaScript 中带有一个功能强大的 RegExp 对象,可以用来进行正则表达式的匹配操作。经常使用其 test()方法检验目标对象中是否包含匹配模式,并相应地返回 true 或 false。新建 RegExp 对象格式如下:

```
var r =/正则表达式模式/;
或
var = new RegExp("正则表达式模式");
```

下面通过正则表达式的 test()方法验证目标字符串是否为一个合法的电子邮件格式:

```
<script>
    function verifyAddress(obj){
        var pattern = /^([a-zA-Z0-9_-]) +@ ([a-zA-Z0-9_-]) + ((.[a-zA-Z0-9_-]
{2,3}){1,2}) $/;
        var flag = pattern.test(obj);
        if(flag){
            return true;
        }else{
            return false;
        }
```

```
    }
    var str1 = "zhangsan@126.com",str2 = "abcalsf";
    alert(verifyAddress(str1));
    alert(verifyAddress(str2));
</script>
```

5. Array 对象

在程序编写过程中,经常会处理一组数据,怎么样存储这一组数据呢?在 JavaScript 中,通过 Array 对象存放一组数据,并且 Array 对象提供了大量的方法帮助我们处理这一组数据。

如何创建一个数组,一般地根据初始化设定,简单分为以下三种。

(1) 单纯创建数组

```
var arr = new Array();
```

(2) 创建数组的同时规定数组大小

```
var arr = new Array(10); /*这里就创建了一个初始化大小为 10 的数组,使用数组大小超过初始化大小时,数组会自动被撑大,不会像 C 语言那样发生错误。动态增长是 JavaScript 数组的一个性质。另外 JavaScript 中支持最大数组长度为 4294967295 */
```

(3) 直接初始化

```
var arr = new Array("love","hate","pain");   //这里就直接初始化了数组
或:
var arr = ["happy","cute","scare"];          //括号也可以声明一个数组对象
```

length 属性是数组对象最常用的属性,返回数组的长度,length 属性表示数组的长度,即其中元素的个数。因为数组的索引总是由 0 开始,所以一个数组的上下限分别是 0 和 length-1。

和其他大多数语言不同的是,JavaScript 数组的 length 属性是可变的,这一点需要特别注意。当 length 属性被设置得更大时,整个数组的状态事实上不会发生变化,仅仅是 length 属性变大;当 length 属性被设置得比原来小时,则原先数组中索引大于或等于 length 的元素的值全部被丢失。下面是演示改变 length 属性的例子:

```
var arr = [12,23,5,3,25,98,76,54,56,76];  定义了一个包含 10 个数字的数组
alert(arr.length);        //显示数组的长度 10
arr.length = 12;          //增大数组的长度
alert(arr.length);        //显示数组的长度已经变为 12
alert(arr[8]);            //显示第 9 个元素的值,为 56
arr.length = 5;           //将数组的长度减少到 5,索引等于或超过 5 的元素被丢弃
alert(arr[8]);            //显示第 9 个元素已经变为"undefined"
arr.length = 10;          //将数组长度恢复为 10
alert(arr[8]);            //虽然长度被恢复为 10,但第 9 个元素却无法收回,显示"undefined"
```

由上面的代码我们可以清楚地看到 length 属性的性质。length 对象不仅可以显式地设置,它也有可能被隐式修改。例如,

```
var arr = [12,23,5,3,25,98,76,54,56,76];
alert(arr.length);
arr[15] =34;
alert(arr.length);
```

由上面的介绍可以看到,length 属性是如此的神奇,利用它可以方便地增加或者减少数组的容量。因此对 length 属性进行深入了解,有助于在开发过程中灵活运用数组。

表 3－18 列出了 Array 对象的常用方法。

表 3－18　Array 对象常用方法

方法	描述	FF	IE
concat()	连接两个或更多的数组,并返回结果	1	4
join()	把数组的所有元素放入一个字符串。元素通过指定的分隔符进行分隔	1	4
pop()	删除并返回数组的最后一个元素	1	5.5
push()	向数组的末尾添加一个或更多元素,并返回新的长度	1	5.5
reverse()	颠倒数组中元素的顺序	1	4
shift()	删除并返回数组的第一个元素	1	5.5
slice()	从某个已有的数组返回选定的元素	1	4
sort()	对数组的元素进行排序	1	4
splice()	删除元素,并向数组添加新元素	1	5.5
toSource()	返回该对象的源代码	1	-
toString()	把数组转换为字符串,并返回结果	1	4
toLocaleString()	把数组转换为本地数组,并返回结果	1	4
unshift()	向数组的开头添加一个或更多元素,并返回新的长度	1	6
valueOf()	返回数组对象的原始值	1	4

数组元素的访问格式如下:

```
数组对象[下标];
```

数组下标从 0 开始,到 length-1 结束,共有 arr.length 个元素。我们经常用到遍历数组,方法如下:

```
var arr = [12,23,5,3,25,98,76,54,56,76];
for(var i =0;i < arr.length;i + + ){
    arr[i];
}
```

先概览操作数组的常用方法,以下是这些方法的简单示例。

```
<script>
    /*concat():该方法的参数可以是具体的值,也可以是数组对象。可以是任意多个。该方法不会改变原数组,返回添加元素后的新创建的数组。如果要进行 concat()操作的参数是数组,那么添加的是数组中的元素,而不是数组*/
    var a1 = [1,2,3,4];
    var a2 = a1.concat(5,6);
    alert(a2); //结果:1,2,3,4,5,6
    /*join():返回字符串值,其中包含了连接到一起的数组的所有元素,元素由指定的分隔符分隔开来*/
    var a1 = [1,2,3,4];
    var a2 = a1.join();
    var a3 = a1.join(",");
    var a4 = a1.join("|");
    alert(a2); //结果:1,2,3,4
    alert(a3); //结果:1,2,3,4
    alert(a4); //结果:1|2|3|4
    /*pop():移除数组中的最后一个元素并返回该元素。如果该数组为空,那么将返回 undefined*/
    var a1 = [1,2,3,4];
    var item = a1.pop();
    alert(item); //结果:4
    alert(a1); //结果:1,2,3
    /*push():将新元素添加(追加)到一个数组中,并返回数组的新长度值。push()方法将以新元素出现的顺序添加这些元素。它直接修改原数组,而不是创建一个新的数组*/
    var a1 = [1,2,3,4];
    a1.push(5);
    a1.push(6);
    alert(a1);//结果:1,2,3,4,5,6
    //reverse():返回一个元素顺序被反转的 Array 对象
    var a1 = [1,2,3,4];
    a1.reverse();
    alert(a1);//结果:4,3,2,1
    //shift():用于把数组的第一个元素从其中删除,并返回第一个元素的值
    var a1 = [1,2,3,4];
    a1.shift();
    alert(a1);//结果:2,3,4
    //unshift():可向数组的开头添加一个或更多元素,并返回新的长度
```

```
var a1 =[1,2,3,4];
alert(a1.unshift(5));
alert(a1);//结果:5,1,2,3,4
```

/*slice():返回一个数组的一段。a1.slice(start, [end]),slice 方法一直复制到 end 所指定的元素,但是不包括该元素。如果 start 为负,将它作为 length + start 处理,此处 length 为数组的长度。如果 end 为负,就将它作为 length + end 处理,此处 length 为数组的长度。如果省略 end ,那么 slice 方法将一直复制到 arrayObj 的结尾。如果 end 出现在 start 之前,不复制任何元素到新数组中*/

```
var a1 =[1,2,3,4];
var a2 = a1.slice(-1);
var a3 = a1.slice(0, -1);
var a4 = a1.slice(1);
alert(a2);//结果:4
alert(a3);//结果:1,2,3
alert(a4);//结果:2,3,4
```

/*splice():从一个数组中移除一个或多个元素,如果必要,在所移除元素的位置上插入新元素,返回所移除的元素。arrayObj.splice(start, deleteCount, [item1[, item2[...[,itemN]]]])*/

```
var a1 =[1,2,3,4];
var a2 = a1.splice(1,0);
var a3  =  a1.splice(1,1);
var a4 = a1.splice(1,1,5);
alert(a2);//结果:
alert(a3);//结果:2
alert(a1);//结果:1,5,4
```

/*sort():如果调用该方法时没有使用参数,将按字母顺序对数组中的元素进行排序,说得更精确点,是按照字符编码的顺序进行排序。要实现这一点,首先应把数组的元素都转换成字符串(如有必要),以便进行比较*/

```
var a1 =[2,3,1,123,100];
var a2 = a1.sort();
alert(a2);//结果:1,100,123,2,3
```

/*如果想按照其他标准进行排序,就需要提供比较函数。该函数要比较两个值,然后返回一个用于说明这两个值的相对顺序的数字。比较函数应该具有两个参数 a 和 b,其返回值如下:

若 a 小于 b,在排序后的数组中 a 应该出现在 b 之前,则返回一个小于 0 的值。

若 a 等于 b,则返回 0。

若 a 大于 b,则返回一个大于 0 的值。

在上例中如果比较函数设置为:

```
    function sortNumber(a,b){
    return a - b;
    }
    则调用排序函数:a1.sort(sortNumber)后,a1 将按照数字大小排序。
    */
    //toString():返回对象的字符串表示
    var a1 =[1,2,3,4,"b","a"];
    var a2 = a1.toString();
    alert(a2);//结果:1,2,3,4,b,a
    //valueOf():返回指定对象的原始值
    var a1 =[1,2,3,100,"b","a"];
    var a2 = a1.valueOf();
    alert(a2);//结果:1,2,3,4,b,a
</script>
```

6. Date 对象

Date 对象用于处理日期和时间,可以通过 new 关键词来定义 Date 对象。以下代码定义了名为 myDate 的 Date 对象。

```
var myDate = new Date();
```

Date 对象会自动把当前日期和时间保存为其初始值。

通过使用针对日期对象的方法,我们可以很容易地对日期进行操作。下面的例子中,我们为日期对象设置了一个特定的日期(2008 年 8 月 9 日)。

```
var myDate = new Date();
myDate.setFullYear(2008,8,9);
```

经常使用的 Date 对象方法如表 3-19 所示。

表 3-19 Date 对象常用方法

方法	描述	FF	IE
Date()	返回当前的日期和时间	1	3
getDate()	从 Date 对象返回一个月中的某一天 (1~31)	1	3
getDay()	从 Date 对象返回一周中的某一天 (0 ~ 6)	1	3
getMonth()	从 Date 对象返回月份 (0 ~ 11)	1	3
getFullYear()	从 Date 对象以四位数字返回年份	1	4
getHours()	返回 Date 对象的小时 (0 ~ 23)	1	3
getMinutes()	返回 Date 对象的分钟 (0 ~ 59)	1	3
getSeconds()	返回 Date 对象的秒数 (0 ~ 59)	1	3
getMilliseconds()	返回 Date 对象的毫秒(0 ~ 999)	1	4

续表

方法	描述	FF	IE
getTime( )	返回 1970 年 1 月 1 日至今的毫秒数	1	3
getTimezoneOffset( )	返回本地时间与格林威治标准时间（GMT）的分钟差	1	3
getUTCDate( )	根据世界时从 Date 对象返回月中的一天（1 ~ 31）	1	4
getUTCDay( )	根据世界时从 Date 对象返回周中的一天（0 ~ 6）	1	4
getUTCMonth( )	根据世界时从 Date 对象返回月份（0 ~ 11）	1	4
getUTCFullYear( )	根据世界时从 Date 对象返回四位数的年份	1	4
getUTCHours( )	根据世界时返回 Date 对象的小时（0 ~ 23）	1	4
getUTCMinutes( )	根据世界时返回 Date 对象的分钟（0 ~ 59）	1	4
getUTCSeconds( )	根据世界时返回 Date 对象的秒钟（0 ~ 59）	1	4
getUTCMilliseconds( )	根据世界时返回 Date 对象的毫秒(0 ~ 999)	1	4
parse( )	返回 1970 年 1 月 1 日午夜到指定日期(字符串)的毫秒数	1	3
setDate( )	设置 Date 对象中月的某一天(1 ~ 31)	1	3
setMonth( )	设置 Date 对象中月份(0 ~ 11)	1	3
setFullYear( )	设置 Date 对象中的年份(四位数字)	1	4
setHours( )	设置 Date 对象中的小时(0 ~ 23)	1	3
setMinutes( )	设置 Date 对象中的分钟(0 ~ 59)	1	3
setSeconds( )	设置 Date 对象中的秒钟(0 ~ 59)	1	3
setMilliseconds( )	设置 Date 对象中的毫秒(0 ~ 999)	1	4
setTime( )	以毫秒设置 Date 对象	1	3
setUTCDate( )	根据世界时设置 Date 对象中月份的一天(1 ~ 31)	1	4
setUTCMonth( )	根据世界时设置 Date 对象中的月份(0 ~ 11)	1	4
setUTCFullYear( )	根据世界时设置 Date 对象中的年份(四位数字)	1	4
setUTCHours( )	根据世界时设置 Date 对象中的小时(0 ~ 23)	1	4
setUTCMinutes( )	根据世界时设置 Date 对象中的分钟(0 ~ 59)	1	4
setUTCSeconds( )	根据世界时设置 Date 对象中的秒钟(0 ~ 59)	1	4
setUTCMilliseconds( )	根据世界时设置 Date 对象中的毫秒(0 ~ 999)	1	4
toSource( )	返回该对象的源代码	1	-
toString( )	把 Date 对象转换为字符串	1	4
toTimeString( )	把 Date 对象的时间部分转换为字符串	1	4
toDateString( )	把 Date 对象的日期部分转换为字符串	1	4
toUTCString( )	根据世界时，把 Date 对象转换为字符串	1	4

续表

方法	描述	FF	IE
toLocaleString( )	根据本地时间格式,把 Date 对象转换为字符串	1	3
toLocaleTimeString( )	根据本地时间格式,把 Date 对象的时间部分转换为字符串	1	3
toLocaleDateString( )	根据本地时间格式,把 Date 对象的日期部分转换为字符串	1	3
UTC( )	根据世界时返回 1970 年 1 月 1 日到指定日期的毫秒数	1	3
valueOf( )	返回 Date 对象的原始值	1	4

注:FF: Firefox;IE: Internet Explorer。

7. Math 对象

Math 对象用于执行数学运算。Math 对象是一个静态对象,所以使用时无需实例化,只需通过 Math 直接调用相应的属性和方法即可。例如,

```
var pi_value = Math. PI;
var sqrt_value = Math. sqrt(15);
```

Math 对象的属性和方法如表 3-20 和表 3-21 所示。

表 3-20 Math 对象属性

属性	描述	FF	IE
E	返回算术常量 e,即自然对数的底数(约等于 2.718)	1	3
LN2	返回 2 的自然对数(约等于 0.693)	1	3
LN10	返回 10 的自然对数(约等于 2.302)	1	3
LOG2E	返回以 2 为底的 e 的对数(约等于 1.414)	1	3
LOG10E	返回以 10 为底的 e 的对数(约等于 0.434)	1	3
PI	返回圆周率(约等于 3.14159)	1	3
SQRT1_2	返回返回 2 的平方根的倒数(约等于 0.707)	1	3
SQRT2	返回 2 的平方根(约等于 1.414)	1	3

表 3-21 Math 对象方法

方法	描述	FF	IE
abs(x)	返回数的绝对值	1	3
acos(x)	返回数的反余弦值	1	3
asin(x)	返回数的反正弦值	1	3
atan(x)	以介于 -PI/2 与 PI/2 弧度之间的数值来返回 x 的反正切值	1	3
atan2(y,x)	返回从 x 轴到点 (x,y)的角度(介于 -PI/2 与 PI/2 弧度之间)	1	3
ceil(x)	对 x 进行上舍入	1	3
cos(x)	返回 x 的余弦	1	3

续表

方法	描述	FF	IE
exp(x)	返回 e 的指数	1	3
floor(x)	对 x 进行下舍入	1	3
log(x)	返回 x 的自然对数(底为 e)	1	3
max(x,y)	返回 x 和 y 中的最高值	1	3
min(x,y)	返回 x 和 y 中的最低值	1	3
pow(x,y)	返回 x 的 y 次幂	1	3
random()	返回 0 ~ 1 之间的随机数	1	3
round(x)	把数四舍五入为最接近的整数	1	3
sin(x)	返回 x 的正弦	1	3
sqrt(x)	返回 x 的平方根	1	3
tan(x)	返回 x 的正切	1	3
toSource()	返回对象的源代码	1	-
valueOf()	返回 Math 对象的原始值	1	4

注:FF: Firefox;IE: Internet Explorer。

3.5.5 项目实践

1. 项目简介

注册页面中经常要对用户名、密码、电子邮箱、手机号码等用户个人信息进行验证,以确保用户输入信息的正确性,常见的验证有非空验证、格式验证、密码确认验证。

本项目要求实现“高考网”的注册页面,这个页面上除了需要输入的注册信息外,还有人性化的高考倒计时提示,如图 3-4 所示。注册信息包括用户名、密码、确认密码、电子邮箱、验证码信息。当输入这些信息时,在输入框右侧有信息提示,如图 3-5 所示;对于一些信息必须按照正确格式输入,如用户名、电子邮箱等,如果某个输入格式不正确,当焦点离开这个文本框时,在输入框右侧出现错误信息提示,如图 3-6 所示。此外,还需确认两次密码输入一致和验证码输入正确。

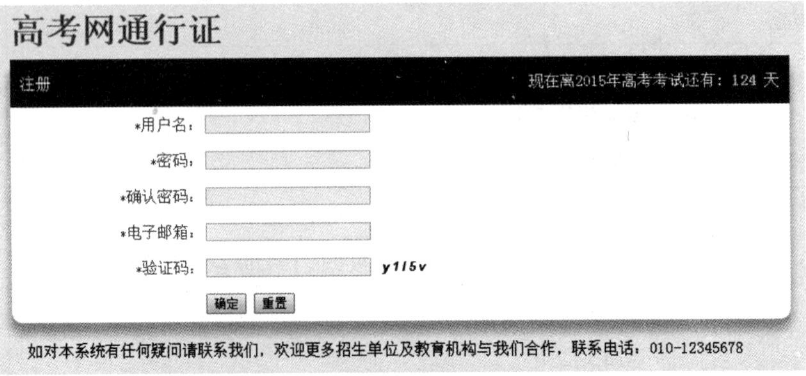

图 3-4 “高考网”注册页面

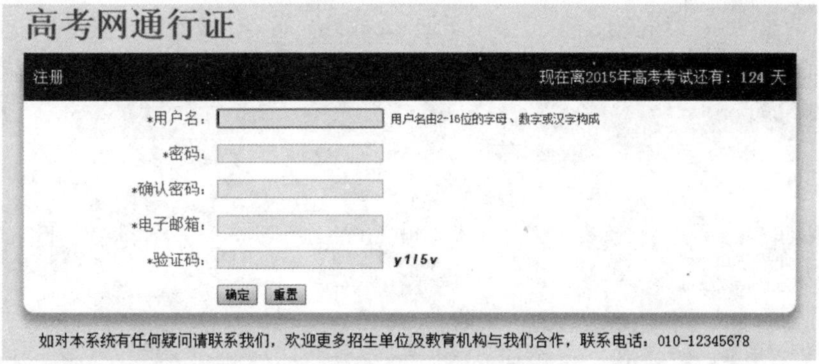

图3-5 输入信息时的信息提示

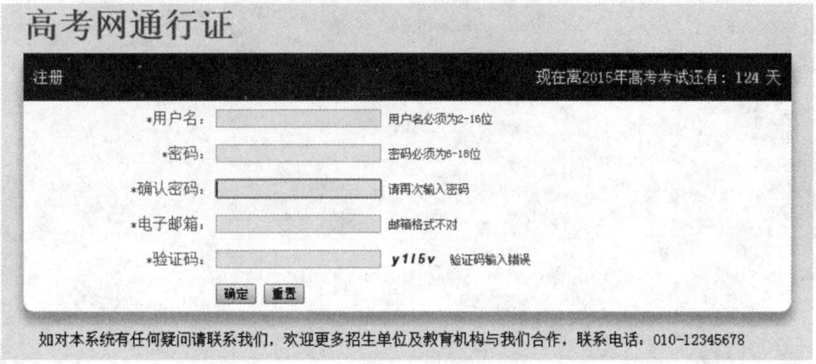

图3-6 输入信息不正确时的信息提示

2. 知识点

这个项目不仅实用性强，而且涵盖的知识点多，具有很强的概括性，如制作倒计时需要用到 Date 对象，信息的非空验证用到 String 对象，信息的格式验证用到 RegExp 对象，验证码的生成结合了 Math 对象和 Array 对象。另外，希望大家通过基于对象的思想解决这一个问题，所以涉及自定义对象。

3. 项目分析

这个项目涉及的 HTML 和 CSS 内容非常简单，不再赘述。我们着重分析一下要实现的客户端逻辑。客户端逻辑主要包含三个方面：文本框信息验证、倒计时和验证码。

① 文本框信息验证：定义一个对象，负责信息验证。对象包含一个属性，用于存放被验证的信息；包含三个方法，一个方法去除验证信息两边的空格，另一个方法比较两个信息是否相同，最后还有一个方法用于验证信息是否符合某一个模式。在本例中通过 new 和构造函数来创建该对象，所以首先需要定义一个构造函数，然后在该构造函数的原型中定义上述三个方法。

定义构造函数 verifyObject 代码如下：

```
function verifyObject(targetParm){
    this.target = targetParm;
}
```

```
/ * 向 verifyObject 构造函数的原型中添加 trim 方法,用于去除验证字符串两边的空格 * /
verifyObject. prototype. trim = function( ) {
    var pattern = /(^\s * ) | ( \s * $ )/g;
    this. target = this. target. replace( pattern ,"" ) ;
}
/ * 向 verifyObject 构造函数的原型中添加 isEqual 方法,用于验证字符串与目标串是否相等,anyParam 为目标字符串 * /
    verifyObject. prototype. isEqual = function( anyParam) {
        if( this. target = = anyParam) {
            return true;
        } else{
        return false;
        }
    }
/ * 向 verifyObject 构造函数的原型中添加 isPattern 方法,用于验证字符串是否符合某一模式 * /
    verifyObject. prototype. isPattern = function( patternParam) {
        var pattern  = new RegExp( patternParam) ;
        var flag  =  pattern. test( this. target) ;
        if( flag)  {
            return true;
        } else {
            return false;
        }
    }
```

② 倒计时:定义一个对象,实现某一活动的倒计时。对象包含两个属性,一个存放活动,一个存放截止日期;包含一个方法,用于返回倒计时的提示信息。

在本例中通过关键字 new 和构造函数来创建对象,首先定义构造函数,然后在构造函数的原型中添加上述方法。

定义构造函数 countDownObject 代码如下:

```
function countDownObject( activityParam ,deadLineParam) {
    this. activity = activityParam;
    this. deadLine = deadLineParam;
}
countDownObject. prototype. produceTimeSpan = function( ) {
    / * 产生相应的倒计时信息 * /
    var timedate =  new Date( this. deadLine) ;
```

```
        var times = this. activity;
        var now  =  new Date();
        var date  =  timedate. getTime() -now. getTime();
        var time  =  Math. floor(date / (1000  *  60  *  60  *  24));
        if (time  > = 0) {
            return "现在离" + timedate. getFullYear() + "年" + times + "还有：< font
color = 'yellow' > < b >" + time  + " </b > </font > 天";
        }else{
            return "高考已经结束";
        }
    }
```

③ 验证码:定义一个对象,用于产生验证码。包含两个属性,分别用于存放验证码信息和验证码长度;包含一个方法,生成验证码。

本例中通过关键字 new 和构造函数来创建对象,首先定义构造函数,然后在构造函数的原型中定义上述方法。

定义对象 countDownObject 代码如下:

```
    function codeObject(lengthParam){
        this. code = "";
        this. length = lengthParam;
    }
    codeObject. prototype. createCode = function(objParam){
        this. code = "";
        var selectChar  =  new Array(0,1,2,3,4,5,6,7,8,9,'a','b','c','d','e','f','g',
'h','i','j','k','l','m','n','o','p','q','r','s','t','u','v','wW','x','y','z');//所有候选
组成验证码的字符,当然也可以用中文
        for(var i =0;i < this. length;i + +){
            var charIndex  =  Math. floor(Math. random() *36);
            this. code  + = selectChar[charIndex];
        }
        if(objParam!  = null){
            objParam. value = this. code;
        }
        return this. code;
    }
```

4. 具体步骤

① 构建 HTML 页面。

```
......
```

```
<body onload="createCheckCode(5);getDays()">
    <header class="branding">高考网通行证</header>
    <div class="content">
    <table>
    <tr class="contentHead">
        <td><span>注册</span></td>
        <td align="right" colspan="2"><span id="leftDays" style="font-size:16px;">
            </span></td>
        </tr>
        <tr>
        <td width="25%" class="hAlign"><span class="redFont">*</span>用
户名:</td>
            <td>
        <input type="text" id="name" onblur="verifyText('name','nameMsg')
"onfocus="initMessage('nameMsg')" class="textbox_ipt"/>
                <span id="nameMsg" class="redFont"></span>
    </td>
        </tr>
        <tr>
            <td class="hAlign"> <span class="redFont">*</span>密码:</td>
            <td>
             <input type="password" id="pwd1" onblur="verifyText('pwd1',
'pwd1Msg')" onfocus="initMessage('pwd1Msg')" class="textbox_ipt"/>
            <span id="pwd1Msg" class="redFont"></span>
    </td>
        </tr>
        <tr>
            <td class="hAlign"><span class="redFont">*</span>确认密码:</td>
            <td>
             <input type="password" id="pwd2" onblur="verifyText('pwd2',
'pwd2Msg')" onfocus="initMessage('pwd2Msg')" class="textbox_ipt"/>
        <span id="pwd2Msg" class="redFont"></span>
    </td>
    </tr>
        <tr>
        <td class="hAlign"><span class="redFont">*</span>电子邮箱:</td>
        <td>
        <input type="email" id="email" onblur="verifyText('email','emailMsg');"onfocus
```

```
= "initMessage('emailMsg')" class = "textbox_ipt"/>
        <span id = "emailMsg" class = "redFont" > </span>
      </td>
      </tr>
      <tr>
        <td class = "hAlign" > <span class = "redFont" > * </span>验证码: </td>
        <td>
      <input type = "text" id = "checkcodeText" onblur = "verifyText('checkcodeText',
'checkcodeMsg')" onfocus = "initMessage('checkcodeMsg')" class = "textbox_ipt"/>
          <input type = "text" onclick = "createCheckCode(5)" readonly = "readonly" id
= "checkcode" class = "code" />
          <span id = "checkcodeMsg" class = "redFont" > </span>
        </td>
      </tr>
      <tr>
        <td class = "hAlign" >  </td>
        <td>
          <input id = "Button1" onclick = "validate();" type = "button" value = "确定" />
          <input id = "Button2" onclick = "validate();" type = "button" value = "重置" />
        </td>
        </tr>
      </table>
    </div>
    <footer class = "footer" >
    如对本系统有任何疑问请联系我们,欢迎更多招生单位及教育机构与我们合作,联系
电话:010 - 12345678
    </footer>
    </body>
    ......
```

② 利用 CSS 调整样式。

```
    <style type = "text/css" >
        body{
            background-color:#f2f2f2;
        }
        table{
            margin:auto;
            border-radius:10px;
            color:gray;
```

```
    font-size:16px;
    width:800px;
    box-shadow: 0px 4px #cccccc, 0px 10px 15px rgba(0, 0, 0, 0.2);
    background-color:white;
    border-collapse:collapse;
}
td{
    height:35px;
}
.branding{
    margin:auto;
    width:800px;
    height:50px;
    padding-top:20px;
    font-size:36px;
    font-weight:bold;
    color:gray;
}
.contentHead{
    background-color:#0066ff;
    vertical-align:middle;
    color:white;
}
.contentHead td{
    height:30px;
    padding:10px;
}
.hAlign{
    text-align:right;
}
.redFont{
    color:red;
font-size:12px;
    }
.code {
    font-family:Arial;
    font-style:italic;
    color:blue;
```

```
        border:0;
        padding:2px 3px;
        letter-spacing:3px;
        font-weight:bolder;
        width:50px;
    }
    .footer{
        margin:auto;
        margin-top:20px;
        height:20px;
        width:800px;
        text-align:center;
    }
    .textbox_ipt{
        border:1px solid #ccc;
        background:#f3f3f3;
    }
    .textbox_ipt:hover{
        border-color:#54ade7; background:#e2f4ff;
    }
</style>
```

③ 新建 JavaScript 脚本文件，定义三个对象。在 HTML 文件中，引入该文件，利用这个文件定义的三个对象完成客户端逻辑。当页面加载时，倒计时提示信息和验证码信息都应该显现，所以针对页面的 onload 事件，添加事件处理函数，通过倒计时和验证码对象生成相应信息并显示在相应的 HTML 元素内；对于每一个文本框当光标离开时，判断输入信息是否正确，所以针对每个文本框的 onblur 事件，添加事件处理函数；当文本框获得光标时，在输入框右侧显示提示信息，所以针对每个文本框的 onfocus 事件，添加事件处理函数；另外，对于确认密码文本框当光标离开时，还需要判断是否和密码文本框中内容输入一致，对于验证码文本框当光标离开时，还需要判断输入框内信息是否和验证码相同。

首先定义三个构造函数，以及在其原型中添加相应方法，具体如下：

```
/*建立 verifyObject 构造函数，targetParm 为待验证的信息*/
function verifyObject(targetParm){
    this.target = targetParm;
}
/*向 verifyObject 构造函数的原型中添加 trim 方法，用于去除验证字符串两边的空格*/
verifyObject.prototype.trim = function(){
    var pattern = /(^\s*)|(\s*$)/g;
```

```
        this.target = this.target.replace(pattern,"");
    }
    /*向 verifyObject 构造函数的原型中添加 isEqual 方法,用于验证字符串与目标串是否相等*/
    verifyObject.prototype.isEqual = function(anyParam){//验证字符串是否相同
      if(this.target == anyParam){
        return true;
      }else{
        return false;
      }
    }
    /*向 verifyObject 构造函数的原型中添加 isPattern 方法,用于验证字符串是否符合某一模式*/
    verifyObject.prototype.isPattern = function(patternParam){
      /*验证字符串是否符合模式*/
      var pattern  = new RegExp(patternParam);
      var flag  =  pattern.test(this.target);
      if(flag) {
        return true;
      } else {
        return false;
      }
    }
    function countDownObject(activityParam,deadLineParam){
      this.activity = activityParam;
      this.deadLine = deadLineParam;
    }
    countDownObject.prototype.produceTimeSpan = function(){
      /*产生相应的倒计时信息*/
      var timedate =  new Date(this.deadLine);
      var times = this.activity;
      var now  =  new Date();
      var date  =  timedate.getTime() -now.getTime();
      var time  =  Math.floor(date / (1000 * 60 * 60 * 24));
      if (time >= 0) {
        return "现在离" + timedate.getFullYear() + "年" + times +
        "还有:<font color = 'yellow'><b>" + time + "</b></font>天";
      }else{
```

```
        return "高考已经结束";
    }
}
function codeObject(lengthParam){
    this.code = "";
    this.length = lengthParam;
}
codeObject.prototype.createCode = function(objParam){
    this.code = "";
    var selectChar = new Array(0,1,2,3,4,5,6,7,8,9,'a','b','c','d','e','f','g',
'h','i','j','k','l','m','n','o','p','q','r','s','t','u','v','wW','x','y','z'); /*所有候
选组成验证码的字符,当然也可以用中文*/
    for(var i=0;i<this.length;i++){
        var charIndex = Math.floor(Math.random()*36);
        this.code += selectChar[charIndex];
    }
    if(objParam!=null){
        objParam.value = this.code;
    }
    return this.code;
}
```

下面代码用来实例化上述对象,并通过调用对象的方法来完成输入校验,验证码生成以及倒计时功能。verifyText方法,用来检测用户名、密码、邮箱输入信息是否符合规则,以及两个密码的输入是否一致,校验信息是否输入正确;initMessage方法用来显示提示信息;createCheckCode方法用来产生验证码;getDays方法用来完成倒计时。

```
function verifyText(checkText,checkMessage){
    var text = document.getElementById(checkText).value;
    var vObj = new verifyObject(text); //实例化对象vObj
    vObj.trim();
    if(checkText == "name"){
        if(!(vObj.isPattern(/^[a-zA-Z0-9\u4e00-\u9fa5]{2,16}$/))){
            document.getElementById(checkMessage).innerHTML = "用户名必须为2-16位";
        }else{
            document.getElementById(checkMessage).innerHTML = "";
        }
    }else if(checkText == "pwd1"){
        if(!(vObj.isPattern(/^[a-zA-Z0-9_]{6,18}$/))){
```

```
            document.getElementById(checkMessage).innerHTML = "密码必须为6-18位";
        }else{
            document.getElementById(checkMessage).innerHTML = "";
        }
    }else if(checkText == "pwd2"){
        if(!(vObj.isEqual(document.getElementById("pwd1").value))){
            document.getElementById(checkMessage).innerHTML = "密码不一致";
        }else{
        document.getElementById(checkMessage).innerHTML = "";
        }
    }else if(checkText == "email"){
    if(!(vObj.isPattern(/^([a-zA-Z0-9_-])+@([a-zA-Z0-9_-])+((.[a-zA-Z0-9_-]{2,3}){1,2})$/))){
        document.getElementById(checkMessage).innerHTML = "邮箱格式不对";
        }else{
            document.getElementById(checkMessage).innerHTML = "";
        }
    }else if(checkText == "checkcodeText"){
        if(!(vObj.isEqual(document.getElementById("checkcode").value))){
            document.getElementById(checkMessage).innerHTML = "验证码输入错误";
        }else{
            document.getElementById(checkMessage).innerHTML = "";
        }
    }
}
function initMessage(objId){
    var obj = document.getElementById(objId); //实例化对象obj
    if(objId == "nameMsg"){
        obj.innerHTML = "用户名由2-16位的字母、数字或汉字构成";
    }else if(objId == "pwd1Msg"){
        obj.innerHTML = "密码由6-18位的字母、数字、下划线构成";
    }else if(objId == "pwd2Msg"){
        obj.innerHTML = "请再次输入密码";
    }else if(objId == "emailMsg"){
        obj.innerHTML = "请输入您常用的邮箱";
    }else if(objId == "checkcodeMsg"){
        obj.innerHTML = "";
    }
```

```
        }
        function createCheckCode(length){
            var codeObj = new codeObject(length); //实例化对象 codeObj
            var paramObj = document.getElementById("checkcode");
            codeObj.createCode(paramObj);
        }
    function getDays(){
    var countDownObj = new countDownObject("高考考试","June 7," + (new Date()).
getFullYear());//实例化对象 countDownObj
        document.getElementById("leftDays").innerHTML = countDownObj.
produceTimeSpan();
    }
```

在本例中当点击确定时仍需要进行信息的校验，由于篇幅限制，请读者自行完成。

本章小结

本章首先介绍了 JavaScript 的特性及引入方式，接着详细介绍了 JavaScript 的基本语法，让读者掌握使用 JavaScript 的基本方式；然后介绍了 JavaScript 中的对象，包括自定义对象和内置对象，在自定义对象中，让读者了解原型对象，构造函数等概念。

第4章　DOM对象和BOM对象

本章要点

- DOM 对象的获取、修改、删除、创建和添加方式
- BOM 常用对象的使用
- 通过 DOM 对象动态修改元素样式

DOM 的全称是 Document Object Model，中文名是文档对象模型。DOM 不是 Java 或者 JavaScript，是一组用来描述脚本怎样与结构化文档进行交互和访问的 Web 标准。它描述了处理网页内容的方法和接口，是 HTML 和 XML 的 API，DOM 把整个页面规划成由节点层级构成的文档。DOM 的优点主要表现在：易用性强，使用 DOM 时，将把所有的 XML 文档信息都存于内存中，并且遍历简单，支持 XPath，增强了易用性。DOM 的缺点主要表现在：效率低，解析速度慢，内存占用量过高。

BOM 的全称是 Browser Object Model，中文名是浏览器对象模型。允许通过 BOM 访问和操控浏览器窗口，研发者通过使用 BOM，可移动窗口，更改状态栏文本，执行其他不与页面内容发生直接联系的操作。BOM 是 JavaScript 应用中唯一没有相关标准的部分，这是 BOM 真正独特且经常出现问题的所在。BOM 主要处理浏览器窗口与框架，浏览器特有的 JavaScript 扩展都被认作是 BOM 的一部分。

4.1　HTML 文档对象模型（DOM）

HTML DOM 是 HTML Document Object Model（文档对象模型）的缩写，HTML DOM 则是专门适用于 HTML/XHTML 的文档对象模型。它将网页中的各个元素都看作一个对象，从而使网页中的元素都可以被访问和处理，结合 JavaScript 可以添加、移除、改变或重排页面上的任何元素。HTML 创建了标识，而 DOM 告诉程序如何操作和显示这些标识。

实际上 HTML 将数据组织成为一棵树，DOM 通过解析 HTML 文档，为 HTML 文档在逻辑上建立一个树模型，树的节点是一个个的对象。这样通过操作这棵树和这些对象就可以完成对 HTML 文档的操作，因而 DOM 被认为是基于树的。

根据 DOM，HTML 文档中的每个成分都是一个节点。DOM 是这样规定的：

① 整个文档是一个文档节点。

② 每个 HTML 标签是一个元素节点。

③ 包含在 HTML 元素中的文本是文本节点。

④ 每一个 HTML 属性是一个属性节点。

⑤ 注释属于注释节点。

HTML 文档中的所有节点组成了一棵文档树。HTML 文档中的每个元素、属性、文本等都代表着树中的一个节点。树起始于文档节点，并由此继续伸出枝条，直到处于这棵树最低级别的所有文本节点为止。图 4－1 所示的是一棵文档树（节点树）。

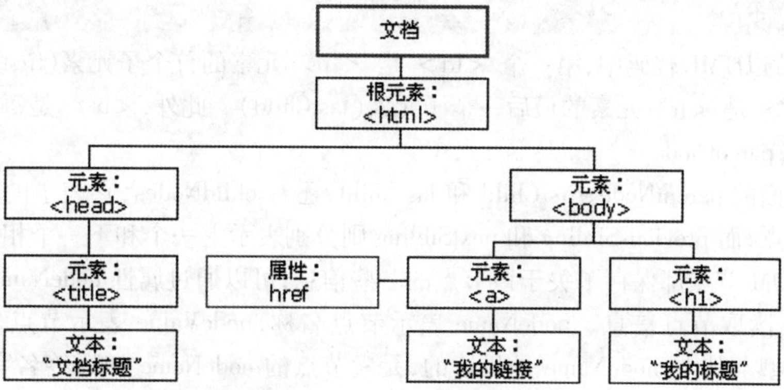

图 4－1　HTML 文档节点树

可通过若干种方法来查找元素：

① 通过使用 getElementById() 和 getElementsByTagName() 方法。

② 通过使用一个元素节点的 parentNode、firstChild 以及 lastChild 属性。

getElementById() 方法返回相应 ID 号的元素对象：

```
document.getElementById("ID 号");
```

getElementsByTagName() 方法会使用指定的标签名返回所有的元素（作为一个节点列表）：

```
document.getElementsByTagName("标签名称");
```

通常要把此列表保存在一个变量中：

```
var x = document.getElementsByTagName("p");
```

现在，变量 x 包含着页面中所有的 <p> 元素，可以通过它们的下标来访问这些 <p> 元素。例如，

```
var x = document.getElementsByTagName("p");
for (var i = 0;i < x.length;i ++)
  {
  // 做相应处理
  }
var y = x[2];
```

parentNode 用于访问父节点。firstChild 和 lastChild 则分别用于访问某个节点的第一

个子结点和最后一个子结点。

请看下面 HTML 片段:

```
<table>
  <tr>
    <td>John</td>
    <td>Doe</td>
    <td>Alaska</td>
  </tr>
</table>
```

在上面的 HTML 代码中,第一个 <td> 是 <tr> 元素的首个子元素(firstChild),而最后一个 <td> 是 <tr>元素的最后一个子元素(lastChild)。此外,<tr> 是每个 <td>元素的父节点(parentNode)。

除了上面的 parentNode、firstChild 和 lastChild,还有 childNodes,它表示的是一个节点的所有子结点,而 previousSibling 和 nextSibling 则分别表示上一个和下一个相邻的节点。

每个 DOM 节点都保存了关于该节点的一些信息,可以通过属性 nodeName、nodeValue 和 nodeType 读取节点信息。nodeName 表示节点名称,nodeValue 表示节点值,nodeType 则为节点类型。其中,nodeName 是只读的,元素节点的 nodeName 和标签名字一样,属性节点的 nodeName 就是该属性,文字节点的 nodeName 永远是#text,文档节点的 nodeName 是#document。例如,

HTML 代码:

```
<div>
  <p id="test">test 文字</p>
</div>
```

JavaScript 代码:

```
<script>
  function getName(){
        var x = document.getElementById("test");
        alert(x.nodeName);
  }
  function getValue(){
        var x = document.getElementById("test");
        alert(x.nodeValue);
  }
  function getType(){
        var x = document.getElementById("test");
        alert(x.nodeType);
  }
</script>
```

从例子中可以发现:一个 <p> 标签的 nodeName 是 P,尽管在 XHMTL 中把段落写作小写的 p,该属性仍然为大写字母。它的 nodeValue 是 null,而并不是它所包含的文本,这是因为文本本身也是一个节点,而文本节点的 nodeValue 才是文字。

最后,nodeType 是"1"。它的意思是元素节点(<p> 是一个 HTML 元素)。其他重要的 DOM 节点类型如下:

2——属性节点。

3——文本节点。

8——注释节点。

也可以通过对象的 setAttribute( )方法添加和修改节点属性,格式如下:

```
<a href = "#"  id = "a" >链接 </a>
var a = document.getElementById( "a" );
a.setAttribute( "href","http://www.henu.edu.cn" );
```

使用 setAttribute 设置元素的某一个属性,第一个参数指明所要设置的属性,第二个参数指明要设置的属性值。通过这个方法既可修改元素属性,也可以添加元素属性。当然,也可以通过 removeAttribute( )方法删除属性节点。例如,

```
a.removeAttribute( "href" );
```

同时也可以改变 HTML 元素开始标记与结束标记之间的 HTML 内容。这要用到对象的 innerHTML 属性,格式如下:

```
<script>
  function testW( ){
          var str  =  "修改了的段落!";
          document.getElementById( "test" ).innerHTML  =  str;
  }
</script>
<div id = "test" >
          <p>我是测试段落。</p>
</div>
```

还可以通过 removeChild( )方法删除 DOM 节点。例如,

```
<script>
  function remove( ){
          var test  =  document.getElementById( "test" );
          var children  =  test.childNodes;
          for( i = 0;i < children.length;i ++ ){
                  test.removeChild( children[i] );
          }
  }
</script>
```

```
<div id = "test" >
        <p >我是将要被删除的节点</p >
</div >
```

当然也可以向 HTML 文档中动态添加 DOM 节点，主要用到 createElement、createTextNode 以及 appendChild 等方法。先来看一段示例 HTML 代码：

```
<div id = "test" style = "border:1px solid" > </div >
```

使用 DOM 方法添加一个段落节点的思路如下：

① 创建一个 <p> 节点；

② 创建一个文本节点，并且添加到 <p> 节点中；

③ 将 <p> 节点添加到 <div> 中。

按照上面的思路得出如下的 JavaScript 代码：

```
<script >
  function test( ){
        var test  =  document. getElementById( "test" ) ;
        var para  =  document. createElement( "P" ) ;
        var text  =  document. createTextNode( "要添加的文本" ) ;
        para. appendChild( text) ;
        test. appendChild( para) ;
  }
</script >
```

首先，用到了“var para = document. createElement("P")”，该语句创建了一个段落节点，但是它并不会马上出现在文档中。要创建其他节点，只需要把传递给该函数的字符串参数修改一下即可，如“document. createElement("DIV")”。

“var text = document. createTextNode ("要添加的文本");”一句创建了一个文本节点。

“para. appendChild(text) ;”将 text 作为子结点添加到 para 这个段落节点上。很容易看出，appendChild 的调用语法为：父节点. appendChild. (子结点)。

最后一句“test. appendChild(para) ;”则将段落节点 para 添加到 test 这个 <div> 节点上，由于 test 节点原来就是文档的一部分，这一句会造成文档的更新，也就是会看到段落文字被添加到了 <div> 节点里。

本节介绍了 HTML DOM 模型下 HTML 元素节点的访问、HTML 节点属性的访问、HTML 节点属性的动态添加和设置、节点对象的添加和删除等内容。

4.2 浏览器对象模型(BOM)

BOM (浏览器对象模型) 是 Browser Object Model 的缩写。BOM 对象是隶属于浏览器层次的，它独立于文档内容与浏览器之间。BOM 对象主要用于浏览器管理窗口，因此其核心对象是 window，其层次结构如图 4－2 所示。

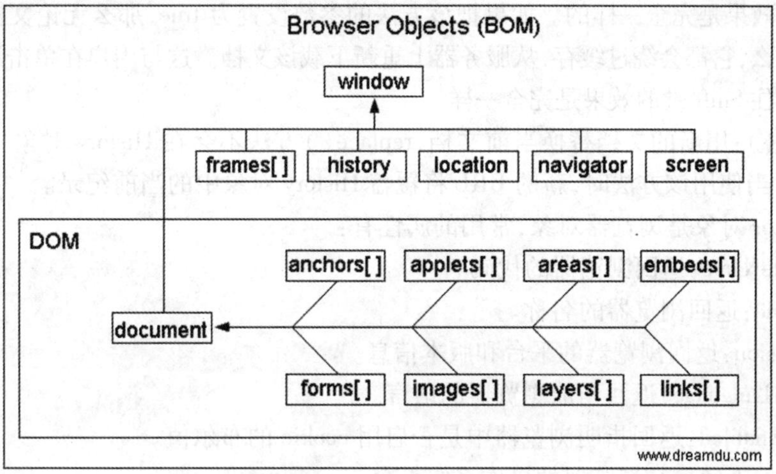

图 4－2 BOM 层次结构

window 对象是 BOM 的顶层（核心）对象，所有对象都是通过它延伸出来的，由于 window 是顶层对象，因此调用它的子对象时可以不显式地指明 window 对象，如下面两行代码是一样的：

```
document.write("test");
window.document.write("test");
```

1．window 子对象

History 对象，用于在浏览器历史记录中导航。History 对象的属性 length 返回浏览器历史列表中的 URL 数量，History 对象的常用方法如下：

back()：加载 history 列表中的前一个 URL。

forward()：加载 history 列表中的下一个 URL。

go(num)：加载 history 列表中的某个具体页面。

Location 对象为地址栏对象，常用属性有：

host：设置或返回主机名和当前 URL 的端口号。

hostname：设置或返回当前 URL 的主机名。

href：设置或返回完整的 URL。

pathname：设置或返回当前 URL 的路径部分。

port：设置或返回当前 URL 的端口号。

protocol：设置或返回当前 URL 的协议。

Location 对象的常用方法如下：

assign()：加载新的文档，这与直接将一个 URL 赋值给 Location 对象的 href 属性效果是一样的。

reload()：重新加载当前文档，如果该方法没有规定参数，或者参数是 false，它就会用 HTTP 头 If-Modified-Since 来检测服务器上的文档是否已改变。如果文档已改变，reload()

会再次下载该文档;如果文档未改变,该方法将从缓存中装载文档。这与用户单击浏览器的刷新按钮的效果是完全一样的。如果把该方法的参数设置为 true,那么无论文档的最后修改日期是什么,它都会绕过缓存,从服务器上重新下载该文档。这与用户在单击浏览器的刷新按钮时按住 Shift 键的效果是完全一样。

replace():用新的文档替换当前文档,replace()方法不会在 History 对象中生成一个新的纪录。当使用该方法时,新的 URL 将覆盖 History 对象中的当前纪录。

Navigator 对象是浏览器对象,常用的属性有:

appCodeName:返回浏览器的代码名。

appName:返回浏览器的名称。

appVersion:返回浏览器的平台和版本信息。

browserLanguage:返回当前浏览器的语言。

cookieEnabled:返回指明浏览器中是否启用 cookie 的布尔值。

platform:返回运行浏览器的操作系统平台。

systemLanguage:返回 OS 使用的默认语言。

userAgent:返回由客户机发送服务器的 user-agent 头部的值。

userLanguage:返回 OS 的自然语言设置。

2. window 对象属性

parent:如果当前窗口为 frame,指向包含该 frame 的窗口的 frame (frame)。

self:指向当前的窗口对象。

top:如果当前窗口为 frame,指向包含该 frame 的 top-level 的 window 对象。

opener:当窗口是用 JavaScript 打开时,指向打开它的那个窗口(开启者)。

IE 提供了 window. screenLeft 和 window. screenTop 对象来判断窗口的位置,但未提供任何判断窗口大小的方法。用 document. body. offsetWidth 和 document. body. offsetHeight 属性可以获取视口的大小(显示 HTML 页的区域),但它们不是标准属性。Mozilla 提供 window. screenX 和 window. screenY 属性判断窗口的位置。它还提供了 window. innerWidth 和 window. innerHeight 属性来判断视口的大小,window. outerWidth 和 window. outerHeight 属性判断浏览器窗口自身的大小。所以,当涉及窗口位置或者大小调整时,需要先利用 Navigator 子对象判断是什么浏览器。

3. window 对象的方法

moveBy(x,y):从当前位置水平移动窗体 x 个像素,垂直移动窗体 y 个像素,x 为负数,将向左移动窗体,y 为负数,将向上移动窗体。

moveTo(x,y):移动窗体左上角到相对于屏幕左上角的(x,y)点,当使用负数作为参数时会把窗体移出屏幕的可视区域。

resizeBy(w,h):相对窗体当前的大小,宽度调整 w 个像素,高度调整 h 个像素。如果参数为负值,将缩小窗体,反之扩大窗体。

resizeTo(w,h):把窗体宽度调整为 w 个像素,高度调整为 h 个像素,窗体滚动轴控制。

scrollTo(x,y):在窗体中如果有滚动条,将横向滚动条移动到相对于窗体宽度为 x 个像素的位置,将纵向滚动条移动到相对于窗体高度为 y 个像素的位置。

scrollBy(x,y):如果有滚动条,将横向滚动条移动到相对于当前横向滚动条的 x 个像素的位置(就是向左移动 x 像素),将纵向滚动条移动到相对于当前纵向滚动条高度为 y 个像素的位置(就是向下移动 y 像素),用于窗体焦点控制。

focus():使窗体或控件获取焦点。

blur():与 focus 函数相反,使窗体或控件失去焦点新建窗体。

open():打开(弹出)一个新的窗体。

close():关闭窗体。

alert(str): 弹出消息对话框(对话框中有一个"确定"按钮)。

confirm(str): 弹出消息对话框(对话框中包含一个"确定"按钮与"取消"按钮)。

prompt(str,defaultValue):弹出消息对话框(对话框中包含一个"确定"按钮、"取消"按钮与一个文本输入框),由于各个浏览器实现的不同,若没有第二个参数(文本框中的默认值)时也最好提供一个空字符串状态栏。

setTimeout(): 暂停指定的毫秒数后执行指定的代码。

clearTimeout():取消指定的 setTimeout 函数将要执行的代码。

setInterval():间隔指定的毫秒数不停地执行指定的代码。

clearInterval():取消指定的 setInterval 函数将要执行的代码。

setTimeout 与 setInterval 方法有两个参数,第一个参数可以为字符串形式的代码,也可以是函数引用,第二个参数为间隔毫秒数,它们返回的是一个可用于对应 clear 方法的数字 ID。

window.open 方法是常用方法,应用格式如下:

```
window.open(url, name, features, replace);
```

open 方法参数说明如下:

url:要载入窗体的 URL。

name:新建窗体的名称(目标,将在 <a> 标签的 target 属性中用到,当与已有窗体名称相同时将覆盖窗体内容)。open 函数默认的打开窗体的方式为 target 的_blank 弹出方式,因此页面都将以弹出的方式打开。

features:代表窗体特性的字符串,字符串中每个特性使用逗号分隔。

replace:一个布尔值,说明新载入的页面是否替换当前载入的页面,此参数通常不用指定。

open 函数 features 参数说明,如果不使用第三个参数,将打开一个新的普通窗口,窗口特征说明如表 4-1 所示。

表 4-1 features 参数说明

参数设置	描述
channelmode = yes|no|1|0	是否使用剧院模式显示窗口。默认为 no
directories = yes|no|1|0	是否添加目录按钮。默认为 yes

续表

参数设置	描述
fullscreen = yes|no|1|0	是否使用全屏模式显示浏览器。默认是 no。处于全屏模式的窗口必须同时处于剧院模式
height = pixels	窗口文档显示区的高度。以像素计
left = pixels	窗口的 x 坐标。以像素计
location = yes|no|1|0	是否显示地址字段。默认是 yes
menubar = yes|no|1|0	是否显示菜单栏。默认是 yes
resizable = yes|no|1|0	窗口是否可调节尺寸。默认是 yes
scrollbars = yes|no|1|0	是否显示滚动条。默认是 yes
status = yes|no|1|0	是否添加状态栏。默认是 yes
titlebar = yes|no|1|0	是否显示标题栏。默认是 yes
toolbar = yes|no|1|0	是否显示浏览器的工具栏。默认是 yes
top = pixels	窗口的 y 坐标
width = pixels	窗口的文档显示区的宽度。以像素计

4.3 JavaScript 控制样式

样式编程属于高级 DOM 技术，在阅读之前读者应当具备一定的 CSS 基础知识。本节将首先介绍样式编程的相关基础知识。样式编程按其目的可以分为两类：一类是直接读取或者设置元素的某个具体的样式属性；另一类则是针对样式表本身的编程，读取或者修改样式表中的规则，从而变化所有应用了该样式的元素的显示样式。

1. style 属性

JavaScript 中 DOM 对象的 <style> 只能取得内联样式。HTML 代码如下：

```
<head>
     <style type = "text/css" >
    p{height:28px;}
   </style>
</head>
<body>
   <p id = "par" >This is a test. </p>
   <script type = "text/css" >
    var obj = document.getElementById("par");
    var objh = obj.style.height;
    alert(objh);
   </script>
</body>
```

运行后返回警告,不会返回 28px,若用“<p style = "height:30px" >This is a test. </p>”则会返回 30px。

使用 style 对象需要注意几个问题。

① 样式设置必须符合 CSS 规范,否则该样式会被忽略。

② 如果样式属性名称中不带“ - ”号,如 color,直接使用 style. color 即可获得该属性值;如果样式属性名称中带有“ - ”号,如 font-size,对应的 style 对象属性名称为 fontSize。

③ 如果需要访问 float 样式属性,不能使用 style. float,因为 float 是 JavaScript 的保留字,不能用作属性名称,应该使用 style. cssfloat 访问该样式属性。

使用 style 对象获取的属性与元素最终显示效果并不一定相同,因为除了内联样式声明之外,还可以通过 <style>元素以及链接样式表的方式改变元素的显示效果。

需要强调的是,style 属性是可写的,也就是说,可以通过 style 属性设置元素样式。因为内联样式的优先级比内部的、外部的优先级高,所以设置后是肯定有效的。

2. currentStyle 属性

IE 中使用元素的 currentStyle 属性即可获取当前应用样式,但是在 IE 和其他 DOM 兼容浏览器中获取当前应用样式的方式是不同的,它们通过 getComputedStyle( )方法获得。所以,通过以下方法可以在各种浏览器中获取元素的当前样式。

```
function getCurrentStyle(ele) {
    // IE
    if (ele.currentStyle)
        return ele.currentStyle;
    // DOM 兼容浏览器
    else
        return document.defaultView.getComputedStyle(ele, null);
}
```

下面通过一个简单的测试页面来说明该方法的使用,这个测试页面引用了一个外部的 CSS 样式表文件 style. css,其内容为:

```
#msg
{
    background-color: #ffffee;
}
```

测试页面的 HTML 代码如下:

```
<!DOCTYPE html>
<html>
  <head>
    <title>CSS Test</title>
    <link type="text/css" rel="stylesheet" href="style.css" />
    <style type="text/css">
```

```
        * {
            font-family: Tahoma, Arial, serif;
            font-size: 18pt;
            text-align: left;
        }
        #msg {
            font-size: 12pt;
            color: #ff4500;
        }
        </style>
    </head>
    <body onload = "init()" >
        <div id = "msg"  style = "color: #ffccff; font-size: 12px" >
        块元素
        </div>
    </body>
</html>
```

可以看到,在上面的测试页面中既有内联样式,也有 <style>元素和链接样式表,它们都对 id 为"msg"的 <div>元素的最终显示产生了作用。下面使用 getCurrentStyle 方法获取该元素的最终样式,并输出其中部分属性,相关代码如下:

```
function init() {
    // <div>元素
    var div = $("msg");
    // 获取最终样式
    var style = getCurrentStyle(div);
    // 输出部分样式属性
    alert(style.color);
    // Mozilla Firefox 中输出 rgb(255, 204, 255)
    // Internet Explorer 中输出#ffccff
    alert(style.fontSize); // 输出 12px
    alert(style.backgroundColor);
    // Mozilla Firefox 中输出 rgb(255, 255, 238)
    // Internet Explorer 中输出#ffffee
}
function getCurrentStyle(ele) {
    // IE
    if (ele.currentStyle)
        return ele.currentStyle;
```

```
  // DOM 兼容浏览器
  else
   return document.defaultView.getComputedStyle(ele, null);
}
function $(id) {
  return document.getElementById(id);
}
```

需要特别说明的是,元素的当前应用样式(IE 中 currentStyle)属性是只读的,也就是说,不能通过此属性修改元素样式。

3. className 属性

通过 className 属性读取或设置某一元素所指派的类样式。例如,

```
<head>
  <title>CSS Test</title>
  <style type="text/css">
  .divCSS {
  font-size:16px;
  height:150px;
  width:100px;
  border:solid 1px red;
  }
  .testCSS
  {
  width:150px;
  height:100px;
  background-color:gray;
  border:0px;
  }
 </style>
<script>
function change() {
   var obj = document.getElementById("div1");
  obj.className = "testCSS";
}
  </script>
</head>
<body>
 <div id="div1" class="divCSS">通过 className 属性读取或设置某一元素所应
用的类样式。</div>
```

```
  <button onclick = "change()" >change </button >
</body >
```

4. rules(cssRules)属性

通过 document.styleSheets 可以访问当前页面中所有的样式表,对样式表中某些 CSS 规则进行修改,可以改变所有应用了该 CSS 规则的元素,从而实现对元素样式的"批量"修改。在某个样式表中,CSS 规则的集合对象是 rules(IE)或者 cssRules(DOM)属性。

分析下面的 HTML 页面:

```
<! DOCTYPE html >
<html >
  <head >
    <title > CSS Test </title >
    <style type = "text/css" >
      body{
        background-color:gray;
        font-family: Tahoma, Arial, serif;
        font-size: 18pt;
        text-align: left;
    }
    .divCSS {
        font-size: 30px;
        color: #ff4500;
    }
    </style >
  </head >
  <body >
      <div id = "div1"  class = "divCSS" > msg </div >
      <div id = "div2"  class = "divCSS" > msg </div >
      <div id = "div3"  class = "divCSS" > msg </div >
      <button onclick = "change()" > change </button >
  </body >
</html >
```

其中 div1 ~ div3 都应用了".divCSS"这项 CSS 规则,下面将通过修改样式规则的方式将这三个 <div>元素的字体增大为 60px,相关代码如下:

```
function change() {
    // CSS 样式规则的集合
      var cssRules = document.styleSheets[0].rules document.styleSheets[0].rules:
document.styleSheets[0].cssRules;
```

```
    // 修改.div 样式规则中的 font-size 样式
    cssRules[1].style.fontSize = "60px";
}
```

5. 切换样式表

在某些情况下,仅修改一条 CSS 规则不能满足应用的需求,如很多网站提供的"换肤"功能,在不同的显示风格之间进行切换时,需要同时修改多条 CSS 规则。网站通常会将与某一种风格相关的所有 CSS 规则保存在一个单独的 CSS 文件中,通过 <link>元素链接到 HTML 页面。例如,以下的页面中包含了两个 CSS 文件的链接。

```
<!DOCTYPE html>
<html>
  <head>
    <title>CSS Test</title>
    <link id="style1" type="text/css" rel="stylesheet"
href="style1.css" title="white" />
    <link id="style2" type="text/css" rel="stylesheet"
href="style2.css" title="gray" />
  </head>
  <body>
    <div>
    <p>
      We would like to see as much CSS1 as possible. CSS2 should
      be limited to widely-supported elements only. The css Zen
      Garden is about functional, practical CSS and not the latest
      bleeding-edge tricks viewable by 2% of the browsing public.
      The only real requirement we have is that your CSS validates.
    </p>
    <p>
      Unfortunately, designing this way highlights the flaws in
      the various implementations of CSS. Different browsers display
      differently, even completely valid CSS at times, and this
      becomes maddening when a fix for one leads to breakage in
      another. View the Resources page for information on some of the
      fixes available. Full browser compliance is still sometimes a
      pipe dream, and we do not expect you to come up with pixel-perfect
      code across every platform. But do test in as many as you can.
      If your design doesn't work in at least IE5+/Win and Mozilla (run
      by over 90% of the population), chances are we won't accept it.
```

```
        </p>
      </div>
    </body>
</html>
```

其中 style1. css 和 style2. css 分别对应着该网页的两种显示风格，其代码如下：

```
/* style1.css */
* {
        font-family: Tahoma, Arial, serif;
        font-size: 14pt;
}
/* 浅白色背景，蓝色字体 */
body {
        background-color: #f8f8ff;
        color: #4682b4;
}
/* style2.css */
* {
        font-family: Tahoma, Arial, serif;
        font-size: 14pt;
}
/* 灰色背景，白色字体 */
body {
        background-color: gray;
        color: #fffafa;
}
```

在 Mozilla Firefox 中浏览以上的页面时，用户可以通过浏览器中“查看”菜单的“页面风格”菜单项进行样式表选择，该菜单中的选项名称与页面中 <link> 元素的 title 属性是一一对应的。

Internet Explorer 没有提供类似的功能，但是通过 JavaScript 可以实现样式表的切换。首先在上述页面中增加以下两个按钮，当鼠标单击按钮时，页面会切换到相应的样式表，增加按钮代码如下：

```
<button onclick="setStyle('style1')">white</button>
<button onclick="setStyle('style2')">gray</button>
```

以上两个按钮的 click 事件处理函数为 setStyle，该函数的相关代码如下：

```
function setStyle(title) {
  // 首先禁用所有的样式表
  $("style1").disabled = true;
```

```
    $("style2").disabled = true;
    // 启用指定的样式表
    $(title).disabled = false;
}
function $(id) {
    return document.getElementById(id);
}
```

执行 setStyle 函数之后,页面上始终只有一个处于启动状态的样式表,分别单击页面中的两个按钮可以将页面设置为白色风格或者灰色风格。

CSS 使 HTML 页面的表现力大大增强,而 JavaScript 的动态编程特性与 CSS 相结合,使得 Web 开发人员可以自由地操纵页面及其元素的显示风格。使用 JavaScript 进行样式编程的主要目的是改善 Web 应用的交互界面,使用户在访问站点时更加轻松愉快。

4.4 项目实践

1. 项目简介

自定义提示框:当鼠标放在“自定义提示框”上时,显示自定义提示框,如图 4－3 所示;当鼠标从“自定义提示框”移开时,提示框消失;当鼠标在“自定义提示框”上移动时,提示框跟着一起移动。

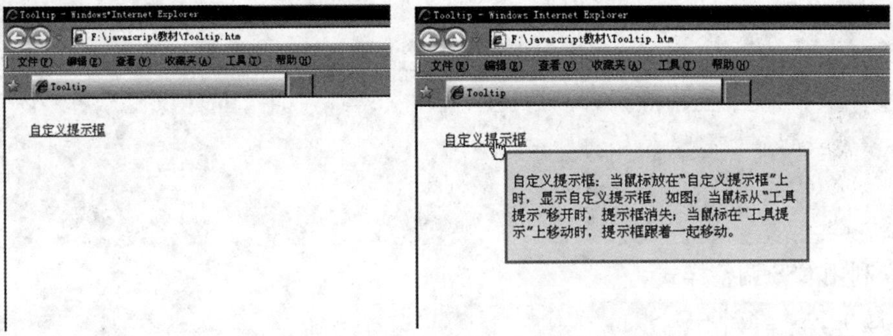

图 4－3 “自定义提示框”运行界面

2. 知识点

这个项目涉及的知识点有 HTML DOM、样式编程、事件等。

3. 项目分析

很显然,要涉及对象的三个事件:onmouseover、onmousemove 和 onmouseout。当鼠标移到对象上时,要让提示框显示且确定其位置。其位置由鼠标当前坐标决定。定义事件处理函数 showTip() 和 hideTip() 如下:

```
function showTip() {
    // 获取鼠标位置
```

```
    var event = window.event;
    var left = event.clientX + 10;
    var top = event.clientY + 10;
    // 设置工具提示框的样式,使其位于鼠标右下(10px,10px)处
    document.getElementById("tooltip").style.left = left;
    document.getElementById("tooltip").style.top = top;
    //document.getElementById("tooltip").className = "show";
    document.getElementById("tooltip").style.display = "block";
}
function hideTip() {
    // 隐藏工具提示
    //document.getElementById("tooltip").className = "hide";
    document.getElementById("tooltip").style.display = "none";
}
```

4. 具体步骤

① 构建 HTML 页面。

```
<body>
    <a id=link onmouseover=showTip() onmousemove=showTip()
    onmouseout=hideTip() href="http://www.google.com/">自定义提示框</a>
    <div id="tooltip">
    <p>自定义提示框:当鼠标放在“自定义提示框”上时,显示自定义提示框,如图;当鼠标从“自定义提示框”移开时,提示框消失;当鼠标在“自定义提示框”上移动时,提示框跟着一起移动。</p>
    </div>
</body>
```

② 利用 CSS 调整样式。

```
<style type=text/css>
body {
        margin: 20pt;
        font: 11pt "lucida grande", verdana, sans-serif;
}
div
{
        display:none;
        border: #cc9900 3px solid;
        position: absolute;
        padding: 5px;
```

```
        width: 300px;
        background-color: #ffeecd;
}
. show              //当利用 className 属性调整样式时使用
{
  display:block;
}
. hide              //当利用 className 属性调整样式时使用
{
  display:none;
}
</style>
```

③ 新建 JavaScript 脚本文件。

完整的页面代码如下：

```
<! DOCTYPE html>
<html>
  <head>
      <hitle>Tooltip</title>
      <meta content="text/html; charset=GB2312" http-equiv=Content-Type>
      <style type=text/css>
          body {
              margin: 20pt;
              font: 11pt "lucida grande", verdana, sans-serif;
          }
          div
          {
              display:none;
              border: #cc9900 3px solid;
              position: absolute;
              padding: 5px;
              width: 300px;
              background-color: #ffeecd;
          }
          . show
          {
              display:block;
          }
```

```
            .hide
            {
                display:none;
            }
            </style>
            <script>
              function showTip() {
                // 获取鼠标位置
                var event = window.event;
                var left = event.clientX + 10;
                var top = event.clientY + 10;
                //设置工具提示<div>元素的样式,使其位于鼠标右下(10px,10px)处
                document.getElementById("tooltip").style.left=left;
                document.getElementById("tooltip").style.top=top;
                //document.getElementById("tooltip").className="show";
                document.getElementById("tooltip").style.display="block";
              }
              function hideTip() {
                // 隐藏工具提示
                //document.getElementById("tooltip").className="hide";
                document.getElementById("tooltip").style.display="none";
              }
              </script>
              <meta name=GENERATOR content="MSHTML 8.00.6001.18702">
</head>
          <body>
            <a id=link onmouseover=showTip() onmousemove=showTip()
    onmouseout=hideTip() href="http://www.google.com/">自定义提示框</a>
            <div id="tooltip">
            <p>自定义提示框:当鼠标放在“自定义提示框”上时,显示自定义提示
框,如图;当鼠标从“自定义提示框”移开时,提示框消失;当鼠标在“自定义提示框”上移
动时,提示框跟着一起移动。</p>
        </div></body>
      </html>
```

本章小结

通过本章的学习对 HTML 文档结构和 HTML 元素有了新的认识，DOM 模型是一个树型结构，通过 DOM 可以动态操作 HTML 文档中的任何一个元素。通过 BOM 可以访问和操控浏览器窗口，如移动窗口、更改状态栏文本、执行其他不与页面内容发生直接联系的操作。

第 5 章 HTML5 高级应用

本章要点

- HTML5 拖放
- 传递拖曳数据
- Canvas 绘制图形
- Canvas 绘制图像
- Canvas 绘制文本
- 组合和阴影
- HTML5 多媒体

HTML5 作为新一代 Web 的标准,旨在创建一个更加成熟的 Web 应用平台,在这个平台上,视频、音频、图像和数据拖放等方面都被标准化。从第一代到第四代,HTML 标准也在跟随着互联网的发展不断变化,自从 HTML5 标准草案公布以来,HTML5 以其能用简单的标签元素和属性实现以前用很多复杂 JavaScript 代码才能实现的功能这一特性而越发受到开发者的追捧。本章将重点讲述 HTML5 在数据拖放、Canvas 绘图和多媒体功能等方面的应用。

5.1 HTML5 拖放

拖放是一种常见的操作,也就是用鼠标抓取一个对象,将其拖放到另外一个位置。例如,在 Windows 中,可以将一个对象拖放到回收站中。过去,在 Web 应用程序中实行拖放的应用并不多。在 HTML5 中,拖放已经是标准的一部分,任何元素都能够拖放,可以拖放网页中的元素,也可以从桌面拖放到网页中。应用拖放特性的网页将更新颖、更方便,如可以直接从桌面向网页中拖放文件以上传文件。下面首先介绍 HTML5 拖放的背景知识。

5.1.1 什么是拖放

拖放可以分为两个动作,即拖曳(drag)和放开(drop)。拖曳就是移动鼠标到指定对象,按下左键,然后拖动对象;放开就是放开鼠标左键,放下对象。当开始拖曳时,可以提供如下信息：

① 被拖曳的数据，可以是多种不同格式的数据，如包含字符串数据的文本对象。

② 在拖曳过程中显示在鼠标指针旁边的反馈图像。用户可以自定义此图像，但大多数只能使用默认图像。默认图像将给予按下鼠标时鼠标指针指向的元素。

③ 运行的拖曳效果，可以是以下三种：

copy：指被拖曳的数据将从当前位置复制到放开的位置。

move：指被拖曳的数据将从当前位置移动到放开的位置。

link：指在源位置和放开的位置之间将建立某种关系或链接。

注意：

在拖曳操作的过程中，也可以修改拖曳效果，以表明在某个特定的位置允许某种拖曳效果。

接下来介绍怎样设置元素为可拖放。

首先要定义使网页中的元素可以拖放，可以通过将元素的 draggable 属性设置为 true 实现。

【例 5-1】5-1.html。在网页中定义一个可拖放的图片。

```
<! DOCTYPE html>
<html lang="en-US">
  <head>
    <meta charset="UTF-8">
    <title>拖放图片</title>
  </head>
  <body>
    <img src="img/2page-img1.jpg" draggable="true">
  </body>
</html>
```

本例产生的效果就是在页面上可以通过鼠标拖曳网页中的图片，如图 5-1 所示。

图 5-1 例 5-1 运行效果

当拖放一个元素时，会触发一系列事件。对这些事件进行处理就可以实现各种拖放效果，拖放事件如表 5-1 所示。

表 5－1　拖放事件

事件	说明	作用对象
dragstart	开始拖放对象时触发	被拖动对象
dragenter	当对象第一次被拖放到目标对象上时触发，同时表示该目标对象允许执行“放”的动作	目标对象
dragover	当对象拖动到目标对象时触发	当前目标对象
dragleave	在拖动过程中，当被拖动对象离开目标对象时触发	先前目标对象
drag	每当对象被拖动时就会触发	被拖动对象
drop	每当对象被放开时就会触发	当前目标对象
dragend	在拖放过程，松开鼠标时触发	被拖动对象

当拖放一个元素时，拖放触发的先后顺序为 dragstart→dragenter→dragover→drop→dragend。

5.1.2　传递拖曳数据

仅仅将网页中的元素设置为可拖放是不够的，在实际应用中还需要实现拖曳数据的传递，可以使用 dataTransfer 对象来实现此功能。dataTransfer 对象是 Event 对象的一个属性。

1. dataTransfer 对象

dataTransfer 对象包含 dropEffect 和 effectAllowed 两个属性。

（1）dropEffect 属性

dropEffect 属性用于获取和设置拖放操作的类型以及光标的类型（形状）。dropEffect 属性取值如表 5－2 所示。

表 5－2　dropEffect 属性取值

取值	说明
copy	显示 copy 光标
link	显示 link 光标
move	显示 move 光标
none	默认值，即没有指定光标

（2）effectAllowed 属性

effectAllowed 属性用于获取和设置被拖放的源对象，并允许执行何种数据传输操作。effectAllowed 属性取值如表 5－3 所示。

表 5－3　effectAllowed 属性取值

取值	说明
copy	允许执行复制操作

续表

取值	说明
link	将源对象链接到目的地
move	将源对象移动到目的地
copyLink	可以是 copy 或 link,取决于目标对象的缺省值
copyMove	可以是 copy 或 move,取决于目标对象的缺省值
linkMove	可以是 link 或 move,取决于目标对象的缺省值
all	允许所有数据传输操作
none	没有数据传输操作,即放开(drop)时不执行任何操作
uninitialized	表明没有为 effectAllowed 属性设置值,执行缺省的拖放操作,默认值

2. dataTransfer 对象的方法

dataTransfer 对象包含 getData()、setData()和 clearData()三个方法。

(1) getData()方法

getData()方法用于从 dataTransfer 对象中以指定的格式获取数据,语法格式如下:

```
sretrievedata = object. getdata( sdataformat) ;
```

参数 sdataformat 是指定数据格式的字符串,可以是下面的值:

Text,以文本格式获取数据。

URL,以 URL 格式获取数据。

getData()方法的返回值是从 dataTransfer 对象中获取的数据。

(2) setData()方法

setData()方法用于以指定的格式设置 dataTransfer 对象中的数据,语法格式如下:

```
bsuccess  =  object. setdata( sdataformat, sdata) ;
```

参数 sdataformat 是指定数据格式的字符串,可以是下面的值:

Text,以文本格式保存数据。

URL,以 URL 格式保存数据。

参数 sdata 是指定要设置的数据的字符串。

若设置数据成功,则 setData()方法返回 true;否则返回 false。

(3) clearData()方法

clearData()方法用于从 dataTransfer 对象中删除数据,语法格式如下:

```
pret  =  object. cleardata( [sdataformat]) ;
```

参数 sdataformat 是指定要删除的数据格式的字符串,可以是下面的值:

Text,删除文本格式数据。

URL,删除 URL 格式数据。

File,删除文件格式数据。

HTML,删除 HTML 格式数据。

Image,删除图像格式数据。

如果不指定参数 sdataformat,则清空 dataTransfer 对象中的所有数据。

5.1.3 HTML5 拖放实例

本小节介绍 HTML5 拖放的实例,包括拖放 HTML 元素和拖放文件,帮助读者更好更直观地了解 HTML5 的新特性——拖放。

1. 拖放 HTML 元素

接下来介绍一个拖放 <img>元素的实例。

【例 5-2】5-2.html。定义一个 <div>元素,用于接收被拖动的 <img>元素。

```
<! DOCTYPE html>
<html>
  <head>
    <meta charset="UTF-8" />
    <title>拖放 img</title>
    <style type="text/css">
    #div1 {
        width:170px;
        height:130px;
        padding:10px;
        border:1px solid #aaaaaa;
        }
    </style>
    <script>
    function allowDrop(ev)
    {
    ev.preventDefault();
    }

    function drag(ev)
    {
    ev.dataTransfer.setData("Text",ev.target.id);
    }

    function drop(ev)
    {
    ev.preventDefault();
    var data=ev.dataTransfer.getData("Text");
    ev.target.appendChild(document.getElementById(data));
```

```
        }
      </script>
    </head>
    <body>
      <p>请把图片拖放到矩形中:</p>
      <div id="div1" ondrop="drop(event)" ondragover="allowDrop(event)"></div>
      <br/>
      <img id="drag1" src="img/2page-img1.jpg" draggable="true" ondragstart="
drag(event)"/>
    </body>
  </html>
```

本例运行效果如图 5－2 所示，当图片被拖动到矩形框后的效果如图 5－3 所示。

图 5－2 例 5－2 运行效果

图 5－3 图片拖动后效果

注意：

参数 ev 表示 Event 对象，ev. target. id 表示被拖动的 HTML 元素的 id 值，调用 ev. target. appendChild( )方法可以将被拖动的 <img> 元素添加到 <div> 元素中，拖动图片之前的网页如图 5－2 所示，将图片拖动到 <div> 元素中，并放开鼠标后的网页如图 5－3 所示。

2. 拖放文件

接下来介绍一个拖放文件的实例，被拖动的文件对象保存在 event. dataTransfer. files 中，可以同时拖动多个文件。

【例 5－3】5－3. html。在网页中定义一个 <div> 元素，用于接收被拖动的文件。

```
  <!DOCTYPE html>
  <html lang="en-US">
    <head>
      <meta charset="UTF-8">
      <title>拖放文件</title>
      <style type="text/css">
```

```
            #dropArea
            {
                width:150px;
                height:20px;
                padding:10px;
                border:3px solid #ff0000;
                background-color: eeeeee;
            }
            #dropArea. hover {
                background-color: yellow;
            }
        </style>
        <script>
        function allowDrop(ev)
        {
            ev. preventDefault();
            document. getElementById('dropArea'). className = 'hover';
            }
            function drop(ev)
            {
        ev. preventDefault();
        document. getElementById('dropArea'). className = "";
        document. getElementById('fileinfo'). innerHTML = "共选择了" + ev. dataTransfer.
files. length. toString() + "个文件";
        for(var i =0;i < ev. dataTransfer. files. length;i + + )
        {
          document. getElementById('fileinfo'). innerHTML + = "<br/>文件名:
" + ev. dataTransfer. files[i]. name +"; 文件大小:" + ev. dataTransfer. files[i]. size + "字
节";
        }
    }
        </script>
      </head>
      <body>
        <div id = "dropArea" ondrop = "drop(event)" ondragover = "allowDrop(event)" >
请把文件拖放到这</div>
        <br />
        <div id = "fileinfo" ></div>
```

```
    </body>
</html>
```

本例运行效果如图 5 -4 所示。

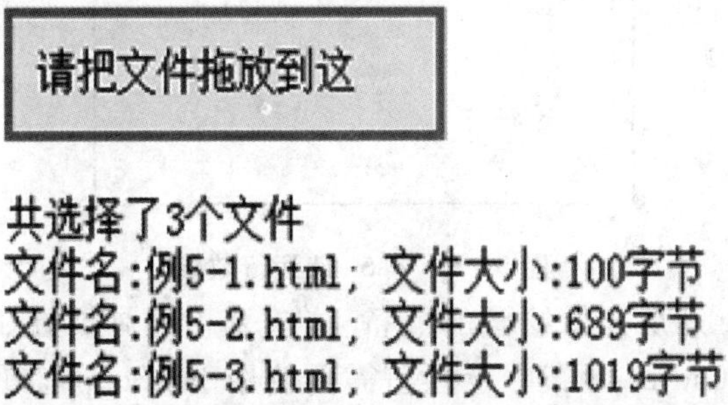

图 5 -4 例 5 -3 运行效果

5.2 HTML5 绘图

HTML4 的画图能力很弱,通常只能在网页中显示指定的图像文件。HTML5 提供了 Canvas 元素,可以在网页中定义一个画布,然后使用 Canvas API 在画布中画图。在 HTML5 网页中可以使用 Canvas 元素定义一个画布,这是使用 Canvas API 画图的前提。

5.2.1 Canvas 元素的定义

Canvas 元素的常用属性如表 5 -4 所示。

表 5 -4 Canvas 元素常用属性

属性	具体描述
id	Canvas 元素的标识 id
width	Canvas 画布的宽度,单位为像素
height	Canvas 画布的高度,单位为像素

注意:

可以在 <canvas> </canvas>之间添加文字说明,当浏览器不支持 Canvas 时,可显示这些文字说明。

【例 5 -4】5 -4. html。定义一个 Canvas 画布。

```
<canvas id = "mycanvas" width = "200px" height = "200px" style = "border: 1px solid red;" > </canvas >
```

本例运行效果如图 5 -5 所示。

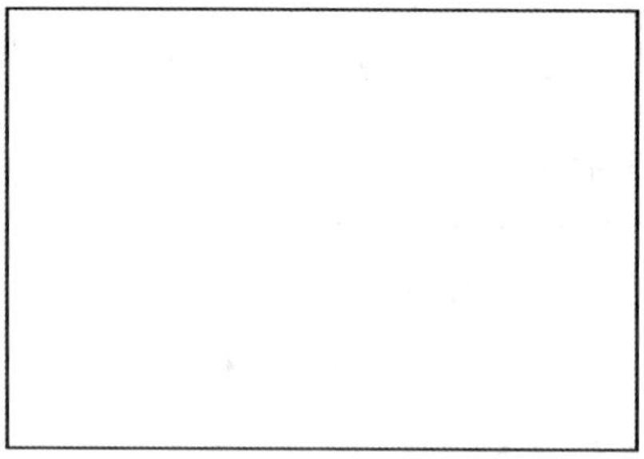

图 5-5　例 5-4 运行效果

定义 Canvas 画布只是开始绘画的准备工作，真正绘画要在 JavaScript 程序中调用 Canvas API 完成。在 Canvas 画布中绘图前需要使用 JavaScript 获取网页中的 Canvas 对象，然后使用该对象调用 Canvas API 完成绘图。在例 5-4 的基础上，获取 Canvas 对象的方法如下：

```
<script>
    var c = document.getElementById("mycanvas");
    var context = c.getContext("2d");
</script>
```

5.2.2　Canvas 绘制图形

使用 Canvas API 可以绘制各种基本图形，包括直线、曲线、矩形和圆形等，本小节将一一具体介绍。

1. 绘制直线

Canvas API 提供了以下方法来绘制直线，如表 5-5 所示。

表 5-5　绘制直线的方法

方法	具体描述
beginPath()	开始绘制路径
closePath()	绘图结束
moveTo()	将坐标移至直线起点，如 moveTo(x,y)
lineTo()	绘制直线，如 lineTo(x,y)
stroke()	绘制图形的边界轮廓

每次画线都从 moveTo 的点到 lineTo 的点，如果没有 moveTo，那么第一次 lineTo 的效果和 moveTo 一样，每次 lineTo 后如果没有 moveTo，那么下次 lineTo 的开始点为前一次 lineTo 的结束点。

【例 5-5】5-5.html。使用连续绘制直线的方法绘制一个三角形。

```
<!DOCTYPE html>
<html>
  <head>
```

```
        <meta charset = "UTF-8" >
        <title > Canvas 绘制三角形 </title >
        <script >
            function drawtriangle( )
            {
              var c = document. getElementById("myCanvas"); // 获取网页中的 canvas 对象
              var ctx = c. getContext( "2d" ) ; //获取 canvas 对象的上下文
              ctx. beginPath( ) ; // 开始绘图路径
              ctx. moveTo(10,10) ; // 将坐标移至直线起点
              ctx. lineTo(10,100) ; // 绘制直线
              ctx. lineTo(100,100) ; // 绘制直线
              ctx. lineTo(10,10) ; // 绘制直线
              ctx. stroke( ) ; // 绘制轮廓
              ctx. closePath( ) ;//关闭绘图路径
            }
        </script >
      </head >
      <body onload = "drawtriangle('mycanvas')" >
      <canvas id = "myCanvas" height = 100 width = 100 >您的浏览器不支持 canvas。
</canvas >
      </body >
    </html >
```

本例运行效果如图 5 -6 所示。

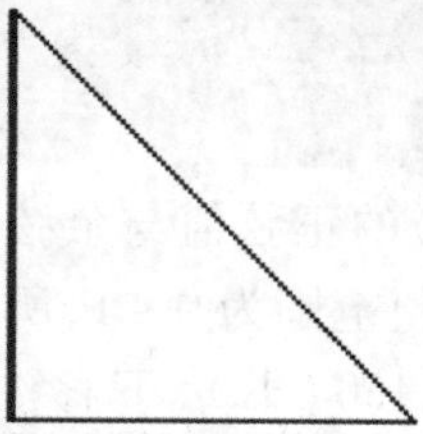

图 5 -6　例 5 -5 运行效果

利用 Canvas 提供的绘制直线的方法,还可以实现复杂图形的绘制。

【例 5 -6】5 -6. html。复杂图形的绘制。

```
    <! DOCTYPE html >
    <html >
      <head >
        <script >
            function drawline( )
            {
```

```
            var c = document.getElementById("myCanvas"); // 获取网页中的 Canvas 对象
            var ctx = c.getContext("2d"); //获取 canvas 对象的上下文
            var dx = 150;
            var dy = 150;
            var s  =  100;
            ctx.beginPath(); // 开始绘图路径
            var x  =  Math.sin(0);
            var y  =  Math.cos(0);
            var dig = Math.PI/15 * 11;
            for(var i  =  0;i < 30;i + + ){
              var x  =  Math.sin(i * dig);
              var y  =  Math.cos(i * dig);
              /* 用三角函数计算顶点 */
              ctx.lineTo(dx + x * s,dy + y * s);
              }
             ctx.stroke();
             ctx.closePath();
            }
        </script>
      </head>
      <body>
        <canvas id = "myCanvas" height = 1000 width = 1000 > 您的浏览器不支持
Canvas。</canvas>
        </body>
    </html>
```

程序将一组值(取了 30 个点)的正弦值与余弦值相连。因为正弦值与余弦值的取值范围为 0 ~ 1,所以将得到的值乘以 100,然后右移 150(dx)、下移 150(dx)。本例运行效果如图 5 – 7 所示。

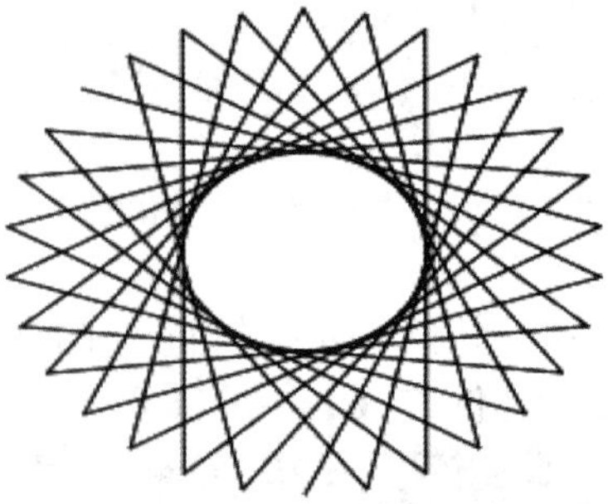

图 5 – 7　例 5 – 6 运行效果

2. 绘制矩形

可以通过调用 strokeRect()和 fillRect()等 API 在 Canvas 画布中绘制矩形,其中前一个 API 用于绘制矩形边框,调用 fillRect()可以填充指定的矩形区域。在上述三种方法中接受相同的参数(x,y,width,height),其中 x 指矩形左上角的 x 坐标,y 指矩形左上角的 y 坐标,width 指矩形的宽度,height 指矩形的高度。

【例 5 – 7】5 – 7.html。在 Canvas 画布中绘制一个矩形。

```
<! DOCTYPE html >
<html >
  <head >
    <meta charset = "UTF-8" >
    <title >绘制矩形 </title >
    <script >
        function draw(id) {
          var canvas = document.getElementById(id); //获取 canvas 对象
          if (canvas == null)
              return false;
          var context = canvas.getContext('2d'); //取得上下文
          context.fillStyle = "#eeeeff"; //填充画布颜色
          context.fillRect(0, 0, 400, 300); //绘制画布
          context.fillStyle = "green"; //填充矩形颜色
          context.strokeStyle = "red"; //矩形边框颜色
          context.lineWidth = 1; //边框宽度
          context.fillRect(50,50,100,100); //画矩形
          context.strokeRect(50,50,100,100); //画矩形的边框
          }
    </script >
  </head >
  <body onload = "draw('canvas1')" >
    <h3 >矩形绘图 </h3 >
    <canvas id = "canvas1" width = "300px" height = "250px" > </canvas >
  </body >
</html >
```

本例运行效果如图 5 – 8 所示。

图 5 – 8 例 5 – 7 运行效果

在绘制图形的时候有两个主要属性:fillStyle 和 strokeStyle,这两个属性主要用来定义填充颜色和设置图形轮廓的颜色,语法格式为:

```
fillStyle = color, strokeStyle = color;
```

【例 5-8】5-8.html。用 fillStyle 实现矩形颜色渐变。

```
<!DOCTYPE html>
<html>
  <head>
    <meta charset="UTF-8">
    <title>fillStyle 综合应用</title>
    <script>
      function draw(id)
      {
        var canvas = document.getElementById(id);
        var context = canvas.getContext("2d");
        for(var i=0;i<6;i++)
        {
          for(var j=0;j<6;j++){
            context.fillStyle = "rgb(" + Math.floor(255 - 42.5 * i) + ","
             + Math.floor(255 - 42.5 * j) + ",0)";
            context.fillRect(j * 25,i * 25,25,25);
          }
        }
      }
    </script>
  </head>
  <body onload="draw('canvas')">
    <h3>fillStyle 应用</h3>
    <canvas id="canvas" width="150px" height="150px"></canvas>
  </body>
</html>
```

本例运行效果如图 5-9 所示。

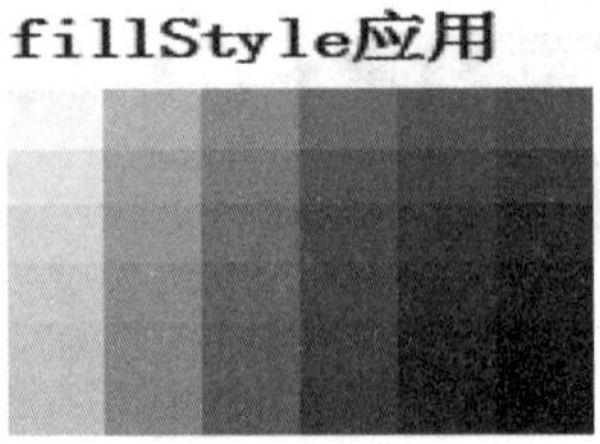

图 5-9 例 5-8 运行效果

3. 绘制圆形

可以调用 arc()方法绘制圆弧,语法如下:

```
arc(centerX, centerY, radius, startingAngle, endingAngle, antiClockwise);
```

参数说明如下：

centerX,圆弧圆心的 X 坐标。

centerY,圆弧圆心的 Y 坐标。

radius,圆弧的半径。

startingAngle,圆弧的起始角度。

endingAngle,圆弧的结束角度。

antiClockwise,是否按逆时针方向绘图。

【例 5-9】5-9.html。使用 arc()方法绘制圆。

```
<!DOCTYPE html>
<html>
  <head>
    <meta charset="UTF-8">
    <title>绘制圆形</title>
    <script>
      function draw(id)
      {
        var canvas = document.getElementById(id);
        if(canvas == null)
        return false;
        var context = canvas.getContext("2d");
        context.fillStyle = "#eeeeff";
        context.fillRect(0,0,400,300);//绘制画布
        context.beginPath();//绘制圆形开始
        context.arc( 100, 100, 75, 0, Math.PI * 2, true);
        context.fillStyle = "green";
        context.fill();
        context.closePath();
      }
    </script>
  </head>
  <body onload="draw('canvas1')">
    <h3>绘制圆形</h3>
    <canvas id="canvas1" width="250" height="250"></canvas>
  </body>
</html>
```

本例运行效果如图 5-10 所示。

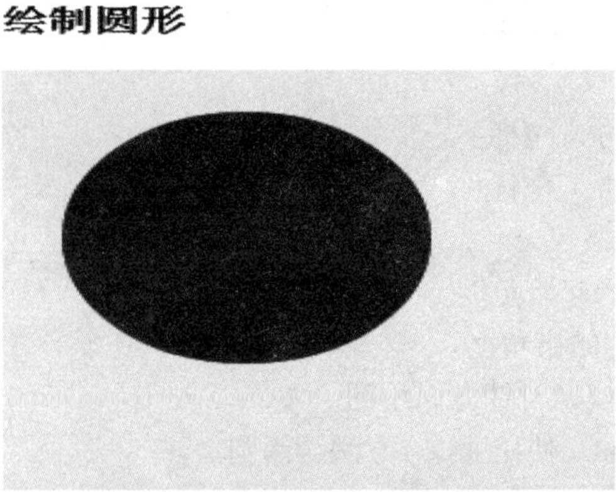

图 5－10　例 5－9 运行效果

接下来通过一个具体实例来练习 arc( )方法和 strokeStyle 属性。

【例 5－10】5－10. html。arc( )方法和 strokeStyle 属性应用。

```
<! DOCTYPE html>
<html>
  <head>
    <meta charset="UTF-8">
    <title>strokeStyle 应用</title>
    <script>
      function draw(id){
        var canvas=document.getElementById(id);
        var context=canvas.getContext("2d");
        context.fillStyle="#eeeeff";
        context.fillRect(0,0,150,150);
        for(var i=0;i<6;i++){
          for(var j=0;j<6;j++){
            context.strokeStyle="rgb("+Math.floor(255-42.5*i)+","
             +Math.floor(255-42.5*j)+",0)";
            context.beginPath();
            context.arc(12.5+j*25,12.5+i*25,10,0,Math.PI*2,true);
            context.stroke();
          }
        }
      }
    </script>
  </head>
  <body onload="draw('canvas')">
    <h3>strokeStyle 应用</h3>
```

```
    <canvas id = "canvas"  width = "150px"  height = "150px" > </canvas >
  </body >
</html >
```

本例运行效果如图 5 – 11 所示。

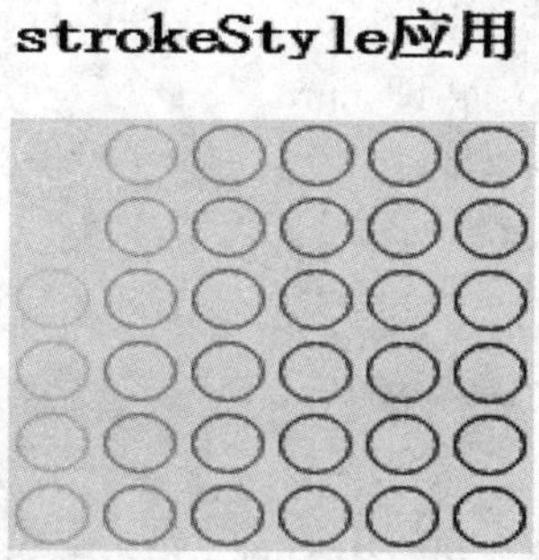

图 5 – 11　例 5 – 10 运行效果

4. 综合案例:火柴人绘制

下面将通过一个综合的案例,练习 Canvas 的 arc( )、moveTo( )、lineTo( )等方法。

步骤分析如下:

① 通过 document. getElementById( )方法取得 Canvas 元素,然后使用 Canvas 对象的 getContext('2d')方法获得图像下上文。

② 创建一个 300 * 300,背景为淡蓝色的画布。

③ 使用图形上下文对象的 arc( )方法,创建"火柴人头部"路径,这里是一个空心的,边框为 3 的红色圆形。

④ 火柴人的头部绘制好以后,接下来绘制火柴人的脸部。这里主要是绘制红色的眼睛和嘴巴。当绘制面部的时候,需要再次使用 beginPath( )方法,是为了让脸部路径与头部路径分开。

⑤ 接下来再创建一个新的路径来绘制眼睛。先绘制一个左眼睛,也就是绘制一个圆形并通过 fillStyle 属性为其填充红颜色,然后使用 moveTo( )方法"抬起"画笔绘制右眼睛。

⑥ 脸部绘制完成后,接下来就是绘制身体的部分,主要是上肢和下肢的绘制。在绘制身体的部位时,多次采用了 moveTo( )和 lineTo( )方法。

⑦ 最后关闭路径,路径创建完成后,使用上下文对象的 closePath( )关闭路径。因为绘制的火柴人的每一部分都是路径的一个独立的子路径,都能独立绘制。因此只要在结尾处关闭路径即可。

【**例 5 – 11**】5 – 11. html。绘制火柴人。

```
<! DOCTYPE html >
<html >
  <head >
    <meta charset = "UTF-8" >
```

```
<title>火柴人绘制</title>
<script>
  function draw(id)
  {
    var canvas = document.getElementById(id); //获取 Canvas 对象
    var context = canvas.getContext('2d'); //获得上下文
    context.fillStyle = "#eeeeff"; //填充颜色
    context.fillRect(0, 0, 300, 300); //画矩形
    context.beginPath();//用 arc 创建一个边框为红色的空心圆,即创建头部
    context.strokeStyle = "#c00";
    context.lineWidth = 3;
    context.arc(100, 50, 30, 0, Math.PI*2, true);
    context.fill();
    context.stroke();
    context.closePath();
    context.beginPath();//用 arc 创建一个边框为红色的空心半圆,即嘴部创建
    context.strokeStyle ="#c00";
    context.lineWidth = 3;
    context.arc(100, 50, 20, 0, Math.PI, false);
    context.fill();
    context.stroke();
    context.closePath();
    context.beginPath(); //创建两只眼睛
    context.fillStyle ="#c00";
    context.arc(90, 45, 3, 0, Math.PI*2, true);
    context.fill();
    context.stroke();
    context.moveTo(113, 45);
    context.arc(110, 45, 3, 0, Math.PI*2, true);
    context.fill();
    context.stroke();
    context.closePath();
    context.beginPath();
    context.moveTo(100, 80); // move to neck
    context.lineTo(100, 180); // body
    context.lineTo(75, 250); // 绘制左腿
    context.moveTo(100, 180); // move to hips
    context.lineTo(125, 250); // 绘制右腿
```

```
            context.moveTo(100, 90); // move to shoulders
            context.lineTo(75, 140); // 绘制左胳膊
            context.moveTo(100, 90); // back to shoulders
            context.lineTo(125, 140); // 绘制右胳膊
            context.stroke();
            context.closePath();
        }
    </script>
  </head>
  <body onload="draw('canvas');">
    <h1>canvas 绘制火柴人</h1>
    <canvas id="canvas" width="400" height="300" />
  </body>
</html>
```

本例运行效果如图 5-12 所示。

图 5-12 例 5-11 运行效果

5.2.3 Canvas 绘制图像

可以使用 Canvas API 在画布指定位置绘制图像,相比传统的 <img> 标签只能在固定的位置以固定的大小显示图像,显然 Canvas API 更具有灵活性。在画布上绘制图像的 Canvas API 是 drawImage()方法,语法如表 5-6 所示。

表 5-6 drawImage()方法的语法

方法	具体描述
drawImage(image,x,y)	以原始大小在指定位置绘制图像
drawImage(image,x,y,width,height)	在指定位置以指定大小绘制图像
drawImage(image, sourcex, sourcey, sourcewidth, sourceheight,destx,desty,destwidth,destheight)	在指定位置以指定大小绘制图像的一部分(即对图像进行剪裁)

参数说明：

image，所要绘制的图像，必须是表示 <img> 标记或者屏幕外图像的 Image 对象，或者是 Canvas 元素。

X 和 Y，要绘制的图像的坐标位置。

width 和 height，绘制图像左上角坐标位置的宽度和高度。

sourceX 和 sourceY，图像将要被绘制的区域的坐标。

destX 和 destY，所要绘制的图像区域的左上角的画布坐标。

destWidth 和 destHeight，图像区域所要绘制的画布大小。

接下来，将通过几个具体实例来讲述表 5 - 6 中的几个方法。

【例 5 - 12】5 - 12. html。以原始大小在指定位置（100，100）绘制图像 water lilies. jpg。

```
<! DOCTYPE html >
<html >
  <head >
    <meta charset = "UTF-8" >
    <title > </title >
    <script >
      function draw( )
      {
        var c = document. getElementById( "myCanvas" ); // 获取网页中的 Canvas 对象
        var ctx = c. getContext( "2d" ); //获取 Canvas 对象的上下文
        var imageObj  =  new Image( ); // 创建图像对象
        imageObj. src  =  "img/water lilies. jpg";
        imageObj. onload  =  function( ){
        ctx. drawImage( imageObj, 100, 100);
        };
      }
    </script >
  </head >
  <body onload = "draw('myCanvas')" >
    < canvas id = " myCanvas"  height = 1000 width = 1000 > 您的浏览器不支持
Canvas。 </canvas >
  </body >
</html >
```

本例运行效果如图 5 - 13 所示。

图 5-13 例 5-12 运行效果

【例 5-13】5-13. html。在指定位置(100,100)绘制宽度为 160px,高度为 120px 的图像 water lilies. jpg。

```
<! DOCTYPE html >
<html >
  <head >
    <meta charset = "UTF-8" >
    <title > </title >
    <script >
      function draw( )
      {
        var c = document. getElementById( "myCanvas" ); // 获取网页中的 Canvas 对象
        var ctx = c. getContext( "2d" ); //获取 Canvas 对象的上下文
        var imageObj  =  new Image( ); // 创建图像
        imageObj. src  =  "img/water lilies. jpg" ;
        imageObj. onload  =  function( ){
          ctx. drawImage( imageObj, 100, 100, 160, 120);
        };
      }
    </script >
  </head >
  <body onload = "draw( 'myaCanvas')" >
    < canvas id = " myCanvas"  height = 1000  width = 1000 > 您的浏览器不支持
Canvas。 </canvas >
  </body >
</html >
```

本例运行效果如图 5-14 所示。

图 5 - 14　例 5 - 13 运行效果

【例 5 - 14】5 - 14. html。在指定位置(100,100)绘制图像 water lilies. jpg 中的一朵花。

```
<! DOCTYPE html>
<html>
  <head>
    <meta charset = "UTF-8" >
    <title> </title>
    <script>
      function draw()
      {
        var c = document. getElementById("myCanvas"); // 获取网页中的 Canvas 对象
        var ctx = c. getContext("2d"); //获取 Canvas 对象的上下文
        var imageObj = new Image(); // 创建图像
        imageObj. src = "img/water lilies. jpg";
        imageObj. onload = function(){
          ctx. drawImage(imageObj, 100, 100, 200, 160, 0, 0, 200, 160);
        };
      }
    </script>
  </head>
  <body onload = "draw('myCanvas')" >
    <canvas id = "myCanvas" height = 1000 width = 1000 >您的浏览器不支持 canvas。</canvas>
  </body>
</html>
```

本例运行效果如图 5 - 15 所示。

图 5－15 例 5－14 运行效果

5.2.4 Canvas 绘制文本

在 HTML5 中,还可以在 Canvas 画布中进行文字的绘制,同时也可以指定绘制文字的字体、大小、对齐方式等,还可以进行文字的纹理填充等。绘制文字时可以使用 fillText( ) 或 strokeText( )方法。在使用 Canvas API 进行文字绘制时,还需要先设置有关文字的属性,文字有关属性如表 5－7 所示。

表 5－7 绘制文本的有关属性

属性	描述
font	设置文字字体
textAlign	设置文字水平对齐方式,取值为 start、end left、right、center,默认值为 start
textBaseline	设置文字垂直对齐方式,取值为 top、hanging、middle、alphabetic、ideographic、bottom 等,默认值为 alphabetic

【例 5－15】5－15. html。用 fillText( )和 strokeText( )方法绘制“河南大学欢迎你”。

```
<! DOCTYPE html >
<html >
  <head >
    < meta charset = "UTF-8" >
    <title > </title >
    <script >
     function draw(id){
       var canvas = document. getElementById(id);
       if(canvas = = null)
       return false;
       var context = canvas. getContext("2d");
       context. fillStyle = "#0000ff";
       context. strokeStyle = "green";
       context. font = "italic 30px sans-serif";
       context. textBaseline = "top";
       context. fillText("河南大学欢迎你",0,0);//填充字符
```

```
            context.strokeText("河南大学欢迎你",0,50);//轮廓字符
        }
    </script>
  </head>
  <body onload="draw('canvas')">
    <canvas id="canvas" width="400px" height="300px"></canvas>
  </body>
</html>
```

本例运行效果如图 5－16 所示。

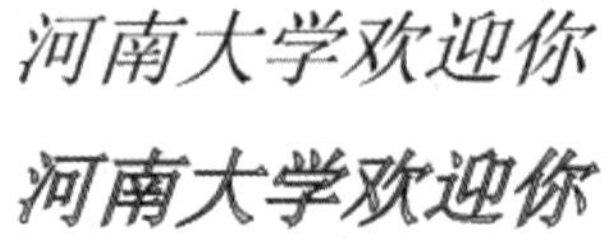

图 5－16　例 5－15 运行效果

读者可以尝试把“context.strokeText("河南大学欢迎你",0, 50)”中的参数 50 变成 0 看看效果。

注意：

fillText(text,x,y)方法使用填充方式绘制字符串，strokeText(text,x,y)使用轮廓的方法绘制字符串，参数 text 指要绘制的文字，x、y 分别代表要绘制文字起点的横坐标和纵坐标。

5.2.5　组合和阴影

本小节将介绍 Canvas 绘图的两个另外的特性：组合和阴影。

1. 组合

在绘制图形时，如果画布上已经有图形，就涉及一个问题：两个图形如何组合。可以通过 CanvasRenderingContext2D.globalCompositeOperation 属性来设置组合方式，具体取值如表 5－8 所示。

表 5－8　globalCompositeOperation 属性的可选值

可选值	具体描述
source-over	默认值，新图形会覆盖在原有内容之上
destination-over	在原有内容之下绘制新图形
source-in	新图形会仅仅出现与原有内容重叠的部分，其他区域都变成透明的
destination-in	原有内容中与新图形重叠的部分会被保留，其他区域都变成透明的
source-out	只有新图形中与原有内容不重叠的部分会被绘制出来
destination-out	原有内容中与新图形不重叠的部分会被保留
source-atop	新图形中与原有内容重叠的部分会被绘制，并覆盖于原有内容之上

续表

可选值	具体描述
destination-atop	原有内容中与新内容重叠的部分会被保留,并会在原有内容之下绘制新图形
lighter	两图形中重叠部分作加色处理
darker	两图形中重叠的部分作减色处理
xor	重叠的部分会变成透明
copy	只有新图形会被保留,其他都被清除掉

【例5－16】5－16.html。使用 Context.blobslCompositeOperation 属性实现图形组合。

```
<!DOCTYPE html>
<html>
  <head>
    <meta charset="UTF-8">
    <title>图形组合</title>
    <script>
     function draw()
     {
       var c=document.getElementById("myCanvas");// 获取网页中的 Canvas 对象
       var ctx=c.getContext("2d");//获取 Canvas 对象的上下文
       ctx.fillStyle = "yellow";
       ctx.fillRect(0,0, 100, 100);
       ctx.fillStyle = "blue";
       ctx.globalCompositeOperation = "source-over";
       var centerX = 100;
       var centerY = 100;
       var radius = 50;
       var startingAngle = 0;
       var endingAngle = 2 * Math.PI;
       ctx.beginPath();// 开始绘图路径
       ctx.arc(centerX, centerY, radius, startingAngle, endingAngle, false);
       ctx.fill();
     }
     window.addEventListener("load", draw, true);
    </script>
  </head>
  <body>
    <canvas id="myCanvas" height=500 width=500>您的浏览器不支持 Canvas。
</canvas>
```

```
  </body>
</html>
```

程序首先绘制了一个黄色的正方形,然后绘制一个蓝色的圆,两个图形有交集。这里将 ctx. globalCompositeOperation 设置为默认值"source-over",结果如图 5-17 所示。读者可以将 ctx. globalCompositeOperation 设置为不同的值,查看结果,进行比较。例如,ctx. globalCompositeOperation = " destination -over" 的结果如图 5-18 所示。

图 5-17 "source-over"属性值结果

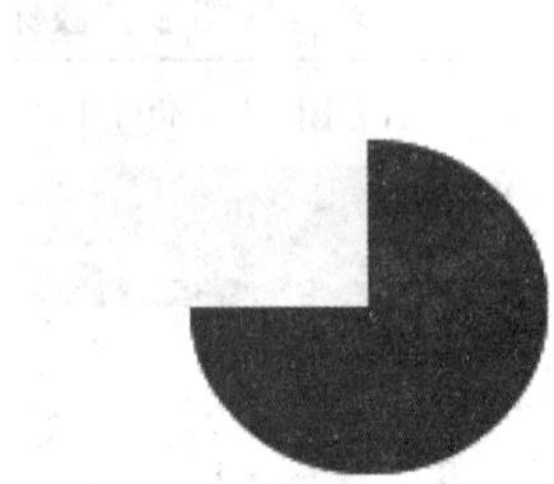

图 5-18 "destination -over"属性值结果

ctx. globalCompositeOperation = " source-in" 的结果如图 5-19 所示。

ctx. globalCompositeOperation = " destination-in" 的结果如图 5-20 所示。

图 5-19 "source-in"属性值结果

图 5-20 "destination-in"属性值结果

ctx. globalCompositeOperation = " source-out" 的结果如图 5-21 所示。

ctx. globalCompositeOperation = " destination-out" 的结果如图 5-22 所示。

图 5-21 "source-out"属性值结果

图 5-22 "destination-out"属性值结果

ctx. globalCompositeOperation = " source-atop" 的结果如图 5-23 所示。

ctx. globalCompositeOperation = " destination-atop" 的结果如图 5-24 所示。

图 5-23 "source-atop"属性值结果

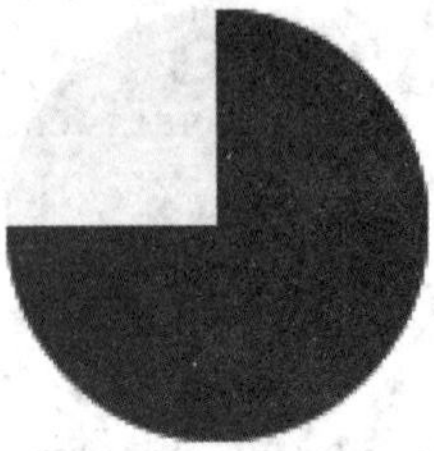

图 5-24 "destination-atop"属性值结果

ctx. globalCompositeOperation = " lighter" 的结果如图 5 – 25 所示。

ctx. globalCompositeOperation = " darker" 的结果如图 5 – 26 所示。

图 5 – 25　"lighter"属性值结果

图 5 – 26　"darker"属性值结果

ctx. globalCompositeOperation = " xor" 的结果如图 5 – 27 所示。

ctx. globalCompositeOperation = " copy" 的结果如图 5 – 28 所示。

图 5 – 27　"xor"属性值结果

图 5 – 28　"copy"属性值结果

2. 阴影

在绘制图形时，可以通过 CanvasRenderingContext2D 的一组属性设置图形的阴影，与阴影有关的属性如表 5 – 9 所示。

表 5 – 9　与阴影有关的属性

属性	具体描述
shadowBlur	阴影的像素模糊值
shadowOffsetX	阴影在 x 轴上的偏移值
shadowOffsetY	阴影在 y 轴上的偏移值
shadowColor	阴影颜色值

【例 5 – 17】5 – 17. html。绘制一个蓝色的矩形，同时绘制阴影。

```
<! DOCTYPE html >
<html >
  <head >
    <meta charset = " UTF-8" >
    <title >绘制阴影 </title >
    <script >
      function draw( )
      {
```

```
                var c = document.getElementById("myCanvas"); // 获取网页中的
Canvas 对象
                var ctx = c.getContext("2d"); //获取 Canvas 对象的上下文
                ctx.fillStyle = "blue";
                ctx.save();
                ctx.shadowBlur = 20;
                ctx.shadowOffsetX = 15;
                ctx.shadowOffsetY = 15;
                ctx.shadowColor = "blue";
                ctx.fillRect(50,50,100,100);
                ctx.restore();
                ctx.fillRect(200,50,100,100);
            }
            window.addEventListener("load", draw, true);
        </script>
    </head>
    <body>
        <canvas id = "myCanvas" height = 500 width = 500 >您的浏览器不支持 canvas。
</canvas >
    </body>
</html>
```

程序绘制时首先绘制了一个带阴影的矩形，然后调用 ctx.restore()方法恢复绘图状态到设置阴影属性之前，在旁边又绘制了一个没有阴影的矩形，以便读者对比，本例运行效果如图 5 - 29 所示。

图 5 - 29　例 5 - 17 运行效果

5.2.6　HTML5 Canvas 动画实例

在开发在线游戏时，绘制动画是非常重要的。本小节介绍一个使用 Canvas API 实现的动画实例——小型太阳系模型，由地球、月球和太阳组成。在漆黑的夜空中，地球围着太阳转，月球围绕地球转，界面如图 5 - 30 所示。

图 5-30 小型太阳系模型

注意：

本例用到了 jquery 和 jcanvas 两个 js 文件，所用到图片在 img 文件夹下。

步骤分析：

要实现动画效果，除了绘图外，还需要解决下面两个问题：

① 定期绘图，也就是每隔一段时间就调用绘图函数进行绘图。动画是通过多次绘图实现的，一次绘图只能实现静态图像。可以使用 setInterval( )方法设置一个定时器，语法格式如下：

```
setInterval(函数名,时间间隔)
```

时间间隔的单位是 ms，每经过指定的时间间隔系统都会自动调用指定的函数。

② 清除先前绘制的所有图形。物体已经移动开来，可原来的位置上还保留先前绘制的图形，这样当然不行。解决这个问题最简单的方法是使用 clearRect( )方法清除画布中的内容。

在设计小型太阳系模型动画实例之前，需要准备三个图片，分别用于表现地球、月球和太阳。本例的画面比较小，因此这三个图片不需要很精美。这里使用 sun. png 表现太阳，使用 eartrh. png 表现地球，使用 moon. png 表现月球，图片均在 img 目录下 。

因为本例的背景是漆黑的夜空，因此这些图片的背景都是黑色的。下面介绍本实例的设计过程。

首先定义一个 Canvas 元素，画布的长和宽都是 300，代码如下：

```
<!DOCTYPE html>
<html>
  <head>
    <meta charset="UTF-8">
    <title>HTML5 Canvas 动画实例:小型太阳系模型</title>
    <script type="text/javascript" src="js/jquery.js"></script>
    <script type="text/javascript" src="js/jcanvas.min.js"></script>
  </head>
  <body>
    <canvas id="canvasId" width="300" height="300"></canvas>
  </body>
</html>
```

在 JavaScript 代码中定义三个 Image 对象，分别用于显示 sun. png、eartrh. png 和 moon. png。然后定义一个 init( )方法，初始化 Image 对象，并设置定时器，代码如下：

```
<script>
    var sun = new Image();
    var moon = new Image();
    var earth = new Image();
    $(document).ready(function () {
        init();
    });
    function init(){
      sun.src = 'img/sun.png';
      moon.src = 'img/moon.png';
      earth.src = 'img/earth.png';
      setInterval(draw,100);
    }
    ...
    //此处省略 draw()方法代码
</script>
```

在 init( )函数中调用 setInverval( )方法设置每 100ms 调用一次 draw( )方法。draw( )方法是本实例的主体，用于绘制小型太阳系模型，接下来将一一介绍。

1. 绘制背景

本例的背景就是漆黑的夜空，因此简单地画一个黑色的矩形就可以了，代码如下：

```
function draw()
{
var ctx = document.getElementById('canvasId').getContext('2d');
ctx.clearRect(0,0,300,300); // 清除 Canvas 画布
ctx.fillStyle = 'rgba(0,0,0)';
ctx.fillRect(0,0,300,300);
ctx.save();
```

每次调用 draw( )方法都要使用 cxt. clearRect( )方法清除 Canvas 画布。

2. 绘制太阳

在画布的中心绘制太阳，代码如下：

```
ctx.drawImage(sun,125,125,50,50);
```

画布的中心为(150,150)，太阳图片的长和宽都为 50，因此图像的左上角坐标为(125, 125)(125 =150 - 50/2)。

3. 绘制地球轨道

假定地球轨道是以太阳为中心的半径为 100 的圆，绘制地球轨道代码如下：

```
    ctx.strokeStyle = 'rgba(0,153,255,0.4)';
    ctx.beginPath();
    ctx.arc(150,150,100,0,Math.PI * 2,false); // 地球轨道
    ctx.stroke();
    ctx.closePath();
```

画布的中心为(150,150),太阳图片的长和宽都为50,因此图像的左上角坐标为(125, 125)(125 = 150 - 50/2)。

4. 绘制地球

因为地球围绕着太阳转,所以在绘制地球之前,要进行下面几次平移和旋转操作。

① 平移至画布的中心(即站在太阳的角度看地球)。

② 根据当前的时间旋转一定的角度。

③ 平移至地球轨道。

绘制地球,代码如下:

```
ctx.save();
    // 绘制地球
    ctx.translate(150,150); // 平移至画布的中心
    var time = new Date(); // 获取当前时间
    // 旋转一定的角度
    ctx.rotate( ((2 * Math.PI)/60) * time.getSeconds() +
    ((2 * Math.PI)/60000) * time.getMilliseconds() );
    ctx.translate(105,0); // 平移至地球轨道
    ctx.drawImage(earth, -12, -12); //绘制地球
```

每次绘制地球时程序都会根据当前的时间旋转一定的角度,这是动画的关键,使用newDate()可以获取当前的系统时间,使用time.getSeconds()可以得到系统时间中的秒数,使用time.getMilliseconds()可以得到系统时间中的毫秒数。这里约定地球1分钟(60秒)绕太阳转一圈,因此当前地球在轨道上的位置应该是2π除以60再乘以当前的秒数加上2π除以60000(1分钟=60000毫秒)再乘以当前的毫秒数。

地球轨道的半径为100,考虑到earth.png的宽度,在平移地球轨道时调用ctx.translate(105,0)。

最后调用ctx.drawImage()方法绘制地球图片,可以调整坐标使地球图片正好位于轨道上。

5. 绘制月球

经过前面的平移和旋转操作,旋转的坐标原点已经在地球的位置了。在此基础上绘制月球就很方便了,只需要经过一次旋转和一次平移就可以了。绘制月球,代码如下:

```
    ctx.save();
    ctx.rotate( ((2 * Math.PI)/6) * time.getSeconds() +
    ((2 * Math.PI)/6000) * time.getMilliseconds() );
    ctx.translate(0,28.5);
    ctx.drawImage(moon, -3.5, -3.5);
```

这里假定月球每6秒钟绕地球转一圈,旋转的公式可以参考绘制地球的方法理解。这里假定月球的轨道半径为28.5。

6. 恢复绘图状态

在绘制地球和绘制月球时都进行了平移和旋转操作。绘制之前都调用ctx.save()方法保存绘图状态。在绘制结束时需要2次恢复绘图状态,代码如下:

```
ctx.restore();
ctx.restore();
```

如果不恢复绘图状态,则下次调用draw()函数时坐标的状态是不正确的,画面就会出现混乱。该实例完整的程序代码如下:

```
<!DOCTYPE html>
<html>
  <head>
    <meta charset="UTF-8">
    <title>HTML5 Canvas 动画实例:小型太阳系模型</title>
    <script type="text/javascript" src="js/jquery.js"></script>
    <script type="text/javascript" src="js/jcanvas.min.js"></script>
  </head>
  <body>
    <canvas id="canvasId" width="300" height="300"></canvas>
    <script>
      var sun = new Image();
      var moon = new Image();
      var earth = new Image();
      $(document).ready(function () {
        init();
      });
      function init(){
        sun.src = 'img/sun.png';
        moon.src = 'img/moon.png';
        earth.src = 'img/earth.png';
        setInterval(draw,100);
      }
      function draw()
      {
        $("canvas").clearCanvas(0,0,300,300); // 清除 Canvas
        $("canvas").drawRect({fillStyle:"black", x:0, y:0, width:300, height:
300, fromCenter:false});
          // 绘制太阳
```

```
            $("canvas").drawImage({source:sun, x: 125, y: 125, width: 50, height:
50, fromCenter: false});
             /* 绘制地球轨道 */
             $("canvas").drawArc({ strokeStyle:"rgba(0,153,255,0.4)", strokeWidth:
1, x: 150, y: 150, radius: 100});
            $("canvas").saveCanvas(); //保存当前状态
             /*绘制地球*/
             $("canvas").translateCanvas({ translateX: 150, translateY: 150, autosave:
false});
            var time = new Date(); // 获取当前时间
             /*旋转一定的角度*/
            $("canvas").rotateCanvas({ x: 0, y:0, rotate: 360*(time.getSeconds()/
60 + time.getMilliseconds()/60000), autosave: false });
            $("canvas").translateCanvas({translateX: 105, translateY: 0, autosave:
false });
            $("canvas").drawImage( {source:earth, x: -12, y: -12, width: 10,
height: 10, fromCenter: false});
            /*绘制月球*/
            $("canvas").rotateCanvas({ x: 0, y:0, rotate: 360*(time.getSeconds()/
6 + time.getMilliseconds()/6000), autosave: false });
            $("canvas").translateCanvas({ translateX: 0, translateY: 28.5, autosave:
false});
            $("canvas").drawImage( {source:moon, x: -3.5, y: -3.5, width: 5,
height: 5, fromCenter: false });
            $("canvas").restoreCanvas();
            $("canvas").restoreCanvas();
            }
        </script>
    </body>
</html>
```

5.3 HTML5 多媒体

在 HTML5 之前，要在网页中播放多媒体需要借助 Flash 插件，浏览器需要安装 Flash 插件才能播放多媒体。使用 HTML5 提供的新元素 <audio> 和 <video>，它们可以不依赖任何插件播放音频和视频文件。

5.3.1 <audio>元素和<video>元素

<video>元素专门用来播放网络上的视频或电影，而<audio>元素专门用来播放网络上的音频数据。使用这两个元素，不需要使用其他任何插件。表5－10介绍了目前浏览器对<video>元素与<audio>元素的支持情况。

表5－10　目前浏览器对<video>元素与<audio>元素的支持情况

浏览器	支持情况
Chrome	3.0及以上版本支持
Fixfox	3.5及以上版本支持
IE	9.0及以上版本支持
Opera	10.5及以上版本支持
Safari	3.2及以上版本支持

<audio>元素和<video>元素的用法都很简单，只要掌握好这些元素的属性，就可以很方便地使用了。<video>和<audio>元素所具有的属性大致相同，都具有如表5－11所示的属性。

表5－11　<video>和<audio>元素具有的属性

属性	属性描述
src	音频或视频文件的路径
width	<video>独有，定义<video>元素的宽度
height	<video>独有，定义<video>元素的高度
autoplay	文件是否自动播放，取值为autoplay或false
controls	文件是否显示控制面板，如要显示，取值为controls
loop	控制文件循环播放的次数，取值true、false、具体整数值
poster	<video>独有，当视频不可用时，可以使用该元素向用户展示一副替代的图片
preload	preload属性，该属性用于指定视频或音频数据是否加载，如果使用预加载，则浏览器会预先将视频或音频数据进行缓冲，加快播放速度，有三个属性值：none、metadata、auto

【**例5－18**】5－18.html。<audio>元素的用法举例。

```
<!DOCTYPE html>
<html>
  <head>
    <meta charset="UTF-8">
    <title>video 的使用 </title>
    <style>
      #div1{
```

```
            background:#99ff99;
            width:500px;
        }
        h2{
            color:white;
            font-style:italic;
        }
    </style>
</head>
<body>
    <div id="div1">
    <h2>雪景</h2>
    <img src="img/7page-img1.gif"/">
    <h2>听一首和雪有关的歌曲</h2>
    <audio src="video/雪人.mp3" controls="controls" autoplay="autoplay" loop
="true">
    <!--多源音频文件引入格式-->
    <source src="video/雪人.ogg">
    <source src="video/雪人.wav">
    </audio>
    </div>
</body>
</html>
```

本例运行效果如图 5－31 所示。

图 5－31 例 5－18 运行效果

HTML5 中 <audio>标签支持的格式有 wav、mp3 和 ogg Vorbis 三种音频格式，为了保证所引入的音频文件正常播放，用多源格式引用音频文件，如例 5 - 18 代码中所示。

注意：

如果想使用 <audio> 元素设置背景音乐，可以不使用 controls 属性，或者把 controls 属性设置为 false。

【例 5 - 19】5 - 19. html。 <video> 元素用法举例。

```
<! DOCTYPE html>
<html>
  <head>
    <meta charset="UTF-8" >
    <title>video 的使用 </title>
  </head>
  <body>
      <video width="400px" height="300px" controls="controls">
      <! --多源视频文件引入格式 -->
      <source src="video/chrome. mp4" type="video/mp4" > </source>
      <source src="video/chrome. ogv" type="video/ogg" > </source>
      <source src="video/chrome. webm" type="video/webm" > </source>
      <! --回退策略-->
      <object width="" height="" type="application/x-shockwave-flash" data="
myvideo. swf" >
          <param name="movie" value="myvideo. swf" />
          <param name="flashvars" value="autostart=true&amp;file=myvideo. swf" />
     </object>
  当前浏览器不支持 video 直接播放，点击这里下载视频：
  <a href="myvideo. webm" >下载视频</a>
     </video>
   </body>
 </html>
```

本例运行效果如图 5 - 32 所示。

注意：

<video> 元素支持的视频格式有 mp4、webm 和 ogg Theora 三种，为了保证引入的视频文件正常播放，可以用多源视频的形式引入各种格式的文件。如果客户端浏览器不支持 HTML5，可以使用回退策略，用 flash 插件来播放视频文件。

5.3.2 用 JavaScript 语言访问 video 对象

使用 JavaScript 语言访问 <audio> 元素和 <video> 元素的方法大致相同，本书中以 <video> 元素为例讲解。

图 5－32 例 5－19 运行效果

1．检测浏览器是否支持 <video> 元素

在 JavaScript 程序中操作 video 对象前，通常需要检测浏览器是否支持 <video> 元素，若支持，则可以对 video 对象进行操作。

可以通过 document.createElement() 方法创建一个 video 对象，如果成功则表示浏览器支持 <video> 标签，否则表示不支持。

【例 5－20】5－20.html。在网页中定义一个按钮，单击此按钮时，会检测浏览器是否支持 <video> 标签。

```
<!DOCTYPE html>
<html>
  <head>
    <meta charset="UTF-8" />
    <title>浏览器是否支持 video</title>
  </head>
  <body>
    <button id="check" onclick="check();">检测浏览器是否支持 video 标签
</button>
    <script>
      function supports_video(){
      return !! document.createElement('video').canPlayType;
      }
      function check(){
        if(supports_video()){
        alert("您的浏览器支持 video 标签。");
        }
        else{
        alert("您的浏览器不支持 video 标签。");
        }
```

```
        }
    </script>
  </body>
</html>
```

本例运行效果如图 5 - 33 所示，可以看到，网页中包含一个“检测浏览器是否支持<video>元素”的按钮，在 Google Chrome 21.0 中单击此按钮，显示如图 5 - 34 所示的消息框，在 IE9 以下的浏览器中单击此按钮，会弹出如图 5 - 35 所示的消息框。

图 5 - 33　例 5 - 20 运行效果

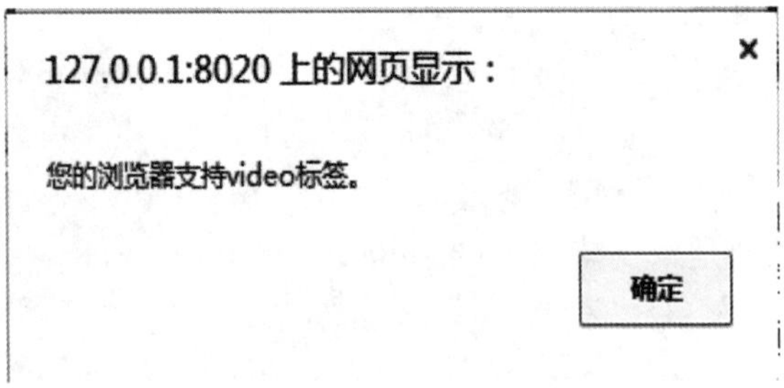

图 5 - 34　Google Chrome 21.0 支持 video

图 5 - 35　IE8 不支持 video

2. video 对象的方法

video 对象的方法如表 5 - 12 所示。

表 5 - 12 video 对象的方法

方法	具体描述
canPlayType	是否能播放指定格式的资源
load	加载 src 属性指定的资源
play	播放
pause	暂停

【例 5 - 21】5 - 21. html。定义一个 <video> 标签,用于播放指定的 mp4 文件。单击视频画面则播放视频,再次单击则会暂停播放。

```
<!DOCTYPE html>
<html>
  <head>
    <meta charset="UTF-8">
    <title></title>
  </head>
  <body>
    <video id="video1" src="video/chrome.mp4" controls onclick
="playvideo();">
        您的浏览器不支持 video 标签。
    </video>
    <script>
     function supports_video(){
       return !! document.createElement('video').canPlayType;
     }
     function playvideo(){
       if(supports_video()){
         var media = document.getElementById('video1');
         if (media.paused) {
           media.play();
         }
         else {
           media.pause();
         }
         }
     }
```

```
        </script>
    </body>
</html>
```

本例运行效果如图 5－36 所示,程序根据 media. paused 的属性判断当前的播放状态,当 media. paused 等于 true 时,会播放视频,否则,会暂停播放。

图 5－36 例 5－21 运行效果

3. video 对象的事件

video 对象的常用事件处理函数如表 5－13 所示。

表 5－13 video 对象的常用事件处理函数

事件处理函数	具体描述
canplay	当浏览器可以播放音频/视频时
loadeddata	当浏览器已加载视频的当前帧时
loadstart	开始申请数据
progress	正在申请数据
suspend	延迟下载
play	播放时触发
pause	暂停时触发
ended	播放结束
volumechange	改变音量
waiting	当视频由于需要缓冲下一帧而停止

接下来通过一个具体实例,讲解表 5－13 中常用的方法。

【例 5－22】5－22. html。video 事件处理函数应用。

```
<! DOCTYPE html>
<html>
    <head>
        <meta charset="UTF-8">
```

```
    <title>video 事件</title>
  </head>
  <body>
      <video id="video1" src="video/cars.mp4" controls >
      您的浏览器不支持 video 标签。
      </video>
      <br/>
      <br/>
      <video id="video2" src="video/chrome.mp4" controls>
      您的浏览器不支持 video 标签。
      </video>
    <script>
      function register() {
        var media1 = document.getElementById('video1');
        media1.addEventListener("play", pauseVideo2, true);
        media1.addEventListener("pause", playVideo2, true);
      }
      function pauseVideo2() {
        var media2 = document.getElementById('video2');
        media2.pause();
      }
      function playVideo2() {
        var media2 = document.getElementById('video2');
        media2.play();
      }
      window.addEventListener("load", register, true);
    </script>
  </body>
</html
```

程序使用 window.addEventListener()方法指定加载网页(load)时调用 register()方法。register()方法用于定义视频 1 的事件处理方法,play 事件的处理方法为 pauseVideo2(),pause 事件的处理方法为 playVideo2()。本例运行效果如图 5-37 所示。

5.3.3 综合案例:基于 HTML5 的多媒体播放器的设计

本小节介绍一个使用 jQuery + HTML5 + CSS3 设计视频播放器实例。

实例中使用 MediaElement.js 插件来播放视频,可以访问下面的网址了解和下载此插件:http://mediaelementjs.com。

图 5－37　例 5－22 运行效果

本实例包含子目录如下：

img：用于视频播放器的控制面板上的控制按钮图片。

js：用于保存实例中使用的 JavaScript 脚本文件。

css：用于保存实例中使用的样式表文件。

实例包含的文件如下：

index. html：本实例的主页。

css\styles. css：本实例使用的样式表。

js\jquery. js：jQuery 脚本文件。

js\ mediaelement-and-player. min. js：实例中使用的 MediaElement. js 插件文件。

1. 定义 <video> 元素

在 index. html 中定义 <video> 元素的代码如下：

```
<video src="video/echo-hereweare.mp4" width="400px"
height="267px" poster="img/echo-hereweare.jpg"></video>
```

2. 绑定到 mediaElement. js 插件

在加载 index. html 时，jQuery 程序会将 <video> 元素绑定到 mediaElement. js 插件，代码如下：

```
<script>
        $(function(){
            $("video").mediaelementplayer({
                alwaysShowControls:false;
                videoVolume:"horizontal";
        features:["playpause","progress","volume","fullscreen"];
            });
        })
</script>
```

3. 设置视频播放器的外观

在 css/style. css 中定义了视频播放器的样式，其中很多 CSS 类别在 MediaElement. js 插件中定义，MediaElement. js 插件中常用的与播放器外观有关的 CSS 类别如表 5－14 所示。

表 5-14 MediaElement.js 插件中常用的与播放器外观有关的 CSS 类别

CSS 类别	具体描述

. mejs-overlay-button	用于定义视频播放器画面上的播放按钮的样式,使用 background 属性可以指定播放按钮的图片,在 css/style. css 中的定义代码如下:
	. mejs-inner . mejs-overlay-button {
	position: absolute;
	top: 50%;
	left: 50%;
	width: 50px;
	height: 50px;
	margin: -25px 0 0 -25px;
	background: url(../img/play. png) no-repeat;
	}

. mejs-controls	用于定义视频播放器控制面板的样式,使用 background 属性可以指定控制面板的颜色。在 css/style. css 中的定义代码如下:
	. mejs-container . mejs-controls {
	position: absolute;
	width: 100%;
	height: 34px;
	left: 0;
	bottom: 0;
	background: rgb(0,0,0); /* IE8- */
	background: rgba(0,0,0, .7);
	}

. mejs-controls . mejs-button	用于定义视频播放器控制面板上的按钮样式,使用 background 属性可以指定控制面板按钮的图片。在 css/style. css 中定义代码如下:
	. mejs-controls . mejs-button button {
	display: block;
	cursor: pointer;
	width: 16px;
	height: 16px;
	background: transparent url(../img/controls. png);
	}

. mejs-controls
div. mejs-playpause-button
	用于定义播放/暂停按钮的样式,在 css/style. css 中定义的代码如下:
	. mejs-controls div. mejs-playpause-button {
	position: absolute;
	top: 12px;
	left: 15px;
	}

续表

CSS 类别	具体描述

. mejs-controls . mejs-mute /mejs-controls . mejs-unmute button	用于定义静音/取消静音按钮的样式,在 css/style. css 定义的代码如下:
	. mejs-controls . mejs-mute button,
	. mejs-controls . mejs-unmute button {
	width: 14px;
	height: 12px;
	background-position: -12px 0;
	}
	. mejs-controls . mejs-unmute button { background-position: -12px -12px; }

. mejs-controls. mejs-fullscreen-button button/. mejs-controls . mejs-unfullscreen button	用于定义全屏/取消全屏按钮的样式,在 css/style. css 定义的代码如下:
	. mejs-controls . mejs-fullscreen-button button,
	. mejs-controls . mejs-unfullscreen button {
	width: 27px;
	height: 22px;
	background-position: -26px 0;
	}
	
	. mejs-controls . mejs-unfullscreen button { background-position: -26px -22px; }
	
	/ * Volume Slider * /
	. mejs-controls div. mejs-horizontal-volume-slider {
	position: absolute;
	cursor: pointer;
	top: 15px;
	left: 65px;
	}

续表

CSS 类别	具体描述

mejs-controls. mejs-time-rail	用于定义进度条控制器和时间提示框的样式,在 css/style. css 中,定义代码如下:
	. mejs-controls div. mejs-time-rail {
	position: absolute;
	width: 100% ;
	left: 0;
	top: -10px;
	}
	
	. mejs-controls . mejs-time-rail span {
	position: absolute;
	display: block;
	cursor: pointer;
	width: 100% ;
	height: 10px;
	top: 0;
	left: 0;
	}
	
	. mejs-controls . mejs-time-rail . mejs-time-total {
	background: rgb(152,152,152); /* IE8- */
	background: rgba(152,152,152, .5);
	}
	……

. mejs-controls. mejs-horizontal-volume-slider	用于定义音量滑动控制器的样式,在 css/style. css 中定义的代码如下:
	. mejs-controls div. mejs-horizontal-volume-slider {
	position: absolute;
	cursor: pointer;
	top: 15px;
	left: 65px;
	}
	. mejs-controls. mejs-horizontal-volume-slider. mejs-horizontal-volume-total {
	width: 60px;
	background: #d6d6d6;
	}
	. mejs-controls. mejs-horizontal-volume-slider. mejs-horizontal-volume-current {
	position: absolute;
	width: 0;
	top: 0;
	left: 0;
	}
	
	. mejs-controls. mejs-horizontal-volume-slider. mejs-horizontal-volume-total,
	. mejs-controls. mejs-horizontal-volume-slider. mejs-horizontal-volume-current {
	height: 4px;
	-webkit-border-radius: 2px;
	-moz-border-radius: 2px;
	border-radius: 2px;
	}

本案例实现的详细代码如下：

```
<! DOCTYPE html >
<html >
  <head >
    <meta charset = "UTF-8" >
    <title >视频播放器设计 </title >
    <link rel = "stylesheet" type = "text/css" href = "css/style. css"/ >
    <script src = "js/jquery. js" > </script >
    <script src = "js/mediaelement-and-player. min. js" > </script >
    <style type = "text/css" >
        body{
            margin:0;
            padding:25px 0 0 0;
        }
        . mejs-container {
            margin: 0 auto;
        }
    </style >
  </head >
  <body >
        <video src = "video/echo-hereweare. mp4" width = "400px"
        height = "267px" poster = "img/echo-hereweare. jpg" > </video >
        <script >
          $ (function( ){
              $ ("video"). mediaelementplayer( {
                alwaysShowControls:false;
                videoVolume:"horizontal";
                features:["playpause","progress","volume","fullscreen"];
              });
          })
    </script >
  </body >
</html >
```

本案例运行效果如图 5 - 38 所示。

图 5-38 视频播放软件设计效果图

本章小结

本章主要介绍了 HTML5 的一些高级应用：数据的拖放功能、Canvas 绘图功能和 HTML5 的多媒体功能。其中，在数据拖放中主要讲述了一些数据拖放的基础知识、拖放事件和拖放的一些实例，为读者使用数据拖放功能时提供一些参考。HTML4 几乎没有绘图功能，通常只能显示已有的图片，而 HTML5 则集成了强大的绘图功能，在 HTML5 中可以使用 Canvas 实现在线绘图，本章主要介绍了使用 Canvas 绘制一些基本及复杂的图形，绘制文本及图片，以及关于填充样式方面的内容。在多媒体功能中主要介绍了一些关于 <audio>和 <video>的用法，以及多源音频文件、视频文件的引入方式和回退策略。

第 6 章　jQuery 应用

本章要点

- jQuery 概述
- jQuery 选择器
- jQuery HTML 操作
- jQuery 事件与动画
- jQuery 与 AJAX
- jQuery 插件

jQuery 是一个目前非常流行的 Web 前端框架,它是基于 JavaScript 的类库。在 Web 开发中,通过使用 jQuery 可以非常容易地选择并操作 HTML 元素,由于 jQuery 是基于 JavaScript 的类库,它和 JavaScript 可以无痕衔接,事件模型也与 JavaScript 趋于一致。JavaScript 还封装了 XMLHttpRequest 对象,jQuery 提供了对 AJAX 的良好支持。同时,jQuery 是一个开源框架,支持开发者编写自己的 jQuery 插件,目前 jQuery 的第三方插件非常丰富,开发人员借助于这些插件可以大大提高开发效率,节省开发成本。本章将围绕 jQuery 的这些特性对 jQuery 进行介绍。

6.1　jQuery 概述

6.1.1　认识 jQuery

随着 Web 2.0 技术的兴起,各种 JavaScript 库蓬勃发展起来,jQuery 就是一个应用非常广泛的 JavaScript 库,它以功能强大、语法简洁和轻便易用而著称。

jQuery 是由 John Resig 于 2006 年创建的一个开源项目,目前 jQuery 的最新版本为 2.1.1。如今,jQuery 已经成为最流行的 JavaScript 前台框架之一,在世界前 10000 个访问最多的网站中,有超过 55% 的网站在使用 jQuery。

jQuery 是免费、开源的,遵循 MIT 许可协议。jQuery 的语法简洁易学,开发者能够非常便捷地操作 HTML 文档对象、选择 DOM 元素、设计动画效果、处理事件、使用 AJAX 以及其他功能。除此以外，jQuery 提供的 API 允许开发者自定义插件，其模块化的使用方式使开发者可以很轻松地开发出功能强大的静态或动态网页。

1. Web 应用程序的结构

jQuery 是一个 Web 前台框架，主要用于 Web 前台开发人员快捷地选择对象、操作 HTML 和 DOM、调用 AJAX 等。图 6－1 给出了 Web 应用程序的基本结构，从结构上来讲 Web 应用程序包括浏览器端（前台）和服务器端（后台）。浏览器端主要负责发送用户请求，解析 HTML，执行 JavaScript 及 jQuery 程序；服务器端通过运行 Web 服务器，解析用户请求，执行服务器端程序（如 JSP/Servlet/ASP.NET 等），如有必要并执行 SQL 语句调用访问数据库，最后将服务器端程序的执行结果以 HTTP 响应报文（包括 Web 前台代码）的形式发送给浏览器解析执行。

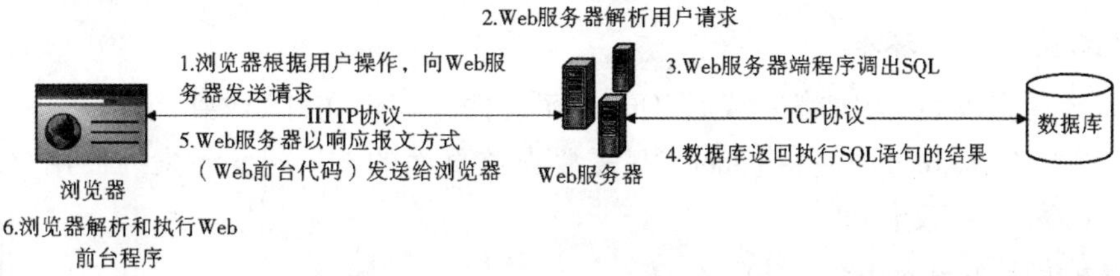

图 6－1　Web 应用程序基本结构

注意：

由于本书主要关注于 Web 前台开发，所以关于服务器端程序及如何访问数据库不是本书的重点。jQuery 工作于浏览器端，浏览器端如需与服务器端交互数据，本章以 Java 为例进行说明。

2. jQuery 的优势

目前 JavaScript 库非常多，如 Prototype、YUI、Dojo 等，为何 jQuery 能够出类拔萃、超群出众，主要是由于 jQuery 具有以下优势。

（1）语法简单，易于使用

jQuery 秉承"write less do more"的理念，语法简单高效，易于使用。并且 jQuery 是轻量级的，非常小巧，其类库仅有 200KB，压缩后只有 30KB 左右。

（2）API 强大，封装出色

相比而言，jQuery 提供了更多的 API，功能更强大，特别是 jQuery 的选择器，可以操作 HTML 元素、CSS 等。jQuery 还提供了出色的 DOM 和 AJAX 封装，使用 jQuery 能够轻松地完成各种 DOM 操作和 AJAX 调用。

（3）插件丰富，兼容性好

jQuery 易扩展，众多开发者编写了丰富的 jQuery 第三方插件，为 Web 开发人员提供了便捷的解决方案。jQuery 兼容 IE 6.0 +、Firefox 3.6 +、Safari 5.0 +、Google Chrome 和 Opera 等众多浏览器，jQuery 同时还修复了一些浏览器之间的差异，为 Web 开发人员解决了令人头疼的浏览器兼容性问题。

（4）开源免费，文档完善

jQuery 遵守 MIT 许可协议，开源免费，任何人都可以自由使用和修改。jQuery 的文档非常完善，开发人员可以到 http://api.jquery.com 查阅帮助文档。

6.1.2 配置 jQuery 开发环境

1. 下载 jQuery

读者可以到 http://jquery.com/download 页面下载最新版本的 jQuery，jQuery 提供了两个版本：压缩版（jquery.min.js）和开发版（jquery.js）。压缩版文件大小约为 31KB，该版本经过了压缩处理，主要应用于产品和项目；开发版文件大小约为 200KB，是完整无压缩的，主要用于测试、学习和开发。

2. 配置 jQuery 环境

jQuery 无需安装，只需将下载后 jQuery 库文件（“.js”文件）放到网站的一个公共目录，若要在某个 Web 页面使用 jQuery，只需要在该页面的 <head> 元素内使用 <script> 元素引用 jQuery 库文件即可。

3. 在页面中引用 jQuery 库

Web 页面若要使用 jQuery，就必须在该页面的 <head> 元素内引用 jQuery 库文件。例如，

```
<!DOCTYPE html>
<html>
  <head>
    <meta http-equiv="Content-Type" content="text/html; charset=UTF-8" />
    <title>例 1 引用 jQuery 库文件</title>
    <!--<head>标签内使用<script>标签引用 jQuery 的库文件，其中 jquery-2.1.1.js 为 jQuery 的库文件名，该文件存放在一个名为 jquery 的目录下-->
    <script src="jquery/jquery-2.1.1.js" type="text/javascript"></script>
  </head>
  <body>
  </body>
</html>
```

上述代码中加黑部分即为在页面中引用 jQuery 库文件的代码，该文件为 jquery 目录下 jquery-2.1.1.js，建议使用相对路径。经过上述引用，就可以在该页面中使用 jQuery 了。

注意：

如果不想下载并存放 jQuery 类库，那么也可以通过 CDN 方式引用它。目前，谷歌和微软的服务器都存有 jQuery。例如，在页面中引用谷歌服务器上的 jQuery 文件：

```
<head>
```

```
    <script src = "http://AJAX.googleapis.com/AJAX/libs/jquery/1.8.0/jquery.min.js" >
    </script >
  </head >
本章的后续部分例子,如无特殊说明,默认已经引用了 jQuery 库文件。
```

关于编写 jQuery 程序的开发工具,推荐使用 Dreamweaver,自 Dreamweaver CS5.5 后, Dreamweaver 便加入了对 jQuery 语法的自动提示功能。

6.1.3 编写第一个 jQuery 程序

下面给出了一个 jQuery 程序,通过该程序先来了解一下 jQuery 程序的结构和特点。

【例 6－1】6－1.html。当用户单击 <p> 元素内的字符串时,该字符串便会隐藏起来。

```
<! DOCTYPE html >
<html >
  <head >
    <meta http-equiv = "Content-Type" content = "text/html; charset = UTF-8" / >
    <script src = "jquery-2.1.1.js" type = "text/javascript" > </script >
    <! --以下是 jQuery 程序段-- >
    <script >
    $(document).ready(function(){
      $("p").click(function(){
      $(this).hide();
      });
    });
    </script >
    <title >例 6－1 第一个 jQuery 程序 </title >
  </head >
  <body >
    <p >如果你单击我,我便会消失。 </p >
  </body >
</html >
```

对于本例,进行如下说明:

① jQuery 程序像 JavaScript 代码一样,也必须放在 <script> 标签内。

② $(document)是 jQuery 的一个常用对象,表示 HTML 文档对象。$(document).ready()方法表示指定 $(document)的 ready 事件处理函数。ready 事件在文档对象就绪时被触发。

③ $()是 jQuery()方法的缩写,该方法可以在 DOM 中搜索指定的选择器匹配的元素,并创建一个引用该元素的 jQuery 对象。例如,$("p")表示选择文档中的 <p> 元素。$("p").click()方法表示指定 <p> 元素的 click 事件处理函数,click 事件在用户单击

指定元素(这里指 <p> 元素)时触发。

④ $(this)是一个 jQuery 对象,this 相当于一个代词,指当前引用的 HTML 元素对象(这里指 <p> 元素)。hide()方法的功能是隐藏指定元素对象。

6.1.4 jQuery 对象

前面的章节中已经介绍了 DOM 对象, DOM 为开发人员提供了访问和操作 HTML 文档中元素的方法。DOM 对象可以表示为一棵树,下面再次通过一个简单例子说明 DOM 对象。

【**例 6-2**】6-2.html。DOM 对象的使用。

```
<!DOCTYPE html>
<html>
  <head>
    <meta http-equiv="Content-Type" content="text/html; charset=UTF-8" />
    <title>HTML DOM 示例</title>
    <script>
      function getElement()
      {
        //1.根据元素名获取 DOM 对象,注意返回的是数组形式
        //返回<h4>元素数组中的第 0 个元素
        var h4Obj = document.getElementsByTagName("h4")[0];
        //2.根据元素的 name 属性获取 DOM 对象
        var formObj = document.getElementsByName("myform");
        //3.根据元素的 id 属性获取 DOM 对象
        var liObj = document.getElementById("ch1");
        //通过 innerHTML 或 innerText 属性获取元素包含的 HTML 或文本
        var liText = liObj.innerHTML;
        alert(liText);
      }
    </script>
  </head>
  <body onload="getElement()">
    <h4>Web 编程与设计实例教程</h4>
    <form name="myform">
    </form>
    <ul>
      <li id="ch1">第 1 章 HTML5 基础</li>
      <li id="ch2">第 2 章 HTML5 高级编程</li>
      <li id="ch3">第 3 章 CSS3 基础</li>
```

```
        <li id = "ch4" >第 4 章 JavaScript 语法基础 </li>
        <li id = "ch5" >第 5 章 DOM 编程与事件处理机制 </li>
        <li id = "ch6" >第 6 章 jQuery 应用 </li>
      </ul>
    </body>
</html>
```

上面的 HTML 文档结构可以用图 6－2 表示为一棵 DOM 树。在 JavaScript 中通过使用 getElementByTagName( )、getElementByName( )或者 getElementById( )方法来获取元素，然后可以再使用 innerHTML 或 innerText 属性获取元素包含的 HTML 或文本。

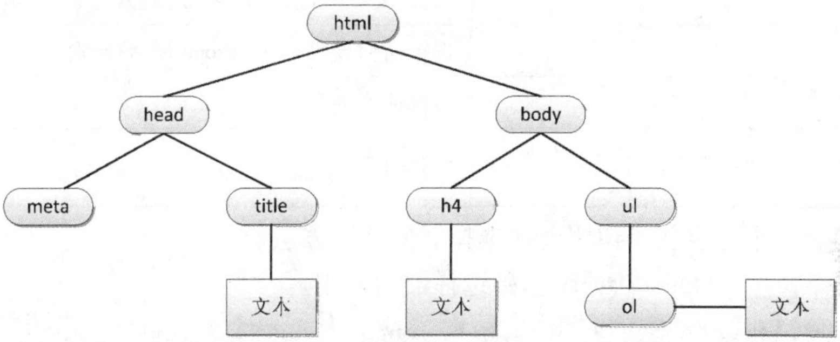

图 6－2　例 6－2 HTML 页面 DOM 结构

在 jQuery 中，可以使用 jQuery 选择器访问 HTML 元素，相比 JavaScript 功能更为强大，选择方式更加灵活。同样，使用 jQuery 也可以访问 DOM 对象，例 6－2 中的使用 JavaScript 访问 DOM 元素的代码改为 jQuery 代码后如下：

```
//1. 使用 get(index)方法获取相应的 DOM 对象，相当于
//使用 document. getElementByTagName("h4")[0]
var jquery_h4  =  $("h4"). get(0);
//与上一行功能等价
//var jquery_h4  =  $("h4")[0];
//2. 通过 id 属性获取 DOM 对象
var jquery_id  =  $("#ch1");
//通过使用 jQuery 的 html()方法获取 DOM 元素中的文本
var jquery_id_txt  =  jquery_id. html();
```

通过上述代码，可以看到 jQuery 对象访问 DOM 元素更加简洁方便，此外，jQuery 还提供了丰富的方法对 DOM 元素进行操作。

6.2　jQuery 选择器

通过 HTML DOM 可以遍历 HTML 文档中的元素，jQuery 选择器则为开发人员提供了更为灵活的访问和设置 HTML 元素的方式，即通过多种多样的元素选择器或属性选择器对 HTML 单个元素或元素集合进行选择，本节介绍几种主要的 jQuery 选择器。

6.2.1 基础选择器

同 CSS 一样，jQuery 的基础选择器可以根据元素名称、ID、类名以及属性选择 HTML 文档中的对象，表 6－1 列出了 jQuery 基础选择器的语法格式。

表 6－1 jQuery 选择器

选择器名称	语法格式	说明	返回类型
ID 选择器	$("#id")	选择元素的 ID 属性值为"id"的元素	单个元素
元素选择器	$("element")	选择文档中所有的 <element> 元素	集合元素
类选择器	$(".class")	选择 class 属性为"class"的元素	集合元素
属性选择器	$("[property]")	选择所有属性名为"property"的元素	集合元素
全局选择器	$("*")	选择所有的元素	集合元素
多项选择器	$("selector1, selector2, selectorN.class")	选择多个元素	集合元素

下面通过一个综合例子说明上述选择器的使用方法。

【例 6－3】6－3.html。jQuery 基础选择器的使用。

```
<!DOCTYPE html>
<html>
  <head>
    <meta charset="UTF-8">
    <title>jQuery 基本选择器示例</title>
    <script type="text/javascript" src="jquery-2.1.1.js"></script>
    <script>
      $(document).ready(function(){
        //使用类选择器，选择 class="left"的对象，设置该对象中的字体为 12px
        $(".left").css("box-shadow","inset");
        //使用元素选择器，选择<input>对象，设置这些对象的 CSS 样式的边框
        $("input").css("border","dashed 1px #000000");
        //使用 ID 选择器，选择 id="message"的对象，设置该对象的 CSS 样式的边框
        $("#message").css("border","dotted 1px #0cff00");
        //选择所有的对象
        $("*").css("font-size","12px");
        //使用$("span,legend")选择<span>和<legend>两个元素
        $("span,legend").css("color","#f33");
        //属性选择器，选择 name 属性值为 hobby 的复选框，并设置为 checked 状态
        $("input[name='hobby']").attr("checked", true);
      });
    </script>
```

```
</head>
<body>
    <form action="#" method="post" id="myform" >
      <fieldset>
      <legend>个人基本信息</legend>
      <div>
        <label for="username" class="left">名称:</label>
        <input type="text" name="username" id="username"/>
        <span id="tips_user"> * </span>
      </div>
      <div>
        <label for="password" class="left">密码:</label>
        <input type="password" name="password" id="password" />
        <span id="tips_pass"> * </span>
      </div>
      <div>
        <label for="requiredpass" class="left">确认密码:</label>
        <input type="password" name="requiredpass" id="requiredpass" />
        <span id="tips_requiredpass"> * </span>
      </div>
      <div>
        <label for="usertype" class="left">用户类型:</label>
        <select name="usertype" id="usertype" >
        <option value="1">管理员</option>
        <option value="2">普通用户</option>
        </select>
      </div>
      <div>
        <label for="gender" class="left">性别:</label>
        <input type="radio" name="gender" id="gender" value="男"/>男
        <input type="radio" name="gender" id="gender" value="女"/>女
        <span id="tips_gender"> * </span>
      </div>
      <div>
        <label for="hobby" class="left">爱好:</label>
        <input type="checkbox" name="hobby" id="hobby" value="reading"/>阅读
        <input type="checkbox" name="hobby" id="hobby" value="music"/>音乐
        <input type="checkbox" name="hobby" id="hobby" value="sports"/>运动
```

```
            <input type="checkbox" name="hobby" id="hobby" value="travell"/>旅行
            <span id="tips_hobby"> * </span>
          </div>
          <div>
            <label for="email" class="left">电子邮件:</label>
            <input type="text" name="email" id="email"/>
            <span id="tips_email"> * </span>
          </div>
          <div>
            <label for="message" class="left">自我介绍:</label>
            <textarea name="message" id="message" ></textarea>
          </div>
          <div>
            <button type="submit" id="submit">提交</button>
            <button type="reset">重置</button>
          </div>
          </fieldset>
      </form>
    </body>
  </html>
```

上述代码中,使用到了 jQuery 的两个方法:css()和 attr()。其中,css()方法的功能为访问或设置选择元素的 CSS 样式,如代码 $("*").css("font-size","12px")为设置所有对象的字体大小为 12px;attr()方法的功能为设置或返回被选元素的属性值,如代码 $("input[name='hobby']").attr("checked", true)为选择 name 属性为 hobby 的所有 <input>元素,其 checked 属性设置为 true。

jQuery 的属性选择器使用时非常灵活,表 6-2 中给出了 jQuery 更多的属性选择器语法格式及其示例。

表 6-2 jQuery 属性选择器

语法格式	说明	示例
$([attribute])	匹配包含给定属性的元素	$("input[id]")
$([attribute=value])	匹配给定的属性是某个特定值的元素	$("input[name='hobby']")
$([attribute!=value])	匹配所有不含有指定的属性,或者属性不等于特定值的元素	$("input[value='女']").attr("checked",true)
$([attribute^=value])	匹配给定的属性是以某些值开始的元素	$("input[id^='tips']").css("background","#f33")

续表

语法格式	说明	示例
$([attribute$ =value])	匹配给定的属性是以某些值结尾的元素	$("input[id ='pass']").css("font-size","12px")
$([attribute* =value])	匹配给定的属性是以包含某些值的元素	$("input[id* ='tips']").css("font-size","12px")

6.2.2 层次选择器

HTML文档有着严格的层次关系,如嵌套的父子关系、平行的兄弟关系等。jQuery的层次选择器可以选择父子关系、兄弟关系等。表6-3给出了四种常见的jQuery层次选择器。

表6-3 jQuery层次选择器

层次选择器	说明
ancestor descendant	在给定的祖先元素下匹配所有的后代元素
parent > child	在给定的父元素下匹配所有的子元素
prev + next	匹配所有紧接在<prev>元素后的<next>元素
prev ~ siblings	匹配<prev>元素之后的所有<siblings>元素

下面的例子说明了层次选择器的使用方法。

【例6-4】6-4.html。jQuery层次选择器的使用。

```
……
<script type="text/javascript" src="jquery-2.1.1.js"></script>
<script>
    $(document).ready(function(){
        //选择<form>元素中的所有的<input>元素,设置border为dashed
        $("form input").css("border","dashed");
        /*选择父元素为<form>中的所有<input>子元素,设置其值为:parent >
child 选择器*/
        $("form > input").val("parent > child 选择器");
        /%选择紧接在<label>元素之后的<input>元素%/
        $("label + input").css("background","#f90");
        //选择<form>元素的后续<input>元素对象
        $("form ~ input").val("form ~ input 选择器");    });
</script>
……
<body>
    <form>
```

```
            <label>标题: </label>
            <input name="title" />
            <fieldset>
            <label>内容: </label>
            <input name="content" />
            </fieldset>
        </form>
            <input name="none" />
    </body>
```

本例运行效果如图 6 - 3 所示。

图 6 - 3　例 6 - 4 运行效果

从运行效果来看, $ (" form input") 和 $ (" form > input") 是有区别的: $ (" form > input") 选择的是表单 <form> 中的直接子元素 <input>,由于 name 属性为"content"的 <input> 元素嵌套在 <fieldset> 元素中,自然不再是 <form> 元素的直接子元素了,因而不会被选择;而 $ (" form input") 则是选择 <form> 元素中嵌套的所有 <input> 子元素,无论被嵌套了多少层,都会被选择,因此本例中 <form> 元素中嵌套的两个 <input> 元素都会被选择。

6.2.3　过滤选择器

使用过滤选择器可以选择符合条件的元素或者元素集合。表 6 - 4 列出了 jQuery 的过滤选择器。

表 6 - 4　jQuery 过滤选择器

过滤选择器	说明
:first	获取第一个元素
:last	获取最后一个元素
:not(selector)	去除所有与给定选择器匹配的元素
:even	匹配所有索引值为偶数的元素,从 0 开始计数
:odd	匹配所有索引值为奇数的元素,从 0 开始计数
:eq(index)	匹配一个给定索引值的元素
:gt(index)	匹配所有大于给定索引值的元素
:lt(index)	匹配所有小于给定索引值的元素
:header	匹配诸如 <h1>、<h2>、<h3> 之类的标题元素

续表

过滤选择器	说明
:contains(text)	匹配包含给定文本的元素
:empty	匹配所有不包含子元素或者文本的空元素
:has(selector)	匹配含有选择器所匹配元素的元素
:parent	匹配含有子元素或者文本的元素
:hidden	匹配所有不可见元素，或者 type 为 hidden 的元素
:visible	匹配所有的可见元素

【例 6-5】6-5.html。使用 jQuery 过滤器实现表格中奇偶行交替变换背景色。

```
    ……
    <script type="text/javascript" src="jquery-2.1.1.js"></script>
    <script>
    $(document).ready(function(){
        //获取第一行<tr>对象
        // $("tr:first").css("font-family","Verdana, Geneva, sans-serif");
        //下行代码与上一行代码等价
        $("tr").first().css("font-family","Verdana, Geneva, sans-serif");
        //获取索引值为奇数的<tr>对象
        $("tr:odd").css("background","#f5f5f5");
        //当鼠标移动到表格当前行时，变换背景色
        $("tr").mouseover(function(){
        $(this).css("background","#f9f4f6");
        });
        $("tr").mouseleave(function(){
        $(this).css("background","");
        });
        //获取中包含文本"外语学院"的<td>对象
        $("td:contains(外语学院)").css("font-style","italic");
    });
    </script>
    </head>
<body>
    <div>
    ……
    <table border="1">
        <tr>
```

```
        <th > < input type = " checkbox"  id = " all"  value = " "  / > < span > 全选
</span > </th >
        <th > 活动名称 </th >
        <th > 参加人员 </th >
        <th > 发布人 </th >
        <th > 发布时间 </th >
        <th > 操作 </th >
      </tr >
      <tr >
        <td align = "center" > <input type = "checkbox" name = "items" id = ""/ > </td >
        <td > <a href = "#" > Equations with Fractional Laplacian </a > </td >
        <td > 所有研究生 </td >
        <td > 科研办 </td >
        <td > 2014-11-28 </td >
        <td > <a href = "#" > 编辑 </a >   
       a href = "#" > 删除 </a >
        </td >
      </tr >
    ……
      <tr >
        <td align = "center" > <input type = "checkbox" name = "items" id = ""/ > </td >
        <td > <a href = "#" > 日本语言与中日文化 </a > </td >
        <td > 日语专业学生 </td >
        <td > 外语学院 </td >
        <td > 2014-11-20 </td >
        <td > <a href = "#" > 编辑 </a >   
        <a href = "#" > 删除 </a >
        </td >
      </tr >
    </table >
    ……
```

本例运行效果如图 6 - 4 所示。本例中使用 $ (" tr:first") 选择表格中的第一行,使用 $ (" tr:odd") 选择表格中的奇数行(注意 jQuery 是以 0 序开始的)。本例中还用到了 $ (" td:contains(外语学院)") 选择 <td> 元素中包含有“外语学院”内容的单元格。

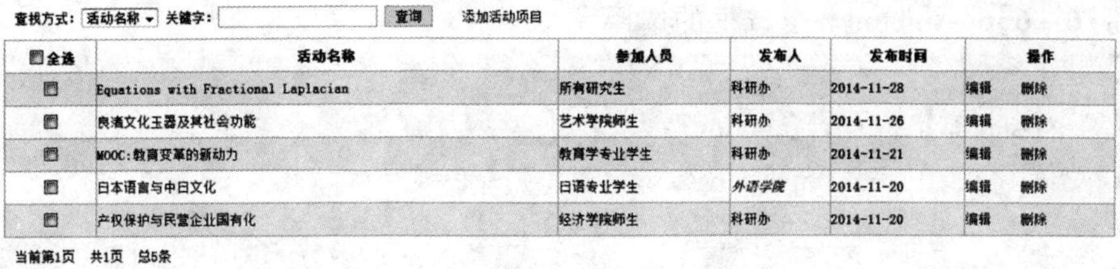

图6-4 例6-5运行效果

6.2.4 表单选择器

表单是网页中应用非常广泛的一种对象，表单是实现用户与应用程序交互、数据输入的重要方式。表6-5中列出了jQuery选择表单中各种输入域的方法。通过jQuery的表单选择器可以轻松地选择表单中的各种输入域。

表6-5 jQuery表单选择器

表单选择器	说明
:input	匹配所有<input>、<textarea>、<select>和<button>元素
:text	匹配所有的单行文本框
:password	匹配所有密码框
:radio	匹配所有单选按钮
:checkbox	匹配所有复选框
:submit	匹配所有提交按钮
:image	匹配所有图像按钮
:reset	匹配所有重置按钮
:button	匹配所有按钮
:file	匹配所有文件域
:hidden	匹配所有不可见元素，或者type为hidden的元素
:enabled	匹配所有可用元素
:disabled	匹配所有不可用元素
:checked	匹配所有选中的选项元素(复选框、单选框等，不包括<select>中的<option>)
:selected	匹配所有选中的<option>元素

jQuery的表单选择器在日常Web应用开发中使用非常频繁，下面列举一些jQuery表单选择器的典型应用。

1. 复选框的选择

对例6-5的功能进一步完善，若单击标题行中的“全选”复选框，则实现表格中的所有行的复选框均被选中，“全选”同时改为“全不选”；若再次单击“全不选”按钮，实现表格中所有行的复选框未选中，“全不选”同时改为“全选”。如下代码可以实现上述功能需求。

【例 6-6】6-6. html。复选框的选择。

```
……
$("document").ready(function(){
    $("#all").click(function(){
        //如果该复选框被选中
        if(this.checked)
            {
                //页面中所有的 checkbox 均改为选中
                $(":checkbox").attr("checked",true);
                //修改<span>元素中的文本内容为"全不选"
                $('span').text('全不选');
            }
            else
            {
                //页面中所有的 checkbox 均改为未选
                $(":checkbox").attr("checked",false);
                //修改<span>元素中的文本内容为"全选"
                $('span').text('全选');
            }
        });
    });
……
```

2. 复选框、下拉列表框的选择

在 Web 开发中,复选框、下拉列表框应用非常广泛,例 6-7 演示了获取复选框选中项的信息及选中项的项数等,针对下拉列表框主要演示了获取选择项的文本和值。

【例 6-7】6-7. html。复选框和下拉列表框的使用。

```
.....
<script type="text/javascript" src="jquery-2.1.1.js"></script>
<script>
    $(document).ready(function(){
     $("#btn").click(function(){
    //num1 为复选框选项的个数
    var num1 = $("input:checkbox").length;
    //num2 为复选框选中的项目数
    var num2 = $("#form1 input:checked").length;
    var val = "";
    //遍历选中复选框的选项,val 为选中项的值,中间用逗号隔开
```

```
    $("input[name='hobby']:checked").each(function(index, element) {
        val = val + $(this).val() + ",";
    });
    if(val.length > 1)
    {
        //因为字符串 val 的尾部有一个逗号,去掉尾部的逗号
        val = val.substring(0,val.length-1);
    }
    val = "复选框的项目总数为:" + num1 + "<br/>选中的个数:" + num2 +
        "<br/>选中的项目:" + val;
    //获取下拉列表框的选择项的文本
    var selected = $("select :selected").text();
    //获取选择项的值
    var items = $("select :selected").val();
    val = val + "<br/>下拉列表框选择项的文本:" + selected;
    val = val + "<br/>下拉表表框选择项的值:" + items;
    //在<span>标签内输出结果
    $("#data").html(val);
    });
   });
</script>
……
<form id="form1">
爱好:<input type="checkbox" name="hobby" value="足球" />足球
<input type="checkbox" name="hobby" value="篮球" />篮球
<input type="checkbox" name="hobby" value="网球" />网球
<input type="checkbox" name="hobby" value="排球" />排球
<input type="checkbox" name="hobby" value="乒乓球" />乒乓球
<br/>
用户类别:<select id="type" name="type">
<option value="1">本科生</option>
<option value="2">硕士生</option>
<option value="3">博士生</option>
<option value="4">教师</option>
</select>
<br/>
<input type="button" id="btn" value="单击" />
<br/>
```

```
<span id="data"></span>
</form>
……
```

本例运行效果如图 6－5 所示。

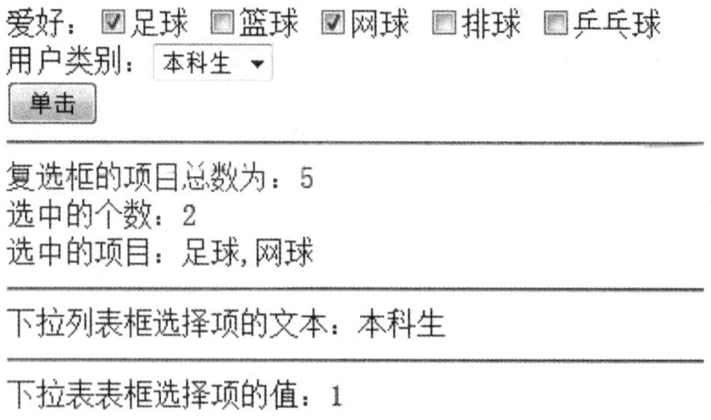

图 6－5 例 6－7 运行效果

表单选择器使用非常灵活，本例中复选框选中项：$("input[name='hobby']:checked")与$("#form1 input:checked")是等价的。另外，请读者区分 val()方法和 text()方法针对复选框和下拉列表框获取内容的差别。

3. 表单校验

表单校验能够有效避免用户录入非法数据。目前进行表单校验的方法很多，常见的方式主要有两种，一种是用客户端表单校验，如可以使用 JavaScript 或者 jQuery 进行表单校验；另一种是在服务器端进行数据校验，这种方式主要使用服务器端编程。建议选择前者即在客户端进行数据校验，以减轻服务器的压力。

jQuery 提供了强大的表单校验能力，下面的例子结合本章例 6－3 中的表单说明 jQuery 的表单校验功能。

【**例 6－8**】6－8. html。jQuery 的表单校验。

```
……
$(document).ready(function() {
//当表单中的输入域失去焦点时触发数据校验
    $(":input").blur(function(){
        if($("#username").val() == "")
        {
            $("#tips_user").html("用户名不能为空!");
            $("#username").focus();
            return;
        }
        else
        {
```

```
            $("#tips_user").html("OK!");
        }
        if($("#password").val() == "")
        {
            $("#tips_password").html("密码不能为空!");
            $("#password").focus();
            return;
        }

        else if($("#password").val().length < 6 || $("#password").val().
length > 18)
        {
            $("#tips_pass").html("密码长度须在6-18之间!");
            $("#password").focus();
            return;
        }
        else
        {
            $("#tips_pass").html("OK!");
        }

        if($("#password").val() != $("#requiredpass").val())
        {
            $("#tips_requiredpass").html("两次输入的密码不一致!");
            $("#requiredpass").val("");
            $("#requiredpass").focus();
            return;
        }
        else
        {
            $("#tips_requiredpass").html("OK!");
        }

        var email = $("#email").val();
        var pattern =
    /^[a-zA-Z0-9#_\^\$\.\*\+\-\?\=\!\:\|\\\/\(\)\[\]\{\}]+@[a-zA-Z0-
9]+((\.[a-zA-Z0-9_-]{2,3}){1,2})$/;
        if("" == email)
```

```
        {
        $("#tips_email").html("电子邮箱不能为空!");
        }
        else if(! pattern.test(email))
        {
            $("#tips_email").html("Email 不合法!");
        }
        else
        {
            $("#tips_email").html("OK!");
        }
        if(! $("#hobby").attr("checked",true))
        {
            $("#tips_hobby").html("至少选择其中一项!");
        }
        else
        {
            $("#tips_hobby").html("OK!");
        }
    });
});
```

6.3 jQuery HTML 操作

每个 HTML 元素都可以转换为一个 DOM 对象,而每个 DOM 对象都有一组属性。在 Web 编程中,经常需要通过 DOM 来获取或设置 HTML 元素的属性。现在,通过 jQuery 也可以很方便地获取和设置 HTML 元素的属性。

6.3.1 jQuery 访问 HTML 元素

在第 3 章中介绍了使用 JavaScript 访问 DOM 对象的方法,如使用 document.getElementById(对象的 id 属性值)可以获取 HTML 元素对应的 DOM 对象。而 jQuery 也提供了相应的方法来访问 HTML 元素,表 6-6 列出了使用 jQuery 访问 HTML 元素的相关方法。

表 6-6 jQuery 访问 HTML 元素的相关方法

方法	说明
attr(name|properties|key,value|fn)	设置或返回匹配元素的属性值
removeAttr(name)	从每一个匹配元素中删除一个属性
prop(name|properties|key,value|fn)	获取匹配元素集中第一个元素的属性值
removeProp(name)	删除由 prop()方法设置的属性集
addClass(class|fn)	为每个匹配元素添加指定的类名
removeClass([class|fn])	从所有匹配元素中删除全部或者指定的类
toggleClass(class|fn[,sw])	如果存在(不存在)就删除(添加)一个类
html([val|fn])	获取第一个匹配元素的 HTML 内容
text([val|fn])	获取所有匹配元素的内容
val([val|fn|arr])	获得匹配元素的当前值

其中,attr()方法、prop()方法和 val()方法在访问文本框的 value 属性时,用如下三种方式是等价的,使用这三个方法均可以获取到文本框的内容,即 <input>元素的 value 属性。

```
<input type="text" id="txt" name="data" value="jQuery"/>
//使用 attr()方法获取文本框的内容
$("#txt").attr("value");
//使用 val()方法获取文本框的内容
$("#txt").val();
//使用 prop()方法获取文本框的内容
$("#txt").prop("value");
```

同样,使用上述三个方法也可以设置 HTML 元素的相关属性,如使用如下的代码设置文本框的内容。

```
//为文本框的内容赋值
$("#txt").val("Hello, jQuery");
$("#txt").attr("value","Hello, jQuery");
$("#txt").prop("value","Hello, jQuery");
```

attr()和 prop()方法有无区别呢? 二者在很多情况下功能相似,attr()方法自 jQuery 1.0 就提供了,而 prop()方法则在 jQuery 1.6 之后的版本才出现。prop()方法主要弥补 attr()操作诸如 selected、checked 之类属性方面的不足之处,建议在操作这些属性时使用 prop()方法,除此之外访问其他属性时使用 attr()方法。请看下面的代码:

```
<input type="checkbox"/>
$(document).ready(function(){
    $('input:checkbox').click(function(){
        alert($(this).prop('checked'));
```

```
    });
});
```

单击 checkbox,结果都是 true;倘若将代码中的 prop()方法替换为 attr()方法,运行结果将是 undefined。

注意:

val()方法是获取或者设置表单输入域的 value 属性的值,因此 val()只能对含有 value 属性的表单输入域进行操作。

关于 html()和 text()方法,请读者看下面的例子,仔细区分这两个方法的区别。

【**例 6-9**】6-9.html。html()和 text()方法的使用。

```
……
<script>
    $(document).ready(function(){
    $("input[type=button]").click(function(){
        /*text()方法获取的文本,向第二个<div>元素中追加第一个<div>中的两个段落
        $("#div2").append($("#p1").text());
        $("#div2").append($("#p2").text());
        /*html()方法获取的文本,向第三个<div>元素中追加第一个<div>中的两个段落*/
        $("#div3").append($("#p1").html());
        $("#div3").append($("#p2").html());
        });
    });
</script>
……
<div id="div1">
<p id="p1">jQuery 是 JavaScript 的一个类库。</p>
<p id="p2"><b>jQuery 是 JavaScript 的一个类库。<b></p>
</div>
<input type="button" value="单击"/>
<div id="div2">
</div>
<div id="div3">
</div>
```

本例运行效果如图 6-6 所示,可以看到 text()方法获取的是所选 HTML 元素中的纯文本内容,而 html()方法获取的是所选 HTML 元素中的 HTML 格式的文本,即包含有 HTML 标签的文本。

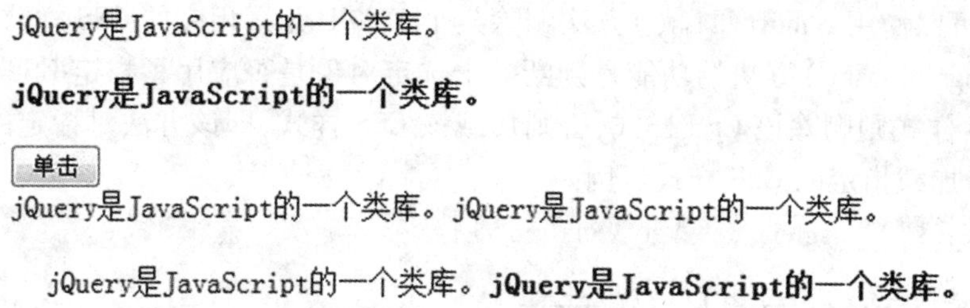

图 6－6　例 6－9 运行效果

关于 addClass( )方法和 removeClass( )方法的使用，仍然以上述例子为例，假设 6－9. html 文件中定义了如下样式：

```
<style>
.div2{
    border:dashed #999;
    font-weight:bold;
    width:400px;
    }
.div3{
    border:double #ff3366;
    font-style:italic;
    width:600px;
    }
</style>
```

jQuery 可以在程序运行过程中，让目标对象动态地加载和删除相应的样式。例如，使用 addClass( )方法加载 CSS 类选择器样式，而 removeClass( )是删除相应的 CSS 样式。请看下面代码：

```
//id 为 div2 的<div>元素加载 div2 的 CSS 类样式
$("#div2").addClass("div2");
//id 为 div3 的<div>元素同时加载 div3 和 margin 两个 CSS 类样式
$("#div3").addClass("div3 margin");
```

应用 CSS 样式后，运行效果如图 6－7 所示。可以看到，div2 加载了名称为 div2 的 CSS 样式，而 div3 同时加载了 div3 和 margin 两个 CSS 样式。

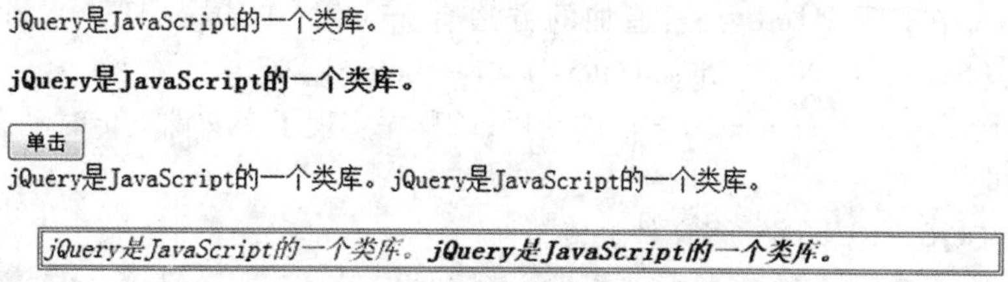

图 6－7　例 6－9 加载样式后的运行效果

同理，可以使用 removeClass( )方法删除某个 HTML 元素相应的 CSS 样式，此处不再赘述。而 toggleClass( )方法的功能是判断一个选定对象是否应用了指定 CSS 样式，若已加载该 CSS 样式则删除该 CSS 样式，否则加载该 CSS 样式，即该方法对指定的 HTML 元素切换是否加载指定的 CSS 样式。例如，

```
$("#div3").toggleClass("div3 margin");
```

6.3.2 jQuery 管理 HTML 元素

jQuery 中另外一个非常重要的功能就是对 DOM 对象的操作，jQuery 提供一系列与 DOM 相关的方法，使得 jQuery 可以对 HTML DOM 元素进行追加、插入、替换和删除等操作。表 6－7 列出了 jQuery 操作 HTML 元素的方法。

表 6－7 jQuery 操作 HTML 元素的方法

方法	说明
append(content|fn)	向每个匹配元素内部追加内容
appendTo(content)	把所有匹配元素追加到另一个指定的元素集合中
prepend(content)	向每个匹配元素内部前置内容
prependTo(content)	把所有匹配元素前置到另一个指定的元素集合中
before(content|fn)	在每个匹配元素之前插入内容
after(content|fn)	在每个匹配元素之后插入内容
has(expr|ele)	保留包含特定后代的元素，去掉那些不含有指定后代的元素
empty()	删除 HTML 元素的内容及其所有子元素
remove(expr)	从 DOM 中删除所有匹配元素
detach(expr)	从 DOM 中删除所有匹配元素
insertAfter(content)	把所有匹配元素插入到另一个指定元素集合的后面
insertBefore(content)	把所有匹配元素插入到另一个指定元素集合的前面
replaceWith(content|fn)	将所有匹配元素替换成指定的 HTML 或 DOM 元素
replaceAll(selector)	用匹配元素替换掉所有 selector 匹配到的元素
clone(event)	克隆匹配的 DOM 元素并且选中这些克隆的副本

1. 追加 HTML 元素

在 jQuery 中实现 HTML 元素追加的方法有 append( )、appendTo( )、preprend( )、prependTo( )、before( )、after( )、insertAfter( )、insertBefore( )等。

下面的例子介绍了 append( )方法的使用，该程序实现了多文件上传时动态添加上传输入域的功能。

【**例 6－10**】6－10. html。多文件上传。

```
……
<script>
```

```
        $(document).ready(function() {
            $("#add").click(function(){
                //在<div>元素内追加文件上传输入域
                $("div").append("<input type='file' name='upload'/><br/>");
            });
        });
    </script>
    ……
    <form id="form1" enctype="multipart/form-data">
    <div>
    <input type="file" id="upload" name="upload"/><br/>
    </div>
    <input type="button" id="add" value="继续添加" />
    <input type="submit" value="上传" />
    </form>
    ……
```

本例是实现了一个多文件上传的程序,用户可以根据需要动态地添加上传输入域的数量,每当用户单击“继续添加”按钮之后,程序就会在 < div > 元素的尾部追加一组 HTML 元素:< input type = 'file' name = 'upload'/ > < br/ >。

本例运行效果如图 6 - 8 所示。

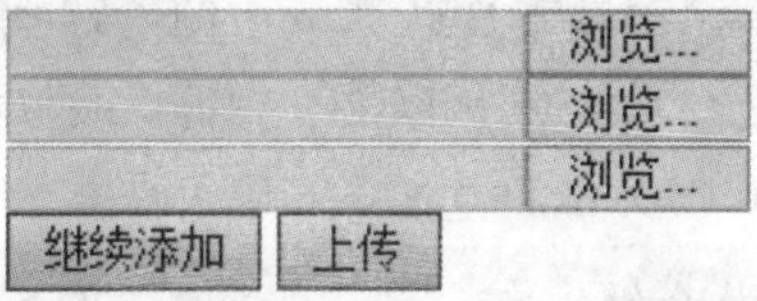

图 6 - 8 例 6 - 10 运行效果

$(A).append(B)是把 B 追加到 A 元素的尾部,而 $(A).appendTo(B)方法则是颠倒了常规的 $(A).append(B)的操作,即不是把 B 追加到 A 中,而是把 A 追加到 B 的尾部。读者在使用这两个方法时要注意二者的区别。

假设有如下 HTML 代码:

```
<p>这是段落 p 中的内容</p>
<div>这是 div1.</div><div>这是 div2.</div>
```

其运行效果如图 6 - 9 所示。

这是段落 p 中的内容

这是 div1.

这是 div2.

图 6 - 9 本段 HTML 页面执行效果

然后执行如下 jQuery 代码:

```
$("p").appendTo("div");
```

执行之后的结果将是如下形式：

```
<div>这是 div1. <p>这是段落 p 中的内容</p> </div>
<div>这是 div2. <p>这是段落 p 中的内容</p> </div>
```

可见，执行 jQuery 的 $("p").appendTo("div")之后，就会把页面中所有的段落 <p> 元素追加到所有的 <div> 元素的尾部，同时可以看到页面中原有 <p> 元素是“剪切”到了 <div> 元素尾部。其运行效果如图 6-10 所示。

这是 div1.
这是段落 p 中的内容
这是 div2.
这是段落 p 中的内容

图 6-10　执行 appendTo( ) 方法后的运行效果

通过上述例子可以发现，无论是 append( ) 还是 appendTo( ) 方法，都是将元素追加到目标对象的尾部。若要将元素插入到目标对象的首部，则需要使用 prepend( ) 或 prependTo( ) 方法，具体来讲 $(A).prepend(B) 是将 B 插入到 A 元素的首部，$(A).prependTo(B) 是将 A 插入到 B 元素的首部，限于篇幅，此处不再举例。

仍然是上面的 HTML 代码，如果应用 jQuery 的 after( ) 方法：

```
$("div").after($("p"));
```

该行代码相当于在每个 <div> 元素之后插入一个 <p> 元素，注意和 append( ) 不同的是 after( ) 方法执行之后不是将 <p> 元素嵌套在 <div> 元素内。执行之后相当于如下代码的效果：

```
<div>这是 div1. </div> <p>这是段落 p 中的内容</p>
<div>这是 div2. </div> <p>这是段落 p 中的内容</p>
```

如果使用 jQuery 的 before( ) 方法：

```
$("div").before($("p"));
```

那么该行程序执行之后，相当于如下代码：

```
<p>这是段落 p 中的内容</p> <div>这是 div1. </div>
<p>这是段落 p 中的内容</p> <div>这是 div2. </div>
```

注意：

A.insertAfter(B) 是将 A 元素插入到 B 元素后面，与 A.after(B) 正好相反；同理，A.insertBefore(B) 是将元素插入到 B 元素前面，与 A.before(B) 正好相反。

2. 删除 HTML 元素

在介绍 jQuery 删除 HTML 元素之前，先看下面 HTML 代码：

```
<p class="hello">Hello</p> how are <p>you? </p>
```

jQuery 中可以使用下面三个方法删除指定的 HTML 元素。

(1) empty( ) 方法

结合前面的 HTML 代码，使用 empty( ) 方法删除所有的 <div> 元素，代码如下：

```
$("p").empty();
```

运行之后,将删除文档中所有的<p>元素:

```
how are
```

(2) remove()方法

remove()方法若没有指定参数,则删除所有匹配的 HTML 元素,其作用与 empty()方法相同。例如,前面的 $("p").empty()方法也可以用如下方法代替:

```
$("p").remove();
```

此外,remove()方法比 empty()方法更为强大的地方就是 remove()方法还可以指定参数,倘如执行如下 jQuery 代码:

```
$("p").remove(".hello");
```

该行代码中 remove()方法中有一个参数,表示删除文档中所有的<p class="hello">的元素。显而易见,本行程序执行之后的结果如下:

```
how are <p>you? </p>
```

(3) detach()方法

detach()方法也是从 HTML 文档中删除指定的 HTML 元素。例如,针对本节中的 HTML 代码示例执行如下操作,意味着删除该 HTML 文档中所有的<p>元素,其功能也等价于 $("p").empty()。

```
$("p").datch();
```

3. 复制 HTML 元素

jQuery 的 clone()方法可以复制选定的 HTML 元素。现有如下的 HTML 文档:

```
<b>Hello</b> <p>, how are you? </p>
```

然后,对该 HTML 文档执行如下 jQuery 代码:

```
$("b").clone().prependTo("p");
```

上述代码的功能是复制 HTML 文档中的<b>元素,并将<b>元素的副本插入到<p>元素内的头部:

```
<b>Hello</b> <p> <b>Hello</b>, how are you? </p>
```

4. 替换 HTML 元素

jQuery 提供了 replaceWith()和 replaceAll()两个方法用于替换指定的 HTML 元素。先看下面的 HTML 文档:

```
<div id="div1">DIV1 CONTENT</div>
<div id="div2">DIV2 CONTENT</div>
<div id="div3">DIV3 CONTENT</div>
```

执行如下代码:

```
$("div").replaceWith("jQuery<br/>");
```

本行代码的作用是将文档中的所有<div>元素替换为“jQuery
”。再看如下的代码:

```
$("#div3").replaceWith($('#div1'));
```

执行之后的效果如图 6 - 11 所示。

DIV2 CONTENT

DIV1 CONTENT

图 6 - 11　replaceWith( )的使用

可以看到,执行之后将 id 为 div3 的 HTML 元素替换为了 id 为 div1 的元素内容,但原有的 div1 并没有保留,即 replaceWith( )方法是将 div1 从原来的位置移动到了 div3 的位置。replaceAll( )方法与 replaceWith( )相似,此处不再举例。

5. 检验 HTML 元素

jQuery 提供了 has( )方法用于检验指定 HTML 元素中是否包括某个 HTML 子元素。例 6 - 11 中的代码 $("div").has('p'),其作用是检验 <div>元素中是否包括有子元素<p>,并选择符合检验条件的 HTML 元素。

【例 6 - 11】6 - 11. html。has( )方法的使用。

```
……
<script>
    $(document).ready(function() {
        $("div").has('p').css("font-size","18px");
    });
</script>
……
<div id="div1"><p>DIV1 CONTENT<p></div>
<div id="div2">DIV2 CONTENT</div>
<div id="div3">DIV3 CONTENT</div>
……
```

6.3.3　jQuery 操作表格

尽管 HTML5 已经不再提倡使用表格,但表格在 Web 应用开发中展现大规模的数据时仍然使用广泛,这里结合 jQuery 操作表格介绍两个典型应用。

1. 隐藏表格指定的列

在 Web 应用开发中,往往前台页面和后台页面在功能上有所区别,但页面布局和显示内容基本相同,倘若前后台可以共用同一个页面,不仅可以使二者风格趋于一致,还可以提高开发效率。前后台共享使用一个页面时,只需要隐藏前台不需要的功能即可,这里仍以例 6 - 5 为例进一步介绍使用 jQuery 隐藏表格中的指定列。

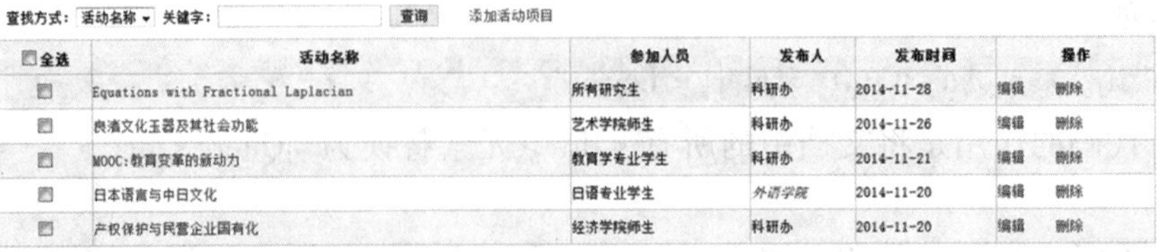

图 6 - 12　未隐藏前的表格样式

【例 6 - 12】6 - 12. html。图 6 - 12 是一个后台操作页面，在前台显示时基于安全考虑，不能提供“全选”和“操作”这两列，因此在前台运行该页面时需要隐藏这两列。

```
……
<script>
    $(document).ready(function() {
      //指定表格中所有<th class="back">的单元格隐藏
       $("table tr th.back").hide();
      //指定表格中所有<td class="back">的单元格隐藏
       $("table tr td.back").hide(); ……
……
</script>
……
<tr>
<!--为表格的“全选”列加上 class="back"属性-->
                  <th class="back"><input type="checkbox" id="all" value="" />
<span>全选</span></th>
                  <th>活动名称</th>
                  <th>参加人员</th>
                  <th>发布人</th>
                  <th>发布时间</th>
<!--为表格的“操作”列加上 class="back"属性-->
                  <th class="back">操作</th>
              </tr>
……
```

本例中为需要隐藏的列加上 class 属性，然后 jQuery 选择这些列，并调用 hide()方法隐藏这些列。特别是在 Web 开发中，表格中显示的各行数据均是通过遍历动态生成的，不必手工逐个为隐藏列添加 class 属性，因此实现起来还是比较简单的。图 6 - 13 为隐藏 class 属性对象后的效果图。

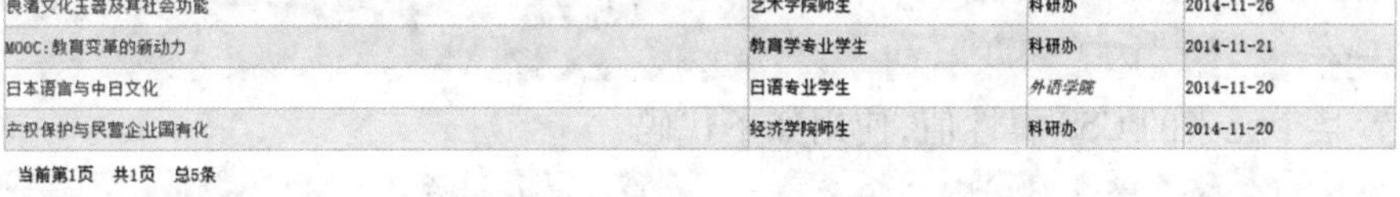
查找方式：活动名称 关键字： 查询 添加活动项目

活动名称	参加人员	发布人	发布时间
Equations with Fractional Laplacian	所有研究生	科研办	2014-11-28
良渚文化玉器及其社会功能	艺术学院师生	科研办	2014-11-26
MOOC:教育变革的新动力	教育学专业学生	科研办	2014-11-21
日本语言与中日文化	日语专业学生	外语学院	2014-11-20
产权保护与民营企业国有化	经济学院师生	科研办	2014-11-20

当前第1页 共1页 总5条

图 6 - 13 隐藏表格指定的列(例 6 - 12 运行效果)

2. 表格数据筛选

表格中展现大量数据时，进行数据筛选是必须实现的功能，除了使用数据库查询过滤之外，jQuery 也可以实现前台表格中数据的过滤。jQuery 的 filter()方法可以过滤特定的文本内容。在例 6－12 的基础上,进行如下编码即可实现表格的数据筛选。

```
    $(document).ready(function(){
        $("#find").click(function(){
                $("table tr").hide().filter(":contains('" +
$("#keyword").val() + "')").show();
            });
        });
    ......
    <div id="search">
            关键字: <input type="text" name="value" id="keyword" value="" />
            <input type="button" id="find" value="查询" />
    </div>
```

本例中,在“查询”按钮的 click 事件中,首先使用 jQuery 的 hide()方法隐藏表格中所有的行,然后调用 filter()方法筛选出包括有文本框中输入内容的行并显示,其运行效果如图 6－14 所示。

图 6－14 表格的数据筛选

6.3.4 jQuery 操作 CSS

1. 访问与设置元素的 CSS 属性

在本章 6.3.1 部分已经介绍了使用 addClass()、removeClass()和 toggleClass()等方法为选定的元素加载指定的 CSS 类。而 css()方法则可以获取、设置指定元素的 CSS 样式,如表 6－8 所示。

表 6－8 jQuery 操作 CSS 方法列表

方法	说明
css(name|prop|[,val|fn])	访问或设置匹配元素的样式属性

要访问某个元素的 CSS 属性值,使用如下代码:

```
//获取<p>元素的 CSS 属性 font-size
var size = $("p").css("font-size");
```

设置某个元素的 CSS 属性值,使用如下代码:

```
//设置<p>元素的 CSS 属性 font-size 为 16px
$("p").css("font-size":"16px");
```

注意,要设置多个 CSS 属性时,需要使用花括号({})将多个属性包括起来,各属性值之间使用逗号隔开。例如,设置 <p> 元素的 CSS 属性 font-size 为 16px,background 为 red,可以使用如下代码:

```
//设置<p>元素的 CSS 属性 font-size 为 16px,background 为 red
$("p").css({"font-size":"16px","background":"red"});
```

2. 访问与设置元素的大小

在 jQuery 中还提供了一些方法用于获取或设置 HTML 元素的宽度、高度等方法,如表6-9所示。

表6-9　jQuery 中与 HTML 元素大小有关的方法

方法	说明
height([val|fn])	设置或获取匹配元素当前计算的高度值,单位为 px
width([val|fn])	设置或获取匹配元素当前计算的宽度值,单位为 px
innerHeight()	获取匹配元素内部区域高度(包括补白、不包括边框)
innerWidth()	获取匹配元素内部区域宽度(包括补白、不包括边框)
outerHeight([options])	获取匹配元素外部高度(默认包括补白和边框)
outerWidth([options])	获取匹配元素外部宽度(默认包括补白和边框)

下面通过一个简单的实例来分析 height()、innerHeight() 和 outerHeight() 方法的区别。

【例6-13】6-13.html。height()、innerHeight()和 outerHeight()方法的使用。

```
……
<script>
    $(document).ready(function() {
        //定义 p 元素的 CSS 属性,其中 height 为 20px,补白为 10px,边框为 5px
        $("p").css({"padding": "10px", "border": "solid 5px", "width": "400",
"height": "20px"});
        $("span").append("段落的 height: " + $("p").height() +"<br/>");
        $("span").append("段落的 innerHeight: " + $("p").innerHeight() +
"<br/>");
        $("span").append("段落的 outerHeight: " + $("p").outerHeight() +
"<br/>");
    });
</script>
……
<p>
测试 p 元素的 height,innerHeight 和 outerHeight。
</p>
<span></span>
……
```

在本例中,定义了段落<p>元素的高度(height)为 20px,填充(padding)为 10px,边框(border)为5px。jQuery 的 height()方法获取的是 CSS 的 height 属性值,而 innerHeight()方法获取的是 CSS 的 height 属性值加上2倍的填充,即40px,outerHeight()方法获取的是 CSS 的 height 属性值加上2倍的填充,再加上2倍的边框,即50px。

本例运行效果如图6-15所示。

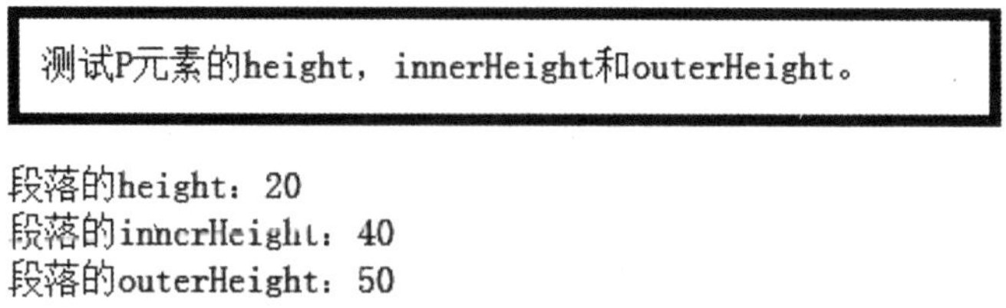

图6-15　例6-13运行效果

3. 访问与设置元素的位置

jQuery 提供了获取指定元素位置的方法。其中,offset()方法用于获取元素在当前窗口的相对偏移,position()是获取指定元素相对于父元素的偏移。两个方法返回的对象包含两个整型属性:top 和 left。注意,这两个方法只对可见元素有效。

表6-10　jQuery 中与 HTML 元素位置有关的方法

方法	说明
offset()	获取或设置匹配元素在当前视口的相对偏移
position()	获取或设置匹配元素相对父元素的偏移

【**例6-14**】6-14.html。offset()方法与 position()方法的使用。

```
……
<script>
    $(document).ready(function() {
        $("p: first").css({"height": "20px", "padding": "10px", "border": "solid"});
        var p = $("p: last");
        var offset = p.offset();
        var position = p.position();
        p.html( "offset left: " + offset.left + ", top: " + offset.top );
        p.append("<br/>");
        p.append("position left: " + position.left + ", top: " + position.top );
        p.append("<br/>");
    });
</script>
<body>
<p>Hello</p>
<p>2nd Paragraph</p>
</body>
……
```

本例运行效果如图 6 - 16 所示。

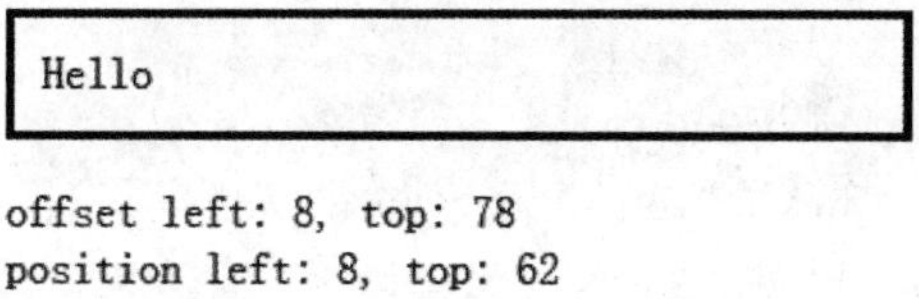

图 6 - 16 例 6 - 14 运行效果

offset( )方法和 position( )方法的区别：

① position( )方法是把该元素作为绝对定位来处理，获取的是该元素相对于最近的一个拥有绝对或者相对定位的父元素的偏移位置。若其所有的父元素都为默认定位(static)方式，则其处理方式和 offset( )一样，是当前窗口的相对偏移。

② offset( )方法不管该元素如何定位，也不管其父元素如何定位，都是获取的该元素相对于当前视口的偏移。

一般情况下，如果要显示的元素 B 存放在元素 A 的同一父元素下(即 B 为 A 的兄弟节点)，此时使用 position( ) 是最合适的；如果显示的元素 B 存放在 DOM 的最顶端或者最底端(即其父元素就是 <body>)，此时用 offset( )是最好的。

6.4 jQuery 事件与动画

jQuery 的事件处理方法是 jQuery 程序运行的核心方法，jQuery 通过使用 Event 对象对触发的元素事件进行处理，jQuery 支持的事件包括键盘事件、鼠标事件、表单事件、文档加载事件和浏览器事件等。

6.4.1 jQuery 事件概述

在介绍 jQuery 事件之前，先来简单回顾一下前面的 DOM 事件处理机制。在 DOM 事件处理机制中，一般是通过 HTML 元素的 onXxx 事件属性触发相关事件的执行。例如，通过 onClick 事件属性触发 click 事件的执行，具体参见例 6 - 15。

【例 6 - 15】6 - 15. html。JavaScript 的事件处理机制。

```
<!DOCTYPE html>
<html>
  <head>
    <meta charset="UTF-8">
    <title>jQuery 事件</title>
    <script>
      function fun()
      {
        alert(document.getElementById("p1").innerHTML);
      }
    </script>
```

```
    </head>
    <body>
      <! -- 调用 fun()函数-->
      <p id="p1" onClick="fun()">jQuery 事件第一种形式</p>
      <! --等价于如下代码-->
      <p id="p2" onClick="alert(this.innerHTML)">jQuery 事件第二种形式</p>
    </body>
</html>
```

在本例中，<p>元素使用了 onClick 事件属性，当鼠标在<p>元素的区域内单击鼠标时就会触发 click 事件的动作，即弹出一个显示<p>元素内容的对话框。程序给出了两种实现形式，第一种方法是通过 onClick 属性调用已定义的 fun()函数实现，第二种方法是通过 onClick 属性直接调用相关代码。二者在形式上虽有所不同，但从本质上是一致的，都是通过 onClick 属性触发 click 事件并执行相关业务逻辑。

jQuery 的事件中，要处理指定元素的 jQuery 事件，一般首先在 ready()方法中进行基本的事件处理，然后再通过元素的事件绑定或者直接调用相应 jQuery 内置事件方法的方式来处理 jQuery 的事件。

1. jQuery 事件处理方法

(1) ready()方法

ready()是 jQuery 事件模块中最重要的一个方法。这个方法可以看作是对 window.onload 注册事件的替代方法。通过使用这个方法，可以在 DOM 载入就绪时立刻调用所绑定的方法，而几乎所有的 JavaScript 函数都是需要在那一刻执行。ready()方法的基本语法格式如下：

```
$(document).ready(function(){
  业务代码
});
```

也可以简写为如下代码：

```
$().ready(function(){业务代码});或
$(function(){业务代码});
```

下面的代码是例 6-15 改用 jQuery 实现的方式。

【例 6-16】6-16.html。jQuery 中 ready()方法的使用。

```
……
<script>
    //在页面的 ready()方法中进行基本事件处理
    $(function(){
        //调用 p1 对象的 click 事件方法
        $("#p1").click(function(){
```

```
                    alert( $(this).html());
            });
    });
</script>
……
<p id="p1" >jQuery 事件第一种形式</p>
<p id="p2">jQuery 事件第二种形式</p>
……
```

通过对比，可以发现 jQuery 在页面加载时直接调用 ready()方法，在该方法体中通过 jQuery 选择器选择指定的元素，并调用该元素的 click()方法，其中 click()方法参数以匿名方法的形式来实现 click 事件的业务逻辑。

(2) bind()方法

bind(type,[data],fn)方法为每个匹配元素的特定事件绑定事件处理方法。其中，参数的具体作用如下。

① type：必选，含有一个或多个事件类型的字符串，由空格分隔多个事件，如“click”或“submit”，还可以是自定义事件名。

② data：可选，作为 event.data 属性值传递给事件对象的额外数据对象。

③ fn：必选，绑定到每个匹配元素的事件上面的处理函数。

【例 6-17】6-17.html。jQuery 中 bind()方法的使用。

```
……
<script>
$(document).ready(function() {
    $("#Text").bind("click mouseover",{first: "1", second: "2"},function(event){
        if(event.data.first == "1"){ $(this).val("jQuery 事件");}
        if(event.data.second == "1"){ $(this).val("");}
    });
});
</script>
……
<body>
<input id="Text" type="text" />
</body>
```

在本例中，其功能是当用户单击文本框时，根据 bind()方法第二个参数为文本框赋不同的文本内容。其中，bind()方法的第一个参数值“click mouseover”表明为 Text 元素绑定了 click 和 mouseover 事件；第二个参数是一个映射对象，该映射对象可以传递给 bind()方法的第三个参数，即匿名方法；第三个参数用到第二个参数及 event.data 属性为匿名方法传递数值。

注意：

bind()方法可以同时绑定多个事件，当绑定多个事件时，bind()方法的第一个参数不同的事件之间用空格隔开，如本例中同时绑定了 click 和 mouseover 事件。

实际上，bind()方法绑定事件，也可以直接为指定的元素添加事件，如例 6－17 等价于如下的代码，显而易见使用 bind()方法更加简洁，特别是绑定多个事件时表现尤为突出。

```
$(document).ready(function() {
    //为 Text 添加 click 事件
    $("#Text").click({first:"1",second:"2"},function(e){
                if(e.data.first == "1"){ $(this).val("jQuery 事件");}
                if(e.data.second == "1"){ $(this).val();}
        }).mouseover({first:"1",second:"2"},function(e){
                //为 Text 添加 mouseover 事件
                if(e.data.first == "1"){ $(this).val("jQuery 事件");}
                if(e.data.second == "1"){ $(this).val();}
        });
});
```

(3) unbind()方法

unbind()方法是 bind()方法的逆操作，unbind()方法为指定元素取消绑定某个事件，该方法和 bind()方法一样，也有三个参数，具体不再赘述。例如，要取消例 6－17 中绑定的 mouseover 事件，则使用如下代码：

```
$("#Text").unbind("mouseover");
```

而使用 $("#Text").unbind()则会取消绑定在该元素上的所有事件。

2. Event 对象

jQuery 的事件系统完全符合 W3C 标准，jQuery 中每个事件处理方法都包含一个 Event 对象作为参数。因此，在 jQuery 的事件方法体中可以方便地访问 Event 对象的各种属性。表 6－11 列出了 Event 对象的主要属性。

表 6－11 Event 对象的主要属性

属性	说明
currentTarget	代表触发事件的当前元素
data	传递给正在运行的事件处理方法的可选数据
delegateTarget	代表正在运行的事件处理方法绑定的元素
pageX/pageY	表示鼠标在文档中的坐标位置
relatedTarget	事件涉及的其他 DOM 元素
result	返回事件处理方法的最后返回值

续表

属性	说明
target	初始化事件的 DOM 元素
timestamp	浏览器创建事件的时间(距离 1970 年 1 月 1 日零时的时间差,单位 ms)
type	事件类型
which	用于键盘事件和鼠标事件,表示按下的键(ASCII 码表示)
button	按下的鼠标键,左键返回 1,右键返回 2,中键返回 4
ctrlKey	Ctrl 键是否按下,返回布尔值
shiftKey	Shift 键是否按下,返回布尔值
altKey	Alt 键是否按下,返回布尔值

从表6-11 中可以看出,Event 的这些属性可以帮助 jQuery 程序在事件处理方法中获取相关元素的各种重要信息,从而使 jQuery 事件处理方法的功能更加强大。

【例 6-18】6-18. html。Event 对象的属性。

```
……
<script>
$(function(){
$("#Text").press(function(e){
        $("#action").html(e.type + ":" + e.which);
});
});
</script>
……
<body>
<input id="Text" type="text" value=""/>
<span id="action">
</span>
……
```

本例运行效果如图 6-17 所示。

图 6-17　例 6-18 运行效果

3. jQuery 的内置事件方法

(1) 键盘事件方法

表 6-12 列出了与键盘相关的三个事件方法,在编码过程中要注意这三个方法的响应次序:首先 keydown()方法被触发,然后是 keyup()方法被触发,最后 keypress()方法才能被触发。

表 6 – 12　相关键盘事件方法

方法	说明
keydown(fn)	键盘中的按键按下时触发
keyup(fn)	键盘中的按键弹起时触发
keypress(fn)	键盘按下又弹起时触发,三个事件触发的顺序 keydown()→keyup()→keypress()

(2) 浏览器事件方法

jQuery 提供的与浏览器事件相关的方法如表 6 – 13 所示。

表 6 – 13　浏览器事件相关方法

方法	说明
error(fn)	当匹配元素遇到错误时触发。error 事件没有标准,如当 <img> 元素 src 属性无效时会触发 <img> 的 error 事件
resize(fn)	当调整浏览器窗口大小时触发
scroll(fn)	滚动条发生变化时触发

(3) 鼠标事件方法

jQuery 提供的与鼠标事件相关的方法如表 6 – 14 所示。同理,对于 mousedown()、mouseup()和 click()三个事件方法来讲,它们的执行先后次序为 mousedown()→mouseup()→click()。

表 6 – 14　鼠标事件相关方法

方法	说明
mousedown(fn)	鼠标左键按下时触发
mouseup(fn)	鼠标左键松开时触发
click(fn)	鼠标单击左键时触发
dblclick(fn)	鼠标双击左键时触发
mouseover(fn)	鼠标移动到匹配元素内时触发
mouseout(fn)	鼠标从匹配元素内移出时触发
mousemove(fn)	鼠标在匹配元素内移动时触发

(4) 文档加载事件方法

jQuery 提供的与文档加载事件的相关方法如表 6 – 15 所示。

表 6 – 15　文档加载事件相关方法

方法	说明
ready(fn)	当所有的 DOM 元素都被加载时触发
load(fn)	当加载文档时触发
unload(fn)	当页面卸载时触发

(5) 表单事件方法

表单事件应用非常广泛,表6-16列出了jQuery的表单事件相关方法。其中,change()方法主要应用于下拉列表框、单选框等元素,当这些元素的选项发生改变时触发该事件方法的执行;select()方法主要应用于单行和多行文本框,当选中这些元素中的某段文字时触发该事件方法的执行。

表6-16 表单事件相关方法

方法	说明
change(fn)	在匹配元素失去焦点时触发,也会在元素获得焦点后触发
select(fn)	当用户在文本框中选中某段文字时触发
submit(fn)	提交表单时触发
focus(fn)	匹配元素获得焦点时触发,既可是鼠标,也可以是Tab键
blur(fn)	匹配元素失去焦点时触发,既可是鼠标,也可以是Tab键

6.4.2 jQuery动画方法

jQuery提供了一些动画方法,通过应用这些方法可以实现选择元素的显示和隐藏、淡入和淡出、滑动等效果,本小节主要介绍这些方法的使用。

1. 显示和隐藏

显示和隐藏在Web应用程序中应用最为广泛,不仅可以用来制作动画效果,还可以控制匹配元素是显示还是隐藏,以此来实现一些特点功能,如权限控制等。表6-17列出了实现显示和隐藏效果的三个方法。

表6-17 显示和隐藏方法

属性	说明
show([duration, easing, fn])	显示匹配的隐藏元素
hide([duration, easing, fn])	隐藏匹配的显示元素
toggle([duration, easing, fn])	如果匹配元素是可见的,切换为隐藏的;如果匹配元素是隐藏的,切换为可见的

表6-17列出的三个方法具有相同的参数,这些参数都是可选的,现对这三个参数的含义加以说明。

① duration:可选指定动画持续的时间,以毫秒为单位。jQuery提供了三个常量:"slow"、"normal"和"fast",开发人员可以使用这三个常量,也可以指定时间。

② easing:用来指定切换效果,默认是"swing",即摇摆缓冲,可用参数"linear",即线性缓冲。

③ fn:动画效果执行完毕之后调用的函数。

注意:

上述方法中的参数duration,如果使用常量需要加引号,如show("slow");如果是数值时则不需要加引号,如hide(1000)。

如果要让一个元素隐藏起来，例如，使用 hide( )方法隐藏一个 id 属性值为 element 的元素：

```
$("#element").hide();
```

这段代码的功能与用 css( )方法设置 display 属性的效果相同：

```
$("#element").css("display","none");
```

那么当把元素隐藏后，可以使用 show( )方法将元素的 display 样式属性设置为先前的显示状态，如"block"或者"inline"等：

```
$("# element").show();
//等价于下面的代面
$("#element").css("display","block");
```

下面的代码用来实现交替隐藏和显示 element 元素，切换效果为线性缓冲，并且每次 toggle( )方法执行完毕之后就会触发第三个参数即匿名方法的执行。

```
$("#element").toggle(1000,"linear",function(){alert("Hello, jQuery!");});
```

toggle( )方法是 show( )和 hide( )两个方法的"合体"，当匹配元素状态是隐藏时，toggle( )方法执行将使该元素状态改为显示；同理，当匹配元素状态是显示时，toggle( )方法执行将使该元素状态改为隐藏。例 6－19 是一个关于上述三个方法的完整例子。

【**例 6－19**】6－19. html。jQuery 的动画方法。

```
......
<script>
$(document).ready(function(e) {
    $("#btnHide").click( function(){
        $("#element").hide("slow");
    });
    $("#btnShow").click( function(){
        $("#element").show("slow");
    });
    $("#btnToggle").click(function(){
        $("#element").toggle("slow");
    });
});
</script>
......
<body>
<input id="btnHide" type="button" value="Hide"/>
<input id="btnShow" type="button" value="Show"/>
<input id="btnToggle" type="button" value="Toggle"/>
<br/>
```

```
<span id="element">
Hello, jQuery!
</span>
</body>
……
```

2. 淡入和淡出

淡入和淡出动画效果是通过改变元素的透明度来实现的,表 6－18 列出了实现淡入和淡出效果的三个方法。

表 6－18 淡入和淡出方法

方法	说明
fadeIn([duration, easing, fn])	淡入已隐藏的元素
fadeOut([duration, easing, fn])	淡出可见元素
fadeToggle([duration,easing,fn])	如果元素已淡出,切换为淡入效果;如果元素已淡入,切换为淡出效果

这三个方法的参数与前面的 hide()等方法的参数含义一致,此处不再赘述。下面是例 6－19 实现淡入和淡出效果的代码。

```
$(document).ready(function(e) {
    $("#btnHide").click( function(){
        $("#element").fadeOut("slow");
    });
    $("#btnShow").click( function(){
        $("#element").fadeIn("slow");
    });
    $("#btnToggle").click( function(){
        $("#element").fadeToggle("slow");
    });
});
```

3. 滑动效果

slideUp()和 slideDown()方法通过高度变化使匹配的元素具有滑动效果,而 slideToggle()方法则是 slideUp()和 slideDown()方法的“合体”,相当于交替调用 slideUp()和 slideDown()方法。表 6－19 列出了这三个方法的具体说明。

表 6－19 滑动效果方法

属性	说明
slideUp([duration, easing, fn])	通过高度变化(向上减小)来动态地隐藏所有匹配的元素
slideDown([duration,easing,fn])	通过高度变化(向下增大)来动态地显示所有匹配的元素
slideToggle([duration,easing,fn])	通过高度变化来切换所有匹配元素的可见性

同样，这三个方法与前面的 hide( ) 等方法含义一致，下面是改写例 6-19 实现滑动效果的代码。

```
$(document).ready(function(e) {
    $("#btnHide").click( function(){
        $("#element").slideUp("slow");
    });
    $("#btnShow").click( function(){
        $("#element").slideDown("slow");
    });
    $("#btnToggle").click( function(){
        $("#element").slideToggle("slow");
    });
});
```

4. 自定义动画

前面介绍显示和隐藏、淡入和淡出以及滑动效果，这些方法都只能修改匹配元素的某一种 CSS 属性。实际上，在很多 Web 应用中，制作动画往往需要同时应用多种特效，即相当于在某个时间序列内按照一定次序修改多个 CSS 属性。那么在 jQuery 中，可以使用 animate( ) 方法自定义动画，animate( ) 方法的语法格式如下：

```
$("#element").animate(params[, speed, easing, fn]);
```

参数说明如下：

① params：必选，一个包含 CSS 样式属性及其终值的映射集合，如 {property1:"value1", property2:"value2"}。

② speed：可选，指定动画速度，可以取预定速度的常量（"slow"、"normal"或"fast"）或表示动画时长的毫秒数值（如 1000）。

③ easing：可选，要使用的擦除效果名称（需要插件支持），jQuery 提供"linear"和"swing"两种效果。

④ fn：可选，在动画完成时执行的函数，每个元素执行一次。

【例 6-20】6-20.html。自定义动画。

```
……
<style>
    .element
    {
        background: #98bf21;
        height: 100px;
        width: 100px;
        position: absolute;
    }
```

```
    #txt
    {
            position:absolute;
            height:20px;
            width:100px;
    }
</style>
<script type="text/javascript" src="jquery-2.1.1.js"></script>
<script>
  $(document).ready(function(){
    $(".element").click(function(){
      $(this).animate({left:'500px',top:'500px'},5000);
    });
});
</script>
</head>
<body>
<div class="element">
<span id="txt">
    jQuery!
</span>
</div>
</body>
```

本例的功能是，当用户单击了 <div> 元素，便使该元素向右下方移动。其中，$(this).animate({left:'500px',top:'500px'},500);是本例最为核心的代码，其功能是实现<div>元素移动，通过修改该元素的 left 属性值为 500px，top 属性值为 500px，即在 5 秒钟内完成向右下方移动至窗体左边和顶部各 500px 的位置。

注意：

默认情况下，所有 HTML 元素都有一个静态位置，且无法移动。如需对位置进行操作，要记得首先把元素的 CSS position 属性设置为 relative、fixed 或 absolute。

上述代码仅仅实现了<div>元素的移动功能，倘若在移动<div>的过程中同时使<span>区域内的文字放大，即<div>元素移动和文字放大等多个动画依次进行，这就用到了动画序列问题，animate()方法支持按顺序执行多个动画的功能。具体代码如下：

```
$(document).ready(function(){
  $(".element").click(function(){
      $(this).animate({left:'500px',top:'500px'},5000)
```

```
        .animate({fontSize:'30px'},2000)
        .fadeOut("slow");
    });
});
```

在上述动画序列中,包含了三组动画:① 在前5秒钟内<div>元素向右下方移动;② 在之后的2秒钟内<div>元素中的文字字体放大至30px;③ 最后,整个<div>元素实现淡出效果。

此外,jQuery还提供了诸如停止动画stop()、延迟动画delay()等方法,限于篇幅,不再一一介绍,感兴趣的读者请自行查阅jQuery的相关API。

6.5 jQuery与AJAX

AJAX是一个目前非常流行的Web前端技术,通过AJAX技术,用户可以局部地刷新Web页面,从而减少了请求和响应时间,以达到提高用户体验的目的。本节将简单介绍AJAX的工作原理和基本用法。

6.5.1 AJAX基础

AJAX一词源于Jesse James Garrett 2005年2月出版的一本名为《AJAX: A New Approach to Web Applications XML》的书,此书中首次提出AJAX一词,然后Google于2005年又率先在Google Suggest中应用了AJAX技术。自此,AJAX走进了人们的视野并在实际开发中得到了广泛应用。

AJAX是Asynchronous JavaScript and XML(以及DHTML等)的缩写,但Jesse认为这个短语不是这四个首字母的缩写词。无论如何,我们可以这样理解AJAX:AJAX是异步JavaScript及XML,它不是一种新的编程语言,而是一种基于现有标准的新方法。通过AJAX,我们可以创建更好、更快以及更友好的Web应用程序,AJAX技术的核心是XMLHttpRequest,通过AJAX技术,我们可以做以下一些工作:

① 使用XHTML和CSS的基于标准的表示技术。

② 使用DOM进行动态显示和交互。

③ 使用XML和XSLT进行数据交换和处理。

④ 使用XMLHttpRequest进行异步数据检索。

⑤ 使用Javascript将以上技术融合在一起。

但AJAX并非就非常完美,AJAX主要有以下几点不足之处。

1. 不同浏览器对XMLHttpRequest对象支持程度不同

XMLHttpRequest(简称XHR)是AJAX技术的核心,但XMLHttpRequest目前还不是W3C标准,导致不同浏览器对XMLHttpRequest支持程度不同。IE浏览器从5.0之后才开始支持XMLHttpRequest对象(尽管目前我们基本上都使用IE8以上的IE浏览器),而Firefox、Google Chrome浏览器对XMLHttpRequest的支持趋近一致。为了能够让AJAX在不同的浏览器中正常工作,Web 开发人员必须花费大量精力以兼顾不同的浏览器之间的差别。

2. XMLHttpRequest 非常原始,使用繁琐

XMLHttpRequest 提供了少量方法和属性,但由于 XMLHttpRequest 对象创建十分麻烦,且调用它的方法或者判断相关状态属性也比较原始,XMLHttpRequest 缺少必要的封装,因此使用起来非常繁琐,往往需要好几行代码才能解决问题。

3. AJAX 破坏了浏览器“前进”和“后退”按钮的正常功能

在传统的网页中,用户习惯于使用“前进”和“后退”按钮来查看历史访问页面,然而AJAX 由于是异步更新,破坏了浏览器“前进”和“后退”按钮的正常功能,为了照顾很多用户的用户体验,导致很多 Web 开发人员不习惯使用 AJAX 技术。

4. AJAX 对搜索引擎支持不足

对于搜索引擎的支持也是 AJAX 的一个问题,搜索引擎通常都是使用网络爬虫程序来对 Internet 上 Web 页面进行搜索整理,然而网络爬虫程序目前对 AJAX 的支持还不是非常完美,这使得 AJAX 的应用在一定程度上受到了限制。

6.5.2 AJAX 的运行机制

我们通过用户名校验这个简单应用来看看传统 Web 应用和 AJAX 应用开发思维的不同之处。

现有一需求如下:用户在注册页面的文本框中输入想注册的用户名如“Eric”,然后单击“检查用户”按钮,若数据库中已存在该用户名,则提示此用户名已经存在,请重新输入,否则提示用户名尚未存在,可以使用此用户名进行注册。

按照传统的思维模式,当单击“检查用户”按钮后,将触发表单执行服务器端的业务逻辑。业务逻辑执行完毕之后再将结果返回到页面。从这个例子我们可以看到,传统Web 开发思维模式的一个特点是通过表单提交请求信息,然后转向一个新的页面处理请求,并显示服务器端返回的信息。从上述执行过程我们可以发现:用户在注册页面输入用户名并单击“检查用户”按钮之后,将一直等待服务器端业务逻辑的执行结果。这个等待时间取决于网络带宽和业务计算量的大小,目前计算机和网络性能不断提升,我们甚至有时感觉不到等待时间,但这个等待时间确实存在。

而按照 AJAX 的执行过程,对于校验用户名的需求,我们仍然需要一个 Web 页面和一个服务器程序处理业务逻辑。Web 页面中包含文本框和校验按钮,单击“提交”按钮以后,我们需要通过 JavaScript 获取文本框中的数据,然后通过 XMLHttpRequest 发送数据给服务器程序,此外还需要准备用于接收响应的 JavaScript 函数,接收到服务器程序的提示信息后,我们需要将这些信息动态地写在 Web 页面上。服务器端程序判断当前的用户名是否存在,并给出相应的提示。

通过上述对比,在 AJAX 模式下问题分析的方式已经发生了变化。

① 服务器程序不需要返回 Web 页面的链接了,因为我们不需要跳转到服务器端指定的页面中,我们只需要获得服务器端程序执行的结果。

② Web 页面中不再使用表单提交数据了,数据通过 JavaScript 来获取,然后通过 XMLHttpRequest 对象发送给服务器端,并且没有页面跳转。

③ 使用一个接收服务器端响应信息的 JavaScript 函数,此时并没有进入服务器端程序指定的页面查看响应信息,而是把服务器程序的响应信息接收回来,再显示在当前的 Web 页面上。

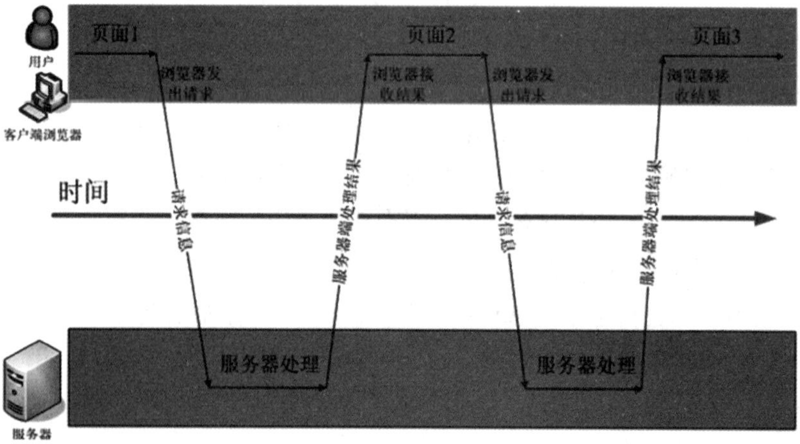

图 6 - 18 传统方式下 Web 页面运行流程

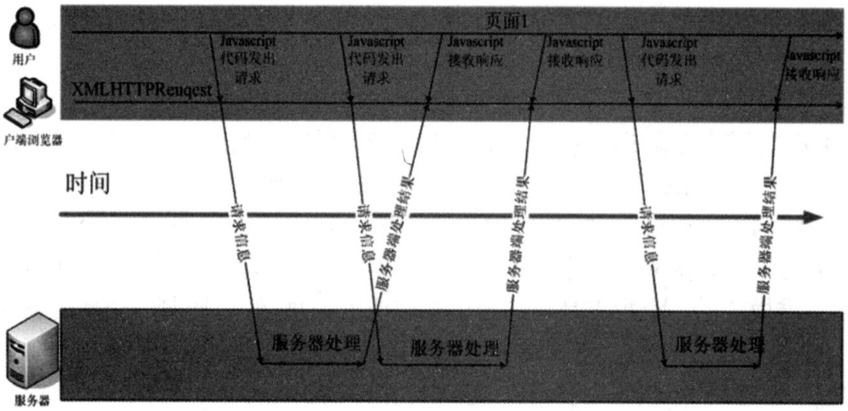

图 6 - 19 AJAX 模式下 Web 页面运行流程

图 6 - 18 和图 6 - 19 对比了传统方式与 AJAX 方式 Web 页面的运行流程。通过上面的分析,读者会发现从用户的角度来看,与传统 Web 应用模式的流程相比,AJAX 应用模式的流程是不同的。AJAX 应用的流程是:在浏览器中输入数据→单击按钮提交请求→用户等待并且可以继续在该 Web 页面处理其他业务;等待服务器程序处理业务逻辑并响应处理结果→浏览器收到响应→浏览器中的当前 Web 页面显示响应结果。这其中仍然有些过程由于时间短暂使你忽略了它的存在,但实际上这些过程都是存在的。

而在传统模式中,用户提交请求之后会将整个 Web 页面传送到服务器端处理用户请求,并且在此期间用户只能一味地等待响应结果,而不能在该 Web 页面中继续处理其他业务。两个流程的对比可看到显而易见的差别就是 AJAX 应用中没有向新页面跳转,用户不需要处于无事可做的等待状态,AJAX 可以显著地提高 Web 应用的用户体验(UE,User Experience)。

6.5.3 安装 Web 服务器——Tomcat

由于 AJAX 需要与 Web 服务器端进行交互,因此需要把含有 AJAX 程序的 Web 页面发布到 Web 服务器上。本节介绍一款非常流行的 Web 服务器软件——Tomcat。Tomcat 是 Apache 软件基金会开发的一款免费开源且功能强大的软件,它不仅是一款 Web 服务器软件,更是一款 Web 应用服务器软件。Tomcat 和 Apache Http Server、IIS 等 Web 服务器一样,具有处理静态 HTML 页面的功能,另外它还是一个支持 Java 技术的 Web 应用服务器,是 Servlet 和 JSP 的容器,独立的 Servlet 容器是 Tomcat 的默认模式。同为 Apache 基金会的产品,Tomcat 与 Apache Http Server 相比,Tomcat 既支持 JSP、PHP 之类的动态页面技术,也支持静态页面;但 Tomcat 处理静态 HTML 页面的能力不如 Apache Http Server,而 Apache Http Server 却不能直接支持动态页面。目前 Tomcat 的最新版本为 8.0.15,它支持 Servlet 3.1 和 JSP 2.3 规范。

1. 下载 Tomcat

Tomcat 是一个免费开源软件,用户可以到 Apache Tomcat 官方网站上免费下载(http://tomcat.apache.org)。Tomcat 提供了两种安装方式供用户选择:免安装版和安装包版。免安装版下载后可以直接解压使用,而安装包方式需要安装后方可使用。在使用时,二者从本质上没有区别。

2. 安装 Tomcat

Tomcat 安装过程比较简单,此处不再具体介绍。Tomcat 安装完毕后,Tomcat 的安装目录如图 6-20 所示。

图 6-20 Tomcat 安装目录

① bin:Tomcat 的可执行文件均在此目录下。

② conf:主要存放 Tomcat 的配置文件,如 web.xml 和 server.xml 等。

③ lib:主要存放一些库文件。

④ logs:主要存放 Tomcat 的运行日志文件。

⑤ webapps:主要存放发布的 Web 应用程序,该目录下以 Web 项目(虚拟目录)为单位存放发布到 Tomcat 的 Web 应用程序。此外,还有一个名称 ROOT 的子目录,本章介绍的 AJAX 程序均发布到该目录下。

⑥ work:主要存放编译后的 Java 字节码文件。

3. 发布 Web 页面到 Tomcat

Tomcat 默认的程序发布目录为 webapps/ROOT,本章介绍的 AJAX 程序如无特殊说明均发布到该目录下。当然,用户可以通过在 server.xml 文件中配置虚拟目录的方式,将

AJAX 程序发布到其他目录下。

假设将一个 Web 页面发布到 Tomcat 安装目录/webapps/ROOT 目录后，可以通过如下 URL 访问该页面：

```
http://Web 服务器 IP 地址:端口号/Web 页面
```

HTTP 默认的端口号为 80，如果使用的端口号为 80 时，还可以省略上述 URL 地址中的"：端口号"部分。为了避免端口冲突，Tomcat 默认使用的端口号为 8080，用户可以通过修改 server. xml 文件更改端口号。例如，页面 6－20. html 发布到一个 IP 地址为 202. 196. 107. 95 的 Tomcat 服务器上，该服务器使用的是 8080 端口，那么访问该页面的 URL 为：

```
http://202.196.107.95:8080/6-20.html
```

6.5.4 XMLHttpRequest 对象

XMLHttpRequest 是 AJAX 中一个非常重要的概念，XMLHttpRequest 是 JavaScript 的一个对象，能够使用 HTTP 连接一个服务器，从而可以方便地访问服务器上的数据，而不用每次都刷新页面。这样既减轻了服务器的负担，又加快了页面的响应速度，增强了用户体验。

使用 XMLHttpRequest 对象访问服务器时，需要先实例化一个 XMLHttpRequest 对象，然后使用该对象发送请求和处理响应。由于 XMLHttpRequest 并不是一个 W3C 标准，所以对于不同的浏览器，实例化的方式也不相同。

对于 IE5 或者 IE6 浏览器，使用下面的代码实例化 XMLHttpRequest 对象：

```
<script>
    //IE5、IE6 支持方式
    var xmlhttp = new ActiveXObject("Microsoft.XMLHTTP");
</script>
```

对于 IE7 及后继版本的浏览器，使用下面的代码实例化 XMLHttpRequest 对象：

```
<script>
    //IE7+支持方式
    var xmlhttp = new ActiveXObject();
</script>
```

对于 Mozilla、Firefox、Safari 等浏览器则使用下面的代码实例化 XMLHttpRequest 对象：

```
<script>
    //Firefox、Mozilla 等浏览器支持方式
    var xmlhttp = new ActiveXObject();
</script>
```

XMLHttpRequest 对象提供的方法较少，下面是该对象的主要方法。

① open()方法：设置进行异步请求目标的 URL、请求方法以及其他参数信息。

② send()方法：向服务器发送请求。如果请求声明为异步，该方法将立即返回，否则

将等到接收到响应为止。

③ setRequestHeader( )方法:为请求的 HTTP 报头设置值,该方法必须在调用 open( )方法之后调用。

④ abort( )方法:停止当前异步请求。

⑤ getAllResponseHeaders( )方法:以字符串形式返回完整的 HTTP 报头信息,当存在参数时,表示以字符串形式返回由该参数指定的 HTTP 报头信息。

XMLHttpRequest 常用的属性如表 6 – 20 所示。

表 6 – 20 XMLHttpRequest 常用的属性

属性	说明
onreadystatechange	状态发生改变时触发该属性,通常用来调用一个 JavaScript 函数
readyState	请求的状态,有以下五种取值: 0:未初始化;1:正在加载;2:已加载;3:交互中;4:完成
responseText	服务器的响应,数据格式为字符串
responseXML	服务器的响应,数据格式为 XML,该对象可解析为一个 DOM 对象
status	返回服务器的 HTTP 状态码,如 200:成功;400:错误的请求;404:文件未找到;500:服务器内部错误

一旦创建了 XMLHttpRequest 对象之后,就可以使用该对象的 open( )方法和 send( )方法向服务器发送请求,格式如下:

```
//xmlhttp 为一个 XMLHttpRequest 对象
xmlhttp. open("GET","page. htm",true);
xmlhttp. send();
```

其中,“xmlhttp. open("GET", "page. htm", true);”表示向页面 page. htm 以 GET 方式发送一个异步请求。当第三个参数为 true 时表示为异步请求,若为 false 时为同步请求,一般来说使用 AJAX 最好为异步方式。xmlhttp. send( )用于发送请求的内容,该方法的参数为一个字符串,也可以为空。

注意:

在实际应用中,open( )方法使用 GET 方式还是 POST 方式? 一般认为 GET 方式要比 POST 方式简单且快速,适用性也比较强。然而,以下情况最好使用 POST 方式:

① 无法使用缓存文件(更新服务器上的文件或数据库)。

② 向服务器发送大量数据(POST 方式没有数据量限制)。

③ 发送包含未知字符的用户输入时,POST 比 GET 更稳定也更可靠。

一旦向服务器发送请求成功之后,就可以接收来自服务器端的响应了。在 AJAX 中使用 XMLHttpRequest 对象的 responseText 或 responseXML 属性接收响应。

① responseText 属性:接收服务器端文本格式的响应。

② responseXML 属性:接收服务器端 XML 格式的响应。

下面的例子使用 responseText 属性获取服务器端的响应内容,并输出至 HTML 文档中 ID 为 txtDiv 内。

```
document.getElementById("txtDiv").innerHTML = xmlhttp.responseText;
```

如果来自服务器的响应格式为 XML，而且需要作为 XML 对象进行解析，那么就要使用 responseXML 属性：

```
//获取服务器端 XML 格式的响应
xmlDoc = xmlhttp.responseXML;
txt = "";
//获取响应 XML 文档中名称为 name 的元素
dot = xmlDoc.getElementsByTagName("name");
//遍历该元素
for (i = 0;i < dot.length;i++)
{
 txt = txt + dot[i].childNodes[0].nodeValue + "<br />";
}
//将 name 元素中的数据输出至 XML 文档的 ID 为 xmlDiv 的 DIV 中
document.getElementById("xmlDiv").innerHTML = txt;
```

此外，AJAX 也提供了 onreadystatechange 事件，每当 XMLHttpRequest 对象的 readyState 属性值发生改变时，就会触发 onreadystatechange 事件，而 readyState 属性存储了 XMLHttpRequest 的状态信息。因此，使用 onreadystatechange 事件的 readyState 属性可以判定服务器的状态，从而更好地接收服务器响应。请看下面一个完整的 AJAX 示例，使用 AJAX XMLHttpRequest 对象获取服务器端响应。

【**例 6-21**】6-21.html。AJAX 应用。

```
<!DOCTYPE html>
<html>
  <head>
    <meta charset="UTF-8" />
    <script>
      function loadXMLDoc()
      {
      var xmlhttp;
      //实例化 XMLHttpRequest 对象
      if (window.XMLHttpRequest)
      {// 针对 IE7+, Firefox, Chrome, Opera, Safari 等浏览器
      xmlhttp = new XMLHttpRequest();
      }
      else
      {// 针对 IE5,IE6 浏览器。
      xmlhttp = new ActiveXObject("Microsoft.XMLHTTP");
```

```
        }
        xmlhttp. onreadystatechange = function( )
        {
        //readyState 状态为4(服务器请求完成)并且 HTTP 的状态码为200(成功)时
        if (xmlhttp. readyState = =4 && xmlhttp. status = =200)
        {
        document. getElementById( "txtDiv" ). innerHTML = "显示服务器端 doc. txt 内容:" + xmlhttp. responseText;
        }
        }
        //以 POST 方式请求打开与 AJAX. htm 同目录下的 doc. txt 文档
        xmlhttp. open( "POST" , "doc. txt" ,true) ;
        //发送请求内容
        xmlhttp. send( ) ;
        }
         </script >
    </head >
    < body >
      < div id = "txtDiv" > < h2 > 显示服务器端 doc. txt 内容: </h2 > </div >
      < button type = "button"  onclick = "loadXMLDoc( )" > 通过 AJAX 读取服务器端内容 </button >
    </body >
  </html >
```

其中,文件 doc. txt 的内容如下:

```
Hello, jQuery!
```

把 6 - 21. html 和 doc. txt 都部署在 Web 服务器同一目录下,然后在浏览器地址栏中输入“http://localhost:8080/ 6 - 21. html”访问 6 - 21. html 页面,效果如图 6 - 21 所示。

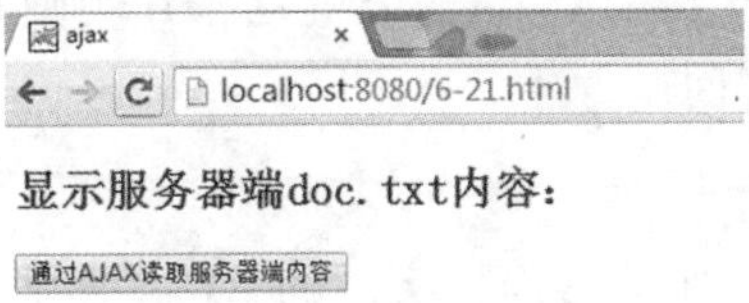

图 6 - 21　调用 AJAX 之前页面效果

图 6 - 22　调用 AJAX 之后页面效果

然后单击“通过 AJAX 读取服务器端内容”按钮，运行效果如图 6－22 所示。至此本例运行完毕，通过该示例简单演示了 AJAX XMLHttpRequest 对象的创建与读取服务器端数据的完整过程。可以看到，在调用 AJAX 的过程中，6－21. html 页面只有 txtDiv 的内容进行了局部更新，页面的其他部分没有做什么更新。

6.5.5 jQuery 操作 AJAX

通过例 6－21 可以看出，XMLHttpRequest 使用时比较繁琐，从创建到状态判定，再到方法调用，特别是状态判定及其后续处理对开发人员来讲非常耗费精力。jQuery 对 XMLHttpRequest 进行了良好的封装，开发人员不用再进行创建和状态判定，省去了不少环节，大大提高了开发效率。表 6－21 表出了 jQuery 中相关 AJAX 方法。

表 6－21 jQuery 中的 AJAX 方法

方法	说明
$. AJAX(url,[settings])	通过 HTTP 请求加载远程数据，是 jQuery 底层 AJAX 实现方法
load(url,[data, fn])	载入远程 HTML 文件代码并插入至 DOM 中
$. get(url,[data, fn])	通过远程 HTTP GET 方式请求载入信息
$. post(url,[data, fn])	通过远程 HTTP POST 方式请求载入信息
AJAXComplete(fn)	AJAX 请求完成时执行回调方法 fn
AJAXError(fn)	AJAX 请求发生错误时执行回调方法 fn
AJAXSend(fn)	AJAX 请求发送前执行回调方法 fn
AJAXStart(fn)	AJAX 请求开始时执行回调方法 fn
AJAXStop(fn)	AJAX 请求结束时执行回调方法 fn
AJAXSuccess(fn)	AJAX 请求成功时执行回调方法 fn

jQuery 对 AJAX 操作进行了封装，在上述所有的方法中 $. ajax()方法属于最底层的方法，该方法的参数最为复杂，同时功能也最为强大；而 load()、$. get()和 $. post()方法属于第二层方法，使用起来相对较为简单轻便，使用频率也最高；$. getScript()和 $. getJSON()方法则是第三层方法，可以直接调用 JavaScript 程序段和 JSON 数据，这两个方法将在 6.5.7 节中介绍。最后，AJAXComplete()等方法则是属于状态判定方法，如果 AJAX 请求到某种状态时执行回调方法。

1. load()方法

load()方法是 jQuery 中一个非常简单实用的 AJAX 方法，可以在当前 Web 页面加载远程的其他 Web 资源(不仅仅是 HTML 页面)并插入到匹配的 DOM 对象中。load()方法有三个参数，各参数的具体含义如下：

① url：必选，请求 Web 资源的 URL。

② data：可选，发送至服务器端的 key/value 数据。

③ fn：可选，回调方法，请求完成时要执行的回调方法，无论是否请求成功该回调方法都会执行。

为了便于说明 load( )等方法的使用方法,这里先构造一个测试 Web 页面 data. jsp,以便在程序中使用 load( )方法请求 data. jsp 页面。

data. jsp

```
<%@ page language="java" contentType="text/html; charset=UTF-8"
pageEncoding="UTF-8"%>
<!DOCTYPE html>
<html>
  <head>
    <meta http-equiv="Content-Type" content="text/html; charset=UTF-8">
    <link rel="stylesheet" href="admin.css" />
    <title>JSP-测试数据</title>
  </head>
  <body>
    <div>
    <table class="data">
     <tr>
        <td class="key_title">学校</td>
        <td class="value_title">网址</td>
     </tr>
        <tr class="data">
        <td class="key">河南大学</td>
        <td class="value"> http://www.henu.edu.cn</td>
     </tr>
     <tr class="data">
        <td class="key">北京大学</td>
        <td class="value"> http://www.pku.edu.cn</td>
     </tr>
     <tr class="data">
        <td class="key">清华大学</td>
        <td class="value"> http://www.tsinghua.edu.cn</td>
     </tr>
     <tr class="data">
        <td class="key">哈佛大学</td>
        <td class="value">http://www.harvard.edu/</td>
     </tr>
     <tr class="data">
        <td class="key">剑桥大学</td>
        <td class="value">http://www.cam.ac.uk/</td>
```

```
        </tr>
      </table>
      </div>
      <div clas = "key" >
          参数值: <% =request. getParameter( "param" ) %> <br/>
      </div>
    </body>
</html>
```

data. jsp 是一个 JSP 程序,该程序需要发布到 Tomcat 服务器上方能运行,本页面有两个作用:一是展示数据,如学校和相应的 URL;二是读取从 Web 前端页面传递过来的参数。在 JSP 程序中,使用内置对象 request 的 getParameter( )方法可以获取查询字符串中的参数值。例如,有如下一个包含有查询字符串的 URL:

```
http://localhost:8080/test. jsp? param = 100
```

那么在 test. jsp 页面中,可以使用如下 Java 代码获取参数 param 的值:

```
//getParameter( )方法的参数 param 为查询字符串的名称,返回值为字符串类型
String value  =  request. getParameter( "param" ); //返回值为"100"
```

例 6 - 22 使用 load( )方法请求加载 data. jsp,这里假设 data. jsp 和 6 - 22. html 在服务器的同一目录下。当单击"加载数据"按钮时,jQuery 调用 load( )方法请求加载 data. jsp 页面,并将 data. jsp 页面的数据插入到 id 为 resData 的 DOM 对象中。

【**例 6 - 22**】6 - 22. html。load( )方法的使用。

```
……
<script>
$(document). ready(function() {
    $("#btn"). click(function() {
    $("#resData"). load(
        //第 1 个参数: 加载 data. jsp 页面
        "data. jsp",
        //第 2 个参数: 向 data. jsp 传递参数 param, 值为 100
        //相当于查询字符串 data. jsp?param = 100
        {param: '100'},
        //第 3 个参数: 回调方法, 在 status 对象中显示"数据加载完毕!"
        function(data) { $('#status'). html('数据加载完毕!');
        });
    });
});
</script>
……
<button id = "btn" >获取数据 </button>
```

```
<div id = "resData" > </div >
<div id = "status" > </div >
……
```

本例运行效果如图 6－23 所示。

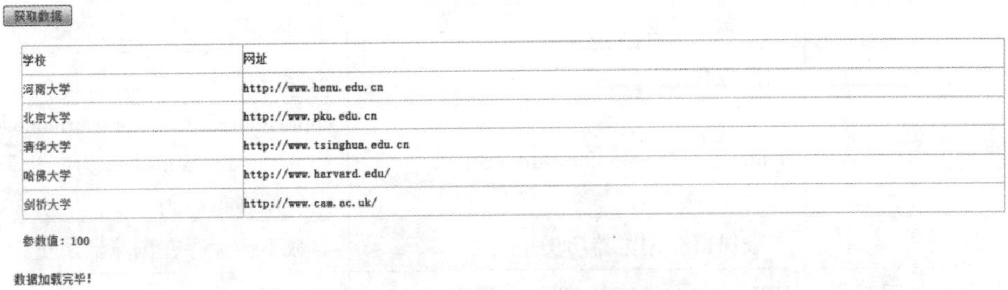

图 6－23　例 6－22 运行效果

在本例中 load()方法的第 1 个参数表示请求加载 data.jsp 页面。第 2 个参数{param:"100"}是向 data.jsp 页面传递的数值，请求该页面的 URL 相当于一个查询字符串 data.jsp?param=100；在 data.jsp 页面通过使用 request.getParameter("param")获取从 6－22.html 页面传递到 data.jsp 页面的参数 param 的值。第 3 个参数为回调方法，load()方法执行完毕之后执行该回调方法，实现在 status 元素内添加"数据加载完毕！"。

注意：

load()方法将参数 data 传递给请求的页面。请求该页面的方式是根据 load()方法的第 2 个参数 data 来自动指定的。若第 2 个参数没有指定，则采用 GET 方式请求；反之，则会转换为 POST 方式请求。

假设只加载 data.jsp 文档中类名为"key"的数据，那么例 6－22 作如下修改即可，注意观察代码中的加黑部分。

```
$(document).ready(function(){
    $("#btn").click(function(){
        //仅加载 data.html 页面中 class 为 key 的数据部分
        $("#resData").load("data.jsp  .key"});
    });
});
```

注意：

load()方法的第 1 个参数加载页面的指定部分数据时，页面名称和元素属性之间要有空格隔开，同时不同的属性使用不同的符号，如使用"."加载 class 属性元素，使用"#"加载 id 属性元素，符号名称与 jQuery 的选择器符号一致。

2. $.get()方法

HTTP 的请求方式有七种：GET、POST、PUT、HEAD、DELETE、OPTIONS、CONNECT，而 GET 和 POST 则是最为常用的两种，GET 方式也是 HTTP 默认的请求方式。

表 6－22 列出了 GET 方式与 POST 方式请求的区别。

表 6－22　GET 方式与 POST 方式请求的区别

对比方面	GET	POST
后退按钮/刷新	没有影响	数据会被重新提交(浏览器应该告知用户数据会被重新提交)
书签	可收藏为书签	不可收藏为书签
缓存	能被缓存	不能缓存
编码类型	application/x-www-form-urlencoded	application/x-www-form-urlencoded 或 multipart/form-data 为二进制数据使用多重编码
历史	参数保留在浏览器历史中	参数不会保存在浏览器历史中
对数据长度的限制	URL 的最大长度是 2048 个字符	无限制
对数据类型的限制	只允许 ASCII 字符	没有限制也允许二进制数据
安全性	与 POST 相比,GET 的安全性较差,因为所发送的数据是 URL 的一部分	POST 比 GET 更安全,因为参数不会被保存在浏览器历史或 Web 服务器日志中

$.get()方法是 jQuery 使用 HTTP GET 方式来进行异步请求。$.get()方法有四个参数,每个参数的含义如下:

① url:必选,待载入页面的 URL 地址。

② data:可选,待发送 key/value 参数。

③ fn:可选,载入成功时执行的回调方法。

④ type:可选,返回的内容格式,可以是 xml、html、script、json、text 和_default 等六种。

这里以用户登录为例说明 $.get()方法的使用,在 6－23.html 页面中,通过 $.get()方法调用服务器端 login.jsp 页面,并传递给 login.jsp 页面两个参数 username 和 password。

【例 6－23】6－23.html。$.get()方法的使用。

```
$.get(
    //第 1 个参数,指定请求的页面
    "login.jsp",
    //第 2 个参数,向请求页面传递参数,参数形式为映射形式
    {username:'jquery',
    password:'123456'},
    //第 3 个参数,回调方法
    function(data,state){
    //这里显示从服务器返回的数据
    alert(data);
    //这里显示返回的状态
    alert(state);
});
```

在本例中，使用了 $.get()方法请求 login.jsp 页面，并给该页面传递了一个映射形式的数据，即 username 为 jquery，password 为 123456；最后当 login.jsp 执行成功时再执行一个回调方法，该回调方法中有两个参数：data 和 state，其中 data 为从 login.jsp 回显的数据，state 表示该页面执行后的状态。

3. $.post()方法

$.post()方法通过远程 HTTP POST 请求载入信息。该方法的参数及用法与 $.get()方法类似，这是一个简单的 POST 请求功能以取代复杂的 $.ajax()方法。请求成功时可调用回调方法。如果需要在出错时执行函数，请使用 $.ajax()方法。

```
$.post(
    //第 1 个参数，指定请求的页面
    "login.jsp",
    //第 2 个参数，向请求页面传递参数
    {username:'jquery',
    password:'123456'},
    //第 3 个参数，回调方法
    function(data,state){
    //这里显示从服务器返回的数据
    alert(data);
    //这里显示返回的状态
    alert(state);
});
```

该段代码与 $.get()方法执行的唯一区别在于请求 login.jsp 的 HTTP 方式不同，这段代码是以 POST 方式请求 login.jsp 页面的。

4. $.ajax()方法

$.ajax()方法是 jQuery 中最底层的 AJAX 实现方法，是 jQuery 中一个功能最强大也最复杂的 AJAX 方法。该方法的语法格式如下：

```
$.ajax(url,[settings]);
```

各参数的含义如下：

① url：一个用来包含发送请求的 URL 字符串。

② settings：AJAX 请求设置。setting 中包含众多选项，所有选项都是可选的。

注意：

$.ajax()方法中第 2 个参数所有的选项都可以通过 $.ajaxSetup()方法来全局设置。

下面主要对 settings 参数作以说明，settings 参数可以分为回调方法、数据类型和高级选项等类型。

(1) 回调方法

若要处理 $.ajax()得到的数据，则需要使用回调方法。回调方法包括 beforeSend、

error、dataFilter、success 和 complete 五种。

① beforeSend：在发送请求之前调用，并且传入一个 XMLHttpRequest 作为参数。

② error：在请求出错时调用。传入 XMLHttpRequest 对象，描述错误类型的字符串以及一个异常对象（如果有的话）。

③ dataFilter：在请求成功之后调用。传入返回的数据以及"dataType"参数的值，并且必须返回新的数据（可能是处理过的）传递给 success 回调方法。

④ success：当请求之后调用。传入返回后的数据，以及包含成功代码的字符串。

⑤ complete：当请求完成之后调用这个函数，无论成功或失败。传入 XMLHttpRequest 对象，以及一个包含成功或错误代码的字符串。

（2）数据类型

$.ajax() 函数依赖服务器提供的信息来处理返回的数据。如果服务器报告说返回的数据是 XML，那么返回的结果就可以用普通的 XML 方法或者 jQuery 的选择器来遍历；如果是其他类型，如 HTML，那么数据就以文本形式来对待。

通过 dataType 选项还可以指定其他不同数据处理方式。除了单纯的 XML，还可以指定 html、json、jsonp、script 或者 text。

如果是 text 和 xml 类型返回的数据不会进行处理，数据仅仅简单地将 XMLHttpRequest 的 responseText 或 responseHTML 属性传递给 success 回调函数。需要注意的是，必须确保网页服务器报告的 MIME 类型与我们选择的 dataType 相匹配。比如说，XML 的话，服务器端就必须声明为 text/xml 或者 application/xml 来获得一致的结果。

如果指定为 html 类型，任何内嵌的 JavaScript 都会在 HTML 作为一个字符串返回之前执行。类似地，指定 script 类型的话，也会先执行服务器端生成 JavaScript，然后再把脚本作为一个文本数据返回。

如果指定为 json 类型，则会把获取到的数据作为一个 JavaScript 对象来解析，并且把构建好的对象作为结果返回。

（3）发送数据到服务器

默认情况下，AJAX 请求使用 GET 方法。如果要使用 POST 方法，可以设定 type 参数值。这个选项也会影响 data 选项中的内容如何发送到服务器。

data 选项既可以包含一个查询字符串，如 key1 = value1&key2 = value2，也可以是一个映射，如 {key1：'value1'，key2：'value2'} 。若使用了后者的形式，则数据在发送端会被转换成查询字符串。这个处理过程也可以通过设置 processData 选项为 false 来回避。如果我们希望发送一个 XML 对象给服务器时，这种处理可能并不合适。并且在这种情况下，我们也应当改变 contentType 选项的值，用其他合适的 MIME 类型来取代默认的 application/x-www-form-urlencoded 。

（4）高级选项

global 选项用于阻止响应注册的回调方法，如 ajaxSend()、ajaxError() 以及类似的方法。这在有些时候很有用，如发送的请求非常频繁且简短的时候，就可以在 ajaxSend() 里禁用回调方法。

如果服务器需要 HTTP 认证，如需要使用用户名和密码，可以通过 username 和

password 这两个参数来设置。

AJAX 请求是限时的,所以错误警告被捕获并处理后,可以用来提升用户体验。timeout 请求超时这个参数通常就保留其默认值,或者使用 jQuery. AJAXSetup( )方法进行全局设定,很少为特定的请求重新设置 timeout 选项。

默认情况下,请求总会被发出去,但浏览器有可能从它的缓存中调取数据。要禁止使用缓存的结果,可以设置 cache 参数为 false。如果希望判断数据自从上次请求后没有更改过就报告出错的话,可以设置 ifModified 参数为 true。

总之, $. ajax( )方法的参数众多,使用时也最为复杂,开发人员使用该方法时需要对这些参数有所了解。前面介绍的 load( )、$. post( )、$. get( )等方法都是 $. ajax( )方法的轻量级实现,因此可以使用 $. ajax( )方法替代。

下面的例 6 – 24 使用 $. ajax( )方法改写了例 6 – 22 中 load( )方法。

【例 6 – 24】6 – 24. html。 $. ajax( )方法的使用。

```
<script>
$(document).ready(function() {
    $("#btn").click(function() {
        $.ajax({
        //1. 指定请求类型为 GET 方式
        type:"GET",
        //2. 指定加载 data. jsp 页面
        url:"data. jsp",
        //3. 指定返回的数据类型为 html 格式
        dataType:"html",
        //4. 向 data. jsp 传统参数 param,值为 100,相当于查询字符串 data. jsp?
        //param=100
        data:{param:'100'},
        //5. 执行成功时,执行回调函数,在 status 中显示“数据加载完毕!”
        // 在 resData 中显示返回的请求数据
        success: function(data){
            $('#resData').html(data);
            $('#status').html('数据加载完毕!');
            }
        });
    });
});
</script>
```

5. serialize( )方法

表单是 Web 应用开发中非常重要的对象,用户通过表单与 Web 程序之间进行数据交互。在 jQuery 中要获取表单输入域的值,可以使用 $("#id").val()的方式获取(其中 id 为输入域的 id 属性值)。但是,如果表单中的输入域很多时,使用这种方式获取各输入域的值工作量非常大。jQuery 提供了 serialize()方法来简化表单输入域的取值问题, serialize()方法能够将表单输入域的数值序列化为字符串,用于 AJAX 请求。

图 6-24 是一个用户注册的表单,该表单读者已经非常熟悉,前面在介绍表单选择器时已经给出了该表单的 HTML 代码。可以看到,该表单中有九项输入域,如果仍用 val()方法获取各输入域的数值将相当繁琐。

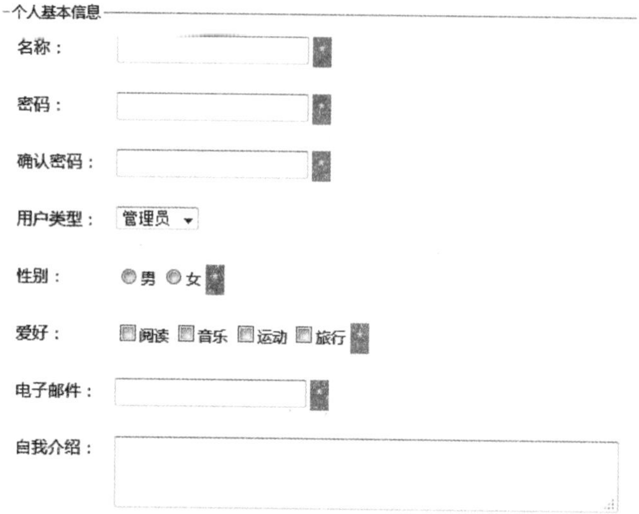

图 6-24 表单运行效果

下面是 serialize()方法实现表单输入域的序列化。在本程序中使用 $.get()方法请求加载 regist.jsp 页面,并使用 $("#myform").serialize()方法序列化一个字符串,然后将该字符串传递给 regist.jsp,最后,第 3 个参数是回调函数,它将 regist.jsp 页面处理的结果回传过来,并在 result 元素内显示。

```
$("#submit").click(function(e) {
        $.get(
            "regist.jsp",
            $("#myform").serialize(),
            function(data,textStatus) {
                $("#result").html(data);
            });
});
```

serialize()方法可以一次性地获取表单中所有输入域的数值,并且 serialize()方法可以根据字符编码进行自动选择恰当的字符编码,开发人员不用担心中文乱码问题。

6.5.6 JSON

JSON(JavaScript Object Notation)是一种轻量级的数据交换格式,在功能上有些类似

XML 文档,但 JSON 格式的数据更容易解析。JSON 是基于 JavaScript 的一个子集,JSON 采用完全独立于编程语言的文本格式,因此 JSON 格式的数据可以在不同语言之间共享使用。例如,Web 前端生成 JSON 格式的数据,可以被 Java、C#等语言编写的 Web 服务器端程序使用,从而可以方便地进行 Web 前端和 Web 服务器端的数据交互。这些特性使得 JSON 成为理想的数据交换语言,它易于开发人员阅读和编写,同时也易于机器解析和生成。另外,JSON 格式的文件是纯文本文件,占用空间很小,也更有利于网络传输。

1. JSON 数据语法格式

JSON 语法非常简单,JSON 数据的书写格式是:名称/值对。名称/值对包括字段名称(在双引号中),后面写一个冒号,然后是值。具体的语法格式要求如下:

① 数据在名称/值对中。
② 数据由逗号分隔。
③ 花括号保存对象。
④ 方括号保存数组。

例如,一个 JSON 数值可以写作如下形式:

```
"school":"河南大学"
```

其等价于如下 JavaScript 代码:

```
school = "河南大学"
```

注意,JSON 数值的名称也必须使用双引号包括起来,JSON 的值对可以是下面几种类型:

① 数字(整数或浮点数)。
② 字符串(在双引号中)。
③ 逻辑值(true 或 false)。
④ 数组(在方括号中)。
⑤ 对象(在花括号中)。
⑥ null。

2. JSON 对象

JSON 对象必须包含在花括号中,一个 JSON 对象中可以有多组 JSON 数值,JSON 数值之间使用逗号隔开。例如,

```
{"school":"河南大学",
"address":"河南省开封市明伦街 85 号",
"zip":"475001"
}
```

该 JSON 对象相当于定义了三个变量,并分别为这三个变量进行了赋值。

3. JSON 数组

JSON 数组在方括号中书写,JSON 数组中可包含多个 JSON 对象。例如,定义一个 JSON 文件 test.json,该文件是一个 JSON 数组,代码如下:

test. json

```
[
        {
            "school": "河南大学",
            "address": "河南省开封市明伦街 85 号",
            "zip": "475001"
        },
        {
            "school": "北京大学",
            "address": "北京市海淀区颐和园路 5 号 ",
            "zip": "100871"
        },
        {
            "school": "清华大学",
            "address": "北京市海淀区清华大学",
            "zip": "100871"
        }
]
```

在上面的例子中包含三个对象的数组。数组中每个元素代表一个学校的地址信息(如学校名称、地址和邮编)。图 6 - 25 使用树状图描述了本例中 JSON 数组的结构。

```
▼ array [3]
  ▼ 0   {3}
        school : 河南大学
        address : 河南省开封市明伦街85号
        zip    : 475001
  ▼ 1   {3}
        school : 北京大学
        address : 北京市海淀区颐和园路5号
        zip    : 100871
  ▼ 2   {3}
        school : 清华大学
        address : 北京市海淀区清华大学
        zip    : 100871
```

图 6 - 25　test. json 的 JSON 数据结构

上面的代码相当于如下 JavaScript 形式的定义:

```
var schools = '[
            {"school":"河南大学", "address":"河南省开封市明伦街 85 号",
"zip":"475001"},
```

```
        {"school":"北京大学","address":"北京市海淀区颐和园路5号",
"zip":"100871"},
        {"school":"清华大学","address":"北京市海淀区清华大学","zip":"100871"}
    ]';
```

注意：

可以使用EditPlus、Dreamweaver之类的软件编辑JSON文件。特别值得注意的是，如果JSON文件中含有中文字符时，JSON文件和Web页面必须采取一致的中文字符编码，如UTF-8，否则当页面读取JSON文件时可能产生乱码。

4. JSON文本转换为JavaScript对象

使用JSON存储的数据也可以永久地以文件形式保存下来，JSON文件的文件类型是".json"，JSON文本的MIME类型必须是"application/json"。

JSON最常见的用法是从Web服务器端读取JSON数据，并将JSON数据转换为JavaScript对象，然后在网页中使用该数据。

在JavaScript程序中，要创建包含JSON语法的JavaScript字符串，需要使用单引号将JSON对象包括起来。例如，

```
var schools ='{"school":"河南大学","address":"河南省开封市明伦街85号",
"zip":"475001"}';
```

由于JSON语法是JavaScript语法的子集，JavaScript的eval()方法可用于将JSON文本转换为JavaScript对象。

eval()方法使用的是JavaScript编译器，可解析为JSON文本，然后生成JavaScript对象。必须把文本包围在括号中，这样才能避免语法错误。例如，

```
var obj = eval ("(" + schools + ")");
```

因此，将一个含有JSON语法格式的JavaScript字符串，通过使用eval()方法可再次将JavaScript字符串转换为JSON对象，然后用如下方式访问JSON对象中的数据。

```
JSON对象.属性名称
//访问JSON对象中school属性
alert(obj.school);
```

6.5.7 jQuery操作JSON

1. $.getJSON()方法

jQuery中专门提供了$.getJSON()方法用于加载JSON文件，$.getJSON()方法的语法格式如下：

```
$.getJSON(url,[data],[fn]);
```

该方法的三个参数含义如下：

① url：发送请求地址。

② data：待发送key/value参数。

③ fn:载入成功时回调方法。

下面的例6 - 25 实现的功能是在6 - 25. html 页面请求加载 JSON 文件 test. json,并将读取的 JSON 数组元素在表格中展现出来,每个数组元素一行。

【例6 - 25】6 - 25. html。 $. getJSON( ) 方法的使用。

```
……
<script>
$(document).ready(function() {
    $("#btn").click(function() {
        $.getJSON("test.json",
        function(data) {
            //定义一个字符串变量 html, 动态生成表格, 初始为表格的标题行
            var html = '<table><tr><td>学校</td><td>
            地址</td><td>邮编</td></tr>';
            //使用 $.each() 方法遍历 JSON 数组, 数组中的每个元素作为表格的
            //一行, 回调方法的参数 i 为迭代变量
            $.each(data, function(i) {
                html += '<tr><td>' + data[i].school + '</td><td>' +
data[i].address + '</td><td>' + data[i].zip + '</td></tr>';
            });
            //为 html 变量追加字符串, 添加表格的闭合标签
            html += '</table>';
            //将字符串变量 html 显示到 resData 元素中
            $('#resData').html(html);
        });
    });
});
</script>
……
<button id="btn">获取数据</button>
<div id="resData"></div>
<div id="status"></div>
……
```

本例运行效果如图6 - 26 所示。

获取数据

学校	地址	邮编
河南大学	河南省开封市明伦街85号	475001
北京大学	北京市海淀区颐和园路5号	100871
清华大学	北京市海淀区清华大学	100871

图6 - 26　例6 - 25 运行效果

在本例中，由于读取的 test.json 数组中包含三个元素，因此需要对数组元素进行遍历，而 $.each() 方法的功能就是实现对数组等集合对象遍历的。$.each(data,fn) 方法的两个参数，其中参数 data 表示要遍历的集合对象，fn 为回调方法。回调方法 fn 中还有两个可选参数，分别表示迭代元素的键名和迭代元素的值。例如，

```
$.each(
    //第1个参数：表示要遍历的集合对象，此处为一个映射对象（键值对）
    { name: "John", lang: "JS" },
    //第2个参数：回调方法，参数i表示迭代元素的键名，参数n表示迭代元素的值
    function(i, n){
    alert( "Name: " + i + ", Value: " + n );
});
```

2. $.getScript()方法

jQuery 中除了提供 $.getJSON() 方法之外，还提供了 $.getScript() 方法用于通过 HTTP GET 请求载入并执行一个 JavaScript 文件。$.getScript() 方法的语法格式如下：

```
$.getScript(url, [fn]);
```

该方法的两个参数含义如下：

① url：发送请求地址。

② fn：载入成功时回调方法。

现有一个 JS 文件 test.js，该文件用来设置一个类名为"block"的元素的 CSS 属性，如边框、长度、宽度和背景颜色等，具体的内容如下：

```
$(".block").css({"border":"dotted","width":"500px","height":"200px",
"background":"#99c"});
```

例 6-26 的功能是加载该 JS 文件，在本程序中页面加载时首先请求执行 test.js 文件，即设定类名为 block 的 <div> 元素的 CSS 样式；然后，当单击">>Run"按钮时执行回调函数，并触发 toggle() 方法的执行，使 <div> 元素交替隐藏和显示。

【例 6-26】 6-26.html。$.getScript() 方法的使用。

```
......
<script>
    $(document).ready(function() {
            jQuery.getScript("test.js", function(){
        $("#go").click(function(){
        $(".block").toggle("slow");
      });
    });
  });
......
<button id="go">>> Run</button>
```

```
<div class="block"></div>
……
```

6.6 jQuery 插件

jQuery 具有良好的扩展性，吸引了许多开发者编写可复用的 jQuery 插件，目前已经有数千种 jQuery 优秀插件供用户选用。开发人员使用 jQuery 的第三方插件，可以快速开发出界面优美、运行稳定的 Web 应用系统，节约开发成本。

6.6.1 jQuery UI 插件

1. 日历选择插件 jQuery DatePicker

在表单设计中有时需要录入日期，如果手工录入日期，往往日期格式不易控制。DatePicker 插件可以进行日期选择，免去了手工输入之苦，并且保证了日期格式的统一。

DatePicker 是 jQuery UI 中的日期选择插件。DatePicker 配置灵活，支持自定义展示方式，如日期格式、语言、限制选择日期范围、添加相关按钮以及其他导航等。

（1）下载地址

http://jqueryui.com/datepicker/。

（2）使用方法

第一步：确保使用 DatePicker 插件的页面有一个空白的 <div> 元素或者 <input> 元素，使用这两种元素显示 DatePicker 日历插件。

```
<div id="dp"></div>
<input type="text" name="datepicker" id="datepicker" />
```

第二步：确保页面的 <head> 元素内引入 jQuery 的 JS 文件以及 jQuery UI 的 JS 文件及 CSS 文件。

```
<link href="jquery-ui.css" rel="stylesheet" type="text/css"/>
<script type="text/javascript" src="jquery-2.1.1.js"></script>
<script type="text/javascript" src="jquery-ui.min.js"></script>
```

第三步：在页面中调用 datepicker() 方法。

```
<script>
    $(document).ready(function() {
       $("#dp").datepicker();
       $("#datepicker").datepicker();
    });
</script>
```

注意，DatePicker 插件可以使用 <div> 元素或 <input> 元素显示，二者的区别在于 <div> 元素显示的日历不可编辑回显，而 <input> 元素可以显示和编辑。完整的例子参见例 6－27，运行效果如图 6－27 所示。

图 6－27　DatePicker 插件的运行效果

【例 6－27】6－27. html。DatePicker 插件的使用。

```
<script type="text/javascript" src="jquery-2.1.1.js"></script>
<script type="text/javascript" src="jquery-ui.js"></script>
<link href="jquery-ui.css" rel="stylesheet" type="text/css"/>
<script>
    $(document).ready(function() {
    $("#datepicker").datepicker();
        $("#dp").datepicker();
    });
</script>
……
在 DIV 中显示日历,不可编辑<br/>
<div id="dp"></div>
在 INPUT 中显示日历,可编辑<br/>
<input type="text" name="datepicker" id="datepicker" />
```

2. 下拉框插件 FlexBox

FlexBox 是一个 jQuery 插件,用来显示动态下拉框,下拉数据可直接进行翻页显示,使用的是 JSON 格式的数据源。

FlexBox 可以用作 ComboBox,它支持用户选择数据项;FlexBox 也具有搜索提示功能,类似 Google Suggest;同时,FlexBox 还具有数据输入筛选功能等。

(1) 下载地址

FlexBox 插件可以从如下地址下载:http://flexbox.codeplex.com。下载后在 FlexBox 目录下有插件的 JS 目录,包括 jquery.flexbox.js 和 jquery.flexbox.min.js 两个 JS 文件;在 CSS 目录中有其样式表文件 jquery.flexbox.css;在 IMG 目录中有图片素材,具体如图 6－28所示。

图 6－28 FlexBox 插件的目录结构

（2）使用方法

第一步：确保使用 FlexBox 插件的页面有一个空白的 <div> 元素，使用该 <div> 元素引用 FlexBox 样式的下拉框。

```
<div id = "fb" > </div >
```

第二步：确保页面的 <head> 元素内引入 jQuery 的 JS 文件以及 FlexBox 的 JS 文件和 CSS 文件。

```
<script type = "text/javascript"  src = "jquery-2.1.1.js"  > </script >
<script type = "text/javascript"  src = "jquery.flexbox.js" > </script >
<link type = "text/css"  rel = "stylesheet"  href = "jquery.flexbox.css" / >
```

第三步：选择页面中的 <div> 元素并调用 flexbox( ) 方法。

```
$(document).ready(function () {
  //匹配的<div>元素调用 flexbox( )方法
      $("#fb").flexbox("result.jsp");//result.jsp 返回 JSON 格式的数据
});
```

其中，result.jsp 用于返回 JSON 格式的数据，以便 FlexBox 插件调用 flexbox( ) 方法绑定 JSON 数据。result.jsp 页面返回 JSON 格式的数据，其数据格式如下：

```
{"results":[
          {"id":1,"name":"Ant"},
          {"id":2,"name":"Bear"},
          {...} // more results here...
]}
```

其中：id 属性值应是一个字符串或整型数值，id 属性值相当于 <option> 标签的 value 属性；name 属性值也须是一个字符串或者整型的数值，name 属性值相当于 <option> 与 </option> 标签嵌套的数值，而且它的格式必须符合 JSON 语法格式。完整的例子参见例 6－28，运行效果如图 6－29 所示。

【例 6－28】6－28.html。FlexBox 插件的使用。

```
……
<link type = "text/css" rel = "stylesheet" href = "FlexBox/css/jquery. flexbox. css" / >
<script type = "text/javascript" src = "jquery-2. 1. 1. js" > </script>
<script type = "text/javascript" src = "FlexBox/js/jquery. flexbox. js" > </script>
<script>
    $(document).ready(function() {
    //匹配的<div>元素调用 flexbox()方法
    $("#fb").flexbox("result. jsp"); //result. jsp 返回 JSON 格式的数据
    });
</script>
……
<div id = "fb" > </div>
……
```

result. jsp 的主要代码如下：

```
<%
    out.print("{'results':[{'id':1,'name':'Ant'}," +
    "{'id':2,'name':'Bear'},{'id':3,'name':'Eric'}, {'id':4,'name':'Liang'},
{'id':5,'name':'Smith'} ]}");
%>
```

将上述两个页面发布到 Tomcat 服务器上,运行效果如图 6－29 所示。

图 6－29　例 6－28 运行效果

6.6.2　jQuery 表单插件 jQuery. form

1. 基本介绍

jQuery. form 插件允许用户非常轻松地使用 AJAX 来访问 HTML 的表单,它提供了诸如 AJAXForm( )、AJAXSubmit( )和 formSerialize( )等方法,从而可以获取表单输入的数值并决定如何管理表单提交进程。jQuery. form 插件的方法大都支持一些参数,从而让开发者能够完全控制如何提交表单中的数据。总之, jQuery. form 是一个简单易用的、支持 AJAX 技术的表单插件。

2. 下载地址

jQuery. form 提供两种类型的文件可供下载,即开发版 jquery. form. js 和压缩版 jquery. form. min. js。用户可根据需要下载合适的版本,具体的下载地址为: http://malsup. com/jquery/form/#tab7。

3. 使用方法

jQuery. form 插件提供了一系列方法,表 6－23 列出该插件的一些主要方法。

表 6－23　jQuery. form 的主要方法

方法	说明
AJAXForm( )	增加所有需要的事件监听器,为 AJAX 提交表单做好准备
AJAXSubmit( )	立刻由 AJAX 来提交表单。大多数情况下,都是调用 AJAXSubmit( )来对用户提交表单进行响应。AJAXSubmit 接受 0 个或 1 个参数。该参数既可以是一个回调函数,也可以是一个 Options 对象
formSerialize ( )	将表单序列化成一个查询字符串。这个方法将返回以下格式的字符串:name1 = value1&name2 = value2
fieldSerialize( )	将表单的字段元素序列化成一个查询字符串。当只有部分表单输入域需要进行序列化时,建议使用该方法,返回的字符串与 formSerialize( )相同
fieldValue( )	返回匹配插入数组中的表单元素值
resetForm( )	通过调用表单元素原有的 DOM 方法,将表单恢复到初始状态
clearForm( )	清除表单元素
clearFields( )	清除字段元素。只有部分表单元素需要清除时才使用该方法

jQuery. form. js 经常应用在这样的场景:用户提交表单页面后并不想跳转到表单提交后的目标页面,而是仍然停留在该表单页面,并且目标页面处理后的数据返回到表单页面。

例 6－29 就实现了这样的功能。在 6－29. html 页面中提供了一个表单,并在该页面使用 jQuery. form 插件的 AJAXSubmit( )方法提交表单,当用户单击按钮时触发该方法执行,从而实现该页面并未跳转,就实现了目标页面 comment. jsp 的执行,并最终将目标页面执行结果返回到该表单页面。

【例 6－29】6－29. html。jQuery. form 插件的使用。

```
……
<script type="text/javascript" src="jquery-2.1.1.js"></script>
<script type="text/javascript" src="jquery.form.js"></script>
<script>
$(document).ready(function(e) {
$('button').on('click', function() {
      $('form').on('submit', function() {
            var title = $('input[name=title]').val();
            var content = $('textarea').val();
            $(this).AJAXSubmit({
                  type: 'post', // 提交方式 GET/POST
                  url: 'comment.jsp', // 需要提交的 URL
                  data: {
                        'title': title,
                        'content': content
```

```
                },
                // 参数 data 保存提交后返回的数据,一般为 JSON 数据
                success: function(data) {
                    // 此处可对 data 作相关处理
                    $("#resTxt").html(data);
                    alert('提交成功!');
                }
            });
            // 提交后重置表单
            $(this).resetForm();
            // 阻止表单自动提交事件
            return false;
        });
    });
    });
    </script>
    ……
    <form>
    标题: <input type="text" name="title"/><br/>
    内容: <textarea name="content"></textarea><br/>
    <button>提交</button>
    </form>
    <div id="resTxt"></div>
    ……
```

表单提交后的目标页面 comment.jsp 是 JSP 页面,在该页面仅是获取表单的数据,并生成一个显示标题和评论内容的字符串,核心代码如下:

comment.jsp

```
    <%
        String title = request.getParameter("title");
        String content = request.getParameter("content");
        out.print("你评论的标题为:" + title + "<br/>评论内容如下:<p>" +
content + "</p>");
    %>
```

鉴于服务器端程序超出了本书的讨论范围,此处不再详细说明。将本例中的所有页面发布到 Tomcat 服务器上,运行效果如图 6-30 所示。

图 6－30　例 6－29 运行效果

6.6.3　jQuery 表单验证插件 nice Validator

1. 基本介绍

nice Validator 提供了一个简单、智能、令人愉悦的表单验证方案，它内置强大的验证机制，适用于各种简单和复杂的应用场景。nice Validator 具有如下特性：

① 智能：自动初始化、自动生成消息、只在需要时验证。

② 灵活：主题机制、多规则绑定、丰富的事件、随意扩展、国际化支持。

③ 体验：支持实时验证与显示消息，四种消息类型，消息位置灵活，提供对外 API。

④ 简单：少量的参数，轻松上手，简单配置就可以定义消息主题。

⑤ 强大：规则动态性、分组验证支持、调试支持、通过 DOM 传参可不用初始化、超强适应能力。

2. 下载地址

下载地址：http://niceue.com/validator/download.php。

目前，nice Validator 最新版本为 0.7.3，插件下载后需要将 images、local、jquery.validator.js 和 jquery.validtor.css 这些目录和文件引用到页面中，如图 6－31 所示。

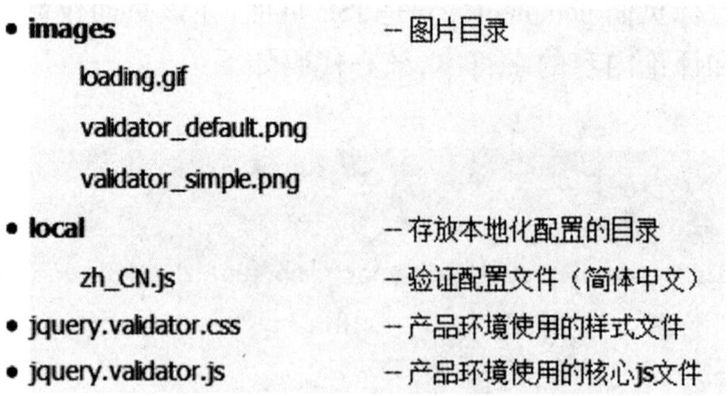

图 6－31　nice Validator 需要的资源

3. 使用方法

(1) 引入资源

使用之前，确保已经引入了 jQuery，需要 1.7 以上版本。然后引入验证插件，其中 zh_CN.js 是本地化配置文件，读者可以在里面配置一些全局的参数（规则、主题、多语言消息）。

```
<link rel="stylesheet" href="path/to/validator/jquery.validator.css">
<script type="text/javascript" src="path/to/validator/jquery.validator.js"></script>
<script type="text/javascript" src="path/to/validator/local/zh_CN.js"></script>
```

(2) 使用组件

nice Validator 支持两种方式:JS 传参和 DOM 传参,这两种方式都可以实现表单验证。

JS 传参方式:

通过 JS 传参方式进行表单验证时,表单中无需改变 DOM。

```
<form name="register">
<label>邮箱</label><input name="email">
</form>
……
//通过 JS 表单验证
$('form[name="register"]').validator({
    stopOnError: false,
    timely: false,
    fields: { //设定 email 字段是必填和电子邮件格式
'email': 'required; email;'
    }
});
```

DOM 传参方式:

通过在 DOM 上绑定属性,无需 JS 调用,具体步骤如下:

① 在字段上绑定规则;

② 如果要改变默认参数,可以在 <form> 上以 JSON 字符串形式绑定参数 data-validator-option;

③ 如果参数全部在 DOM 元素上面传递,那么 JS 就不需要初始化了。

```
<form name="register" data-validator-option="{stopOnError:false, timely:false}">
<label>邮箱</label><input name="email" data-rule="required;email;">
</form>
```

以上两种方式均可实现表单的验证。nice Validator 提供了许多公共定义和内置规则,开发人员根据实际需要,选定合适的内置规则就可以对表单进行验证,开发人员还可以设置国际化、CSS 样式等内容,限于篇幅此处不再一一介绍。例 6-30 是以 DOM 传参方式实现的一个表单验证程序。

【例 6-30】6-30.html。nice Validator 插件的使用。

```
<div id="result" class="tip-ok" style="display:none">提交成功</div>
<form id="signup_form" lass="signup" data-validator-option="{stopOnError:true,
timely:2}"
```

```
autocomplete = "off" >
 < fieldset >
 < div class = "form-item" >
 < div class = "field-name" > 全名 </div >
 < div class = "field-input" >
 < input type = "text" name = "user[ name]" maxlength = "20" autocomplete = "off"
data-rule = "required"
data-tip = "输入你的名字与姓氏。"
data-ok = "名字很棒。"
data-msg-required = "全名必填!" >
 </div >
 </div >
 < div class = "form-item" >
 < div class = "field-name" > 电子邮件地址 </div >
 < div class = "field-input" >
 < input type = "text" name = "user[ email]" autocomplete = "off"
data-rule = "required;email;remote[ check/email. php]"
data-tip = "你的邮件地址是什么?"
data-ok = "我们将会给你发送确认邮件。"
data-msg-required = "电子邮箱地址必填!"
data-msg-email = "不像是有效的电子邮箱。" >
 </div >
 </div >
 < div class = "form-item" >
 < div class = "field-name" > 创建密码 </div >
 < div class = "field-input" >
 < input type = "password" name = "user[ user_password]"
   data-rule = "required;length[6 ~ ];password;strength;"
   data-tip = "6 个或更多字符! 要复杂些。"
   data-ok = ""
   data-msg-length = "密码最少为 6 位。"
   data-msg-required = "密码不能为空!" >
 </div >
 </div >
 < div class = "form-item" >
 < div class = "field-name" > 选择你的用户名 </div >
 < div class = "field-input" >
 < input type = "text" name = "user[ screen_name]" maxlength = "15" autocomplete = "off"
```

```
data-rule = "required;username;remote[check/user.php]"
data-rule-username = "[/^[a-zA-Z0-9] + $/, '用户名无效! 仅支持字母与数字。']"
data-tip = "别担心,你可以稍后进行修改。"
data-ok = "用户名可以使用。<br/>你可以稍后进行修改。"
data-msg-required = "用户名必填! <br/>你可以稍后进行修改。">
</div>
</div>
</fieldset>
<button id = "btn-submit" class = "btn-submit" type = "submit">创建我的账号</button>
</form>
```

本例运行效果如图 6 – 32 所示。

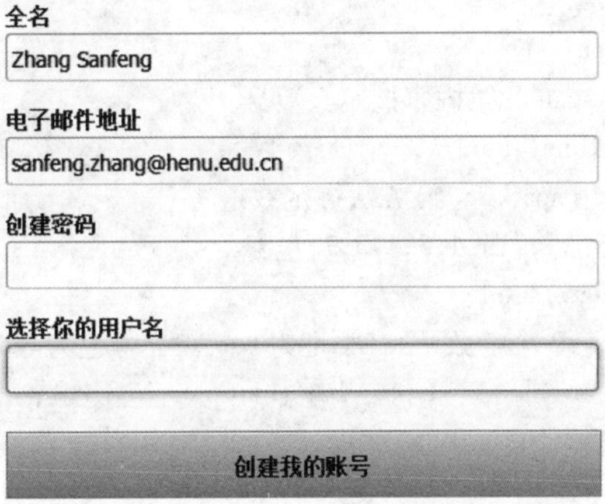

图 6 – 32　例 6 – 30 运行效果

6.6.4　jQuery 图表插件 Sparkline

1. 基本介绍

Sparkline 是一个在网页中显示各种统计图表的 jQuery 插件,开发人员可以把数组等对象绑定给 Sparkline,就可以在网页上显示指定样式的图表。但是,Sparkline 功能上较为单一,如无法显示图例等数据信息。

2. 下载地址

官网地址:http://omnipotent.net/jquery.sparkline/。

文档地址:http://omnipotent.net/jquery.sparkline/#docs。

下载地址:http://omnipotent.net/jquery.sparkline/#download。

3. 使用方法

Sparklines 插件的脚本文件也有两种类型:开发版 jquery.sparkline.js 和压缩版 jquery.sparkline.min.js,开发人员可根据需要选择相应的版本。然后在使用该插件的页面中引用 jQuery 和该插件的 JS 文件。

```
<script type="text/javascript" src="jquery-2.1.1.js"></script>
<script type="text/javascript" src="jquery.sparkline.js"></script>
```

图表需要数据填充，Sparkline 插件需要在页面中专门添加一个 <span> 元素，Sparkline 将绘制的图表在该元素内显示。Sparkline 的语法格式如下：

```
$(selector).sparkline(values, options);
```

其中，selector 为指定的 <span> 元素，参数 values 为绑定图表的数据，参数 options 用来指定图表的样式。

【例 6-31】6-31.html。Sparkline 插件的使用。

```
<script type="text/javascript" src="jquery-2.1.1.js"></script>
<script type="text/javascript" src="jquery.sparkline.js"></script>
<script>
$(document).ready(function(e) {
    //绑定数据方式一:在 span 元素内直接定义数据
    $('.sparklines').sparkline('html');
    //绑定数据方式二:利用 sparkline()方法绑定数组
    $('#ticker').sparkline([1,2,3,4,5,4,3,2,1]);
    var myvalues = [2,6,1,5,3,6];
    //绑定数组,同时指定第 2 个参数,图有类型为 bar,填充颜色为 red
    $('#bars').sparkline(myvalues, {type: 'bar',barColor:'red'} );
});
</script>
……
<span class="sparklines">1,2,3,4,5,4,3,2,1</span>
<span id="ticker">Loading...</span>
<span id="bars">Loading...</span>
```

图 6-33　例 6-31 运行效果

通过本例可以看到，Sparkline 绑定数据的方式有两种：一种是直接在 <span> 元素内定义数据；另一种是定义一个 JavaScript 数组，然后将该数组作为 sparkline()方法的参数进行数据绑定。无论使用哪种方式，都要将匹配的 <span> 元素调用 sparkline()方法。需要注意的是，Sparkline 默认使用的是折线图。本例的运行效果如图 6-33 所示，当鼠标指向图表时，Sparkline 会显示当前位置对应的数值。

本例中使用的如下代码，表示以数组 myvalues 作为 Sparkline 要绑定的数据，通过第 2 个参数设置图表的类型为柱形图(bar)，且填充颜色为红色。

```
$('#barchart').sparkline(myvalues, { type:'bar', barColor:'red' });
```

6.6.5 jQuery UI 框架插件 jUI

1. 基本介绍

jUI 又称为 DWZ,由于该框架是由杜权、吴平和张慧华三人开发,DWZ 也因此得其名。jUI 是一个富客户端框架(jQuery RIA framework),是中国人自己开发的基于 jQuery 实现的 AJAX RIA 开源框架。jUI 的设计目标是简单实用,快速开发,降低 AJAX 开发成本。jUI 具有如下特性:

① 完全开源,源码没有做任何混淆处理,方便扩展。

② CSS 和 JS 代码彻底分离,修改样式方便。

③ 简单实用,扩展方便,轻量级框架,快速开发。

④ 仍然保留了 HTML 的页面布局方式。

⑤ 支持 HTML 扩展方式调用 UI 组件,开发人员不需写 JS。

⑥ 只要懂 HTML 语法不需精通 JS,就可以使用 AJAX 开发后台。

⑦ 基于 jQuery,UI 组件以 jQuery 插件的形式发布,扩展方便。

2. 下载地址

http://www. j-ui. com。

3. 使用方法

jUI 下载后,内置很多样例模块,包括 HTML 表单、日历控件、分页组件、Table、Tree、Panel 等组件,支持功能强大的 AJAX 表单查询等。用户可根据需要定制 jUI 框架,并且 jUI 提供了详尽的文档,开发人员使用 jUI 可参考 jUI 开发文档。jUI 框架的运行效果如图 6-34 所示。

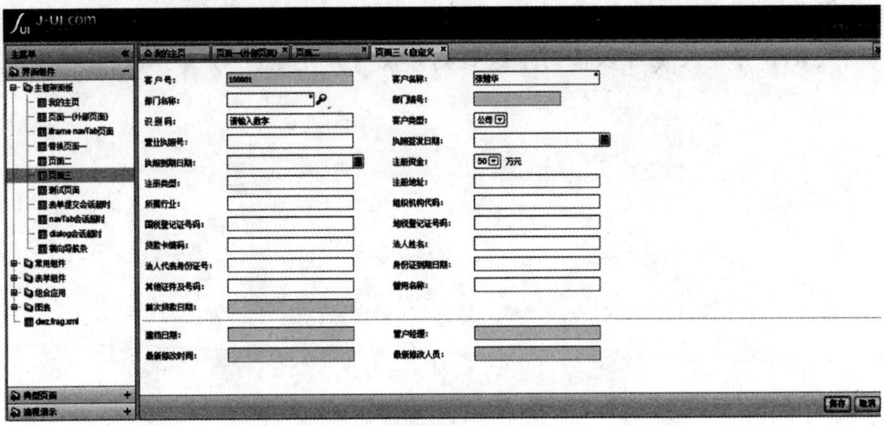

图 6-34 jUI 运行效果

jQuery 的插件众多,本节所列举的 jQuery 插件只是沧海一粟,而且列举的这些插件也只介绍了最基本的使用方法。读者要深入这些 jQuery 插件,还需要查看相关插件的 API 文档及使用帮助。

本章小结

jQuery 是目前 Web 前端开发非常流行的一个 JavaScript 函数库,jQuery 的精华在于它拥有灵活强大的选择器以及对 CSS、AJAX、事件的完美支持。本章首先介绍了 jQuery 开发环境搭建,通过对比 jQuery 程序与传统的 JavaScript 程序对 DOM 对象的操作,让读者了解 jQuery 程序的强大之处。选择器是 jQuery 的基础,没有选择器就无从对 HTML 元素进行操作,本章分别介绍了 jQuery 的基础选择器、层次选择器、过滤选择器和表单选择器,通过这些选择器可以各种方式选择匹配的对象。jQuery 提供了诸多方法,通过这些特定的方法可以对 HTML 元素进行追加、删除、复制、替换和校验操作,还可以为匹配的 HTML 元素设置和获取 CSS 等。事件是 JavaScript 语言中非常重要的概念,jQuery 同样继承了 JavaScript 的事件机制,jQuery 提供了诸如 ready()、bind()和 unbind()等事件处理方法和 Event 对象;此外,jQuery 还内置了键盘、浏览器、鼠标、表单等事件方法,通过这些方法 jQuery 可以非常方便地基于事件进行编程。jQuery 还提供了一系列支持动画的方法,通过使用这些方法可以对 HTML 元素进行淡入淡出、隐藏和显示、滑动甚至自定义动画。

AJAX 是目前应用非常广泛的技术,通过使用 AJAX 技术,可以实现页面的异步提交,从而增强用户体验。AJAX 的精髓是 XMLHttpRequest 对象,但是由于 XMLHttpRequest 并非是一个 W3C 标准,导致不同的浏览器对其支持也不尽相同,加之 XMLHttpRequest 需要频繁地进行状态判定,使用起来比较麻烦。JSON 是一种类似于 XML 文档的数据表示方法,它们都是与具体平台和编程语言无关的数据表示方法。但相比于 XML 而言,JSON 文件更加小巧且易于解析,可以在 Web 前端与服务器端程序之间进行数据交换。jQuery 提供了 $.ajax()、load()、$.get()、$.post()和 $.getJSON()等方法,对 AJAX 进行了轻量级地封装,使用更加方便。

jQuery 的灵活之处还在于它支持第三方开发,因此目前有很多界面精美、功能强大的 jQuery 插件,Web 开发人员可以借助于这些插件快速开发 Web 项目,从而提高开发效率。

第7章　综合案例

本章要点

- 网页布局
- 通用样式
- nav 导航
- 动态相册
- 文章样式
- 折叠效果

运用 HTML、CSS、jQuery 制作如图 7 - 1 所示页面。网页布局是网页设计的必备技术之一，在网页制作之前，甚至是效果图设计之前，都必须清晰地知道该网页应该如何布局。通过本案例可以熟悉网页的布局技巧。网页中有很多元素在不同的浏览器下显示的样式不一样，可以通过通用样式对这些元素进行设置，使其保持一致的显示风格。导航、文章、超链接几乎是网页中不可缺少的元素，通过本案例进一步熟悉对他们的操作。良好的交互效果，可以提高网页对用户的吸引力，本案例提供了动态相册和折叠效果的制作过程。

7.1　整体布局

该页面总体的通用样式设置如下：

```
* {
        background: transparent;
        border: 0 none;
        border-collapse:collapse;
        margin: 0;
        padding: 0;
        border: 0;
        outline: 0;
```

```
            font-size:12px;
    }
    ol, ul {
            list-style: none;
    }
    p {
        font-size:12px;
        line-height:24px;
        font-family:宋体;
        text-indent:24px;
        margin:0px;
        }
```

图 7-1 首页总体效果

首页布局总体为上、中、下三部分,分别通过 header、section、footer 实现。header 区域包含三部分:logo 区域、导航区域、相册区域。三部分都位于网页的正中部,logo 区域和导航区域横向排列,相册区域位于 logo 区域和导航区域之下。section 区域包含左右两部分,左侧为文章区域,右侧为多为超链接。footer 区域放置版权信息。

```
<! DOCTYPE html >
<html >
  <head >
    <title >我爱开封 </title >
    <meta charset = "UTF-8" >
  </head >
  <body >
    <! --header -- >
    <header >
      </header >
    <! -- content -- >
    <section id = "content" >
    </section >
    <! -- footer -- >
    <footer >
    </footer >
  </body >
</html >
```

首页的总布局样式设置如下：

```
header{
        height:600px;
        overflow:hidden;
        border-bottom:2px solid #2a2a2a;
        background-color:Gray;
}
#content{
    height:600px;
}
footer{
        background-color:Gray;
        height:60px;
        text-align:center;
}
. middleSet{
        margin:0px auto;
        width: 976px;
        position:relative;
```

```
        border:1px solid red; /* 方便测试 */
}
```

首页的总体布局如图 7 -2 所示。

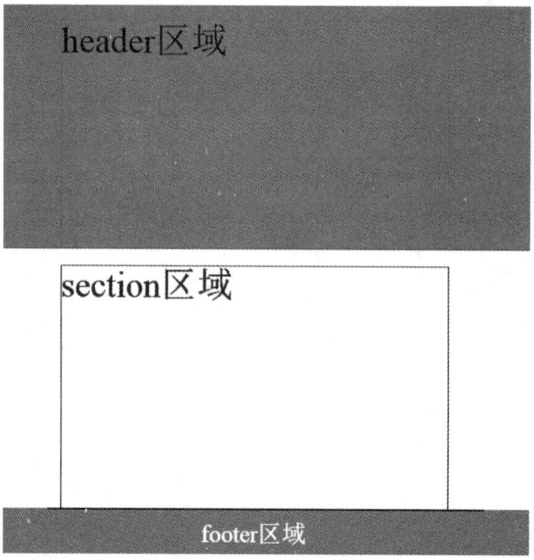

图 7 -2　总体布局

7.2　header 区域

header 区域 HTML 标记如下：

```
<header>
    <div class="middleSet">
        <div class="logo">
            <h1>我爱<strong>开封</strong> </h1>
        </div>
      <nav>
        <ul>
            <li><a href="index.html" class="current">主页</a></li>
            <li><a href="index-1.html">自然风光</a></li>
            <li><a href="index-2.html">人文气息</a></li>
            <li><a href="index-3.html">美食</a></li>
            <li><a href="index-4.html">旅游景点</a></li>
            <li><a href="index-5.html">名校简介</a></li>
            <li><a href="index-6.html">留下足迹</a></li>
        </ul>
      </nav>
```

```
<div id="photoShow">
  <div class="rap">
    <a href="#"><img src="images/big-img1.jpg" alt="" width="571"
height="398"></a>
    <a href="#"><img src="images/big-img2.jpg" alt="" width="571"
height="398"></a>
    <a href="#"><img src="images/big-img3.jpg" alt="" width="571"
height="398"></a>
  </div>
<ul class="pagination">
  <li>
      <a href="#" rel="0">
      <img src="images/f_thumb1.png" alt="">
    <span class="left">
      安远门<br />
      复古建筑<br />
    </span>
    <span class="right">
      鼓楼区<br />
      新建筑<br />
    </span>
  </a>
</li>
<li>
      <a href="#" rel="1">
      <img src="images/f_thumb2.png" alt="">
    <span class="left">
      铁塔<br />
      塔式建筑<br />
      古建筑
    </span>
    <span class="right">
      铁塔公园<br />
      铁塔湖<br />
      冬玩雪
    </span>
  </a>
</li>
```

```
<li>
        <a href="#" rel="2">
        <img src="images/f_thumb3.png" alt="">
    <span class="left">
     龙亭<br/>
     复古建筑<br/>
     宋
    </span>
    <span class="right">
     杨家湖<br/>
     潘家湖<br/>
     天波杨府
    </span>
  </a>
</li>
</ul>
<img src="images/extra-banner.png" alt="" class="extra-banner">
</div>
</div>
</header>
```

logo、导航、相册 photoShow 需要采用绝对定位分别定位。logo 区域样式设置如下：

```
header .logo {
        position:absolute;
        left:45px;
        top:70px;
        background:url(images/logo.png) no-repeat 0 0;
        padding:30px 0 0 20px;
        width: 156px;
        border:solid 1px red;/* 测试使用 */
    }
header .logo h1 {
            font-size:28px;
            color:white;
    }

header .logo h1 strong {
            color:#cc0;
    }
```

导航区域调整 float 属性使各个列表项的链接横向排列，调整样式如下：

```
header nav {
        position:absolute;
        right:25px;
        top:97px;
        border:solid 1px red;
        }
header nav ul li {
        float:left;
        padding-left:6px;
        }
header nav ul li a {
        float:left;
        color:#fff;
        text-decoration:none;
        width:80px;
        text-align:center;
        line-height:31px;
        font-size:14px;
        }
header nav ul li a:hover,
header nav ul li a. current {
        background:url(images/nav-bg. gif) 0 0 repeat-x;
        border-radius:5px;
        -moz-border-radius:5px;
        -webkit-border-radius:5px;
        }
```

相册区域左侧图片显示主要调整背景、圆角、阴影等样式，代码如下：

```
#photoShow {
    position:absolute;
    left:0;
    top:161px;
    padding-bottom:20px;
}
#photoShow. rap {
    background:url(images/img-wrapper-bg. jpg) no-repeat 50% 0 #d92400;
    border:1px solid #e46b00;
```

```
        width:589px;
        height:416px;
        border-radius:8px;
        -moz-border-radius:8px;
        -webkit-border-radius:8px;
        box-shadow:-2px 8px 5px rgba(0, 0, 0, .6);
        -moz-box-shadow:-2px 8px 5px rgba(0, 0, 0, .6);
        -webkit-box-shadow:-2px 8px 5px rgba(0, 0, 0, .6);
        z-index:10;
        overflow:hidden;
}
#photoShow. rap img {
            margin:9px 0 0 9px;
}
```

相册区域右侧缩略导航定位,代码如下:

```
#photoShow ul. pagination {
            position:absolute;
            left:537px;
            top:10px;
            background:url(../images/pagination-splash. gif) no-repeat 0 0 #2a2a2a;
            border:1px solid #3a3a3a;
            border-radius:8px;
            -moz-border-radius:8px;
            -webkit-border-radius:8px;
            box-shadow:-2px 8px 5px rgba(0, 0, 0, .4);
            -moz-box-shadow:-2px 8px 5px rgba(0, 0, 0, .4);
            -webkit-box-shadow:-2px 8px 5px rgba(0, 0, 0, .4);
            z-index:9;
            padding:25px 0 25px 0;
}
```

相册区域右侧缩略导航大小及背景设置,代码如下:

```
#photoShow ul. pagination li {
              width:429px;
              background:url(images/line-bot. gif) no-repeat 77px 100%;
    }
#photoShow ul. pagination li:last-child {
              background:none;
    }
```

鼠标移至相册缩略导航时的动态效果,代码如下:

```
#photoShow ul. pagination li a {
        display:block;
        padding:16px 40px 14px 77px;
        overflow:hidden;
        color:#7f7f7f;
        text-decoration:none;
        font-size:13px;
        line-height:28px;
        height:1%;
        cursor:pointer;
        -moz-transition: all 0.3s ease-out; /* FF3.7+ */
        -o-transition: all 0.3s ease-out; /* Opera 10.5 */
        -webkit-transition: all 0.3s ease-out; /* Saf3.2+, Chrome */
}
#photoShow ul. pagination li a:hover, #photoShow ul. pagination li. current a {
        background-color:#1d1d1d;
        color:#fff;
}
```

相册的导航缩略图、超链接中文字排版,代码如下:

```
#photoShow ul. pagination li a img {
        float:left;
        margin-right:28px;
        }
#photoShow ul. pagination li a span. left {
        float:left;
        width:100px;
        }
#photoShow ul. pagination li a span. right {
        float:left;
        width:80px;
        }
```

通过绝对定位使图片"Home for sale"位于合适位置,代码如下:

```
#photoShow. extra-banner {
        position:absolute;
        left:485px;
        top:307px;
```

```
        z-index:11;
        }
```

header 区域效果如图 7-3 所示。

图 7-3 header 区域效果

7.3 section 区域

section 区域的 HTML 标记如下：

```
<!-- content -->
<section id = "content" >
  <div class = "middleSet" >
  <section id = "mainContent" class = "grid_10" >
  <article >
      <h2 >开封欢迎你 </h2 >
      <p >开封,简称汴,古称东京、汴京,是河南省省辖市 ,八朝古都 ,位于黄河
中下游平原东部,地处河南省中东部,东与商丘相连,西与省会郑州毗邻,南接许昌市和周
口,北依黄河,与新乡隔河相望。[3]
          开封是中原经济区的核心城市,河南省中原城市群和沿黄"三点一线"黄金
旅游线路三大中心城市之一。 </p >
      <p >开封已有两千七百多年的历史,是首批中国历史文化名城,中国八大古
都之一,历史上的开封有着"琪树明霞五凤楼,夷门自古帝王州"、"汴京富丽天下无"的美
誉,北宋东京开封更是当时世界第一大城市。[4]
  开封是世界上唯一一座城市中轴线从未变动的都城,城摞城遗址在世界考古史和都
城史上绝无仅有。开封亦是清明上河图的原创地,有"东京梦华"之美誉,是中国优秀旅
游城市、全国双拥模范城市、全国创建文明城市工作先进城市。 </p >
      <a href = "#" class = "button" >更多 </a >
    </article >
```

```
    <article class = "last" >
        <h2 >魅力开封 </h2 >
        <p >开封有众多的文物古迹、包括国家级文物保护单位 13 处,省级 38 处,市级 26 处,县级 136 处。闻名遐迩的铁塔、相国寺、包公祠、延庆观、禹王台、繁塔等,具有较高的历史文化价值。</p >
        <ul class = "img-list clearfix" >
          <li > <a href = "#" > <img src = "images/thumb1. jpg"  alt = "" > </a > </li >
          <li > <a href = "#" > <img src = "images/thumb2. jpg"  alt = "" > </a > </li >
          <li > <a href = "#" > <img src = "images/thumb3. jpg"  alt = "" > </a > </li >
          <li > <a href = "#" > <img src = "images/thumb4. jpg"  alt = "" > </a > </li >
          <li > <a href = "#" > <img src = "images/thumb5. jpg"  alt = "" > </a > </li >
          <li > <a href = "#" > <img src = "images/thumb6. jpg"  alt = "" > </a > </li >
          <li > <a href = "#" > <img src = "images/thumb7. jpg"  alt = "" > </a > </li >
          <li > <a href = "#" > <img src = "images/thumb8. jpg"  alt = "" > </a > </li >
          <li > <a href = "#" > <img src = "images/thumb9. jpg"  alt = "" > </a > </li >
          </ul >
          <a href = "#"  class = "button" >更多 </a >
        </article >
        </section >
          <aside class = "grid_6" >
          <div class = "prefix_1" >
              <article >
              <! -- . box -- >
          <div class = "box" >
          <h2 >开封景点 </h2 >
          <dl class = "accordion" >
            <dt > <img src = "images/icon1. gif"  alt = "" > <a href = "#" >龙亭公园 </a > </dt >
              <dd >龙亭公园位于开封城内西北隅,是国家 AAAA 级旅游景区。占地面积 1300 多亩。全园包括午门、玉带桥、朝门、照壁、朝房、龙亭、北宋皇宫宸拱门遗址、碑亭、北门及东门等清朝万寿宫建筑群体,还有潘杨二湖、春园、盆景园、号称中原一绝的植物造型园及长廊水榭等园林景观。整个景区建在宋、金皇宫和明代周王府遗址上。龙亭大殿高 26.7 米,基高 13 米,坐北朝南;东西两侧各有八间朝房,与大殿组成完整的宫殿院落,其内建有中国首座大型宋代蜡像馆。午门至大殿为御道,御道两侧为杨家湖和潘家湖。</dd >
              <dt > <img src = "images/icon2. gif"  alt = "" > <a href = "#" >清明上河园 </a > </dt >
```

```
                <dd>清明上河园位于开封城西北隅,是以宋代张择端的名《清明上河图》为蓝本,集中再现原图风物景观的大型宋代民俗风情游乐园,是国家AAAAA级景区。占地面积510亩,主要建筑有城门楼、虹桥、街景、店铺、河道、码头、船坊等。园区按《清明上河图》的原始布局,集中展现宋代诸如酒楼、茶肆、当铺、汴绣、官瓷、年画等现场制作;荟集民间游艺、杂耍、盘鼓表演;神课算命、博彩、斗鸡、斗狗等京都风情,并根据宋氏历史故事表演"文包武杨"及宋代婚礼习俗等节目。</dd>
                <dt><img src="images/icon3.gif" alt=""><a href="#">铁塔公园</a></dt>
                <dd>铁塔公园位于开封市城区的东北隅,占地面积51.24公顷,是中国100家名园之一,国家AAAA级景区。铁塔位于铁塔公园的东半部,是园内重要的文物,也是主要的景点,建于公元1049年,是1961年我国首批公布的国家重点保护文物之一,素有"天下第一塔"的美称。铁塔高55.88米,八角十三层,因此地曾为开宝寺,有称"开宝寺塔",又因遍体通彻褐色琉璃砖,混似铁铸,从元代起民间称其为"铁塔"。建成九百多年来,历经战火、水患、地震等灾害,至今巍然屹立</dd>
                <dt><img src="images/icon4.gif" alt=""><a href="#">天波杨府</a></dt>
                <dd>天波杨府是北宋抗辽民族英雄杨业的府邸,位于北宋首都东京(今开封市)城内西北隅,天波门的金水河旁,故名"天波杨府"。因杨业忠心报国,杨家将世代忠良,宋太宗赵光义爱其清正刚直,不善巧言谄媚的性格,敕在天波门的金水河边建无佞府一座,赐金钱五百万盖"清风无佞天波滴水楼",并亲笔御书"天波杨府"匾额。</dd>
                <dt><img src="images/icon5.gif" alt=""><a href="#">禹王台风景区</a></dt>
                <dd>禹王台风景区坐落于开封城墙外东南部,相传春秋时期,晋国盲人乐师师旷常在此吹奏古乐,故名"吹台"。明嘉靖二年,为追念大禹治水功德,在吹台上建禹王庙一座,此后改名为禹王台。禹王庙立有高大的禹王像,东西两个配殿安放着师旷及李白、杜甫、高适三位诗人的塑像。唐天宝三年,李白、杜甫、高适曾在此聚会,饮酒赋诗,留下了脍炙人口的诗篇。每年4月"东京禹王大庙会"皆在此举行。</dd>
              </dl>
              </div>
              <!--/.box-->
               </article>
              </div>
           </aside>
        </div>
    </section>
```

section区域的左右分布可以采用绝对定位来布局,也可以通过浮动float设定,代码如下:

```
.middleSet .grid_10{
        float:left;
        width:598px;
}
.middleSet .grid_6 {
        float:right;
        width:354px;
}
```

section 区域的左侧文章布局微调整,代码如下:

```
#mainContent article {
            padding:30px 0 20px 0;
            border-bottom:1px dashed #323232;
            }
#mainContent article.last {
            padding-bottom:0;
            margin-bottom:0;
            border:none;
            }
```

section 区域的左侧图片横向排列,鼠标放上去时出现红色边框且带有圆角,样式代码如下:

```
.img-list {
      padding-bottom:9px;
      }
.img-list li {
            float:left;
            padding:0 9px 9px 0;
            width:109px;
            height:93px;
            }
      .img-list li img{
            width:100px;
            height:80px;
            }
      .img-list li a {
                float:left;
                padding:4px;
                background:#fff;
```

```
            position:relative;
            z-index:1;
            border-radius:6px;
            -moz-border-radius:6px;
            -webkit-border-radius:6px;
            -webkit-transition-duration: 0.5s;
            }
    .img-list li a:hover {
            z-index:2;
            background:#ce2300;
            -webkit-transform:scale(1.5);
            }
```

section 区域的左侧更多按钮,样式如下:

```
.button {
display:inline-block;
position:relative;
border-radius:5px;
-moz-border-radius:5px;
-webkit-border-radius:5px;
background-color:#d42400;
background: -webkit-gradient(linear, 0 0, 0 70%, from(#ed2800), to(#b21e00));
background: -moz-linear-gradient(#ed2800, #b21e00 70%);
background: linear-gradient(#ed2800, #b21e00 70%);
-pie-background: linear-gradient(#ed2800, #b21e00 70%);
behavior: url(js/PIE.htc);
padding:0 18px 0 18px;
line-height:35px;
color:#fff;
font-weight:bold;
text-decoration:none;
-webkit-transition-duration: 0.5s;
}
.button:hover {
    background:#fff;
    color:#000;
}
```

section 区域的右上侧带有圆角的块区域背景、位置做调整,样式如下:

```
.box {
    background:url(images/box-bg.gif) 0 100% repeat-x #b5c83c;
```

```
    margin-top:30px;
    padding:24px 18px 40px 20px;
    border:1px solid #c9dd47;
    border-radius:10px;
    -moz-border-radius:10px;
    -webkit-border-radius:10px;
    position:relative;
    color:#fff;
}
.box h2 {
        color:#121212;
        background:url(images/bd_bot.gif) 0 100% repeat-x;
        padding-bottom:20px;
        margin-bottom:20px;
        line-height:30px;
}
```

section 区域的右上侧 accordion 区域,采用绝对定位方式定位,dd 标记不显示,样式如下:

```
.accordion dt {
        color:#000;
        position:relative;
        padding:10px 0 5px 40px;
        }
.accordion dt img {
        position:absolute;
        left:0;
        top:10px;
        }
.accordion dd {
        display:none;
        padding:0 0 0 40px;
        }
```

section 区域的右下侧区域,主要调整位置和列表项样式,代码如下:

```
.grid_6 .last{
    margin-top:20px;
}
.grid_6 .last img{
```

```
        margin-top:20px;
}
.grid_6 .last ul{
        margin-left:30px;
}
.grid_6 .last ul li{
    float:left;
    width:150px;
    height:24px;
}
```

section 区域效果如图 7 -4 所示。

图 7 -4 section 区域效果

7.4 footer 区域

footer 区域调整字体为白色，水平居中，样式如下：

```
footer{
    background-color:Gray;
    height:60px;
    color:White;
    padding-top:40px;
    text-align:center;
    }
```

7.5 交互效果

利用 jQuery 实现折叠功能,即单击 <dt> 显示 <dd> 区域内容,效果如图 7 – 5 所示。

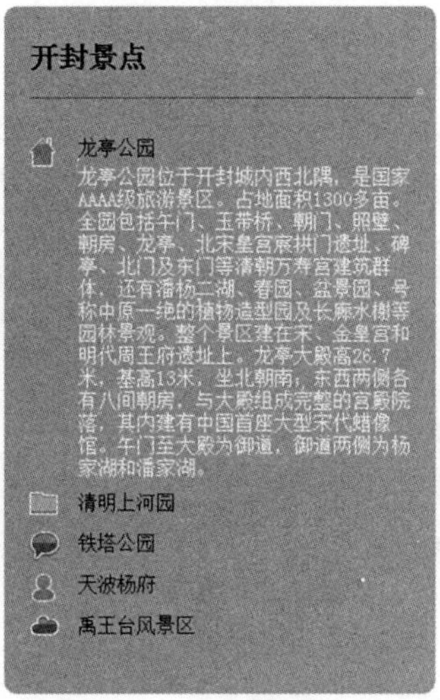

图 7 – 5 折叠效果

首先,引入 JQuery 脚本库:

```
<script type="text/javascript" src="js/jquery.min.js" ></script>
```

然后,添加如下 JS 脚本:

```
$(".accordion dt").first().next().slideDown();
$(function () {
    $(".accordion dt").toggle(function () {
        $(".accordion dd").slideUp();
        $(this).next().slideToggle();
    }, function () {
        $(this).next().slideUp();
    });
})
```

相册自动播放效果如图 7 – 6 所示,需引入 JS 脚本文件 jquery. faded. js:

```
<script type="text/javascript" src="js/jquery.faded.js"></script>
```

添加 JS 脚本:

```
$(function () {
   // faded slider
   $("#photoShow").faded({
       speed: 500,
       crossfade: true,
```

```
            autoplay: 5000,
            autorestart: 3000,
            autopagination: false
        });
    })
```

图 7-6 相册自动播放效果

至此,该页面制作完成。

本章小结

通过本案例我们熟悉了用绝对定位和相对定位相结合的布局方式,了解了通用样式的设置,进一步熟悉了常用元素的样式调整,如文章、超链接、导航,还学习了相册和折叠效果的制作。

参 考 文 献

[1] W3C:http://www. w3. org.

[2] jQuery:http://www. jquery. com.

[3] jQuery UI:http://www. jqueryui. com.

[4] W3School:http://www. w3school. com. cn.

[5] 吕冰等. Web 编程与设计教程. 郑州: 河南大学出版社,2012.

[6] 李刚. 疯狂 HTML 5/CSS 3/JavaScript 讲义. 北京:电子工业出版社,2012.

[7] 单东林,张晓菲,魏然. 锋利的 jQuery(第 2 版). 北京:人民邮电出版社,2012.

[8] 姚敦红等. jQuery 程序设计基础教程. 北京:人民邮电出版社,2013.

[9] 梁胜彬等. Java Web 应用开发与实践. 北京:清华大学出版社,2012.

[10] 王维虎,宫婷. 网页设计与开发 HTML、CSS、JavaScript. 北京:人民邮电出版社,2014.

[11] 刘德山,杨彬彬. HTML + CSS + JavaScript 网站开发实用技术. 北京:人民邮电出版社,2014.

[12] David Flanagan ,淘宝前端团队译. JavaScript 权威指南. 北京:机械工业出版社,2012.

打造学术精品　服务教育事业
河南大学出版社
读者信息反馈表

尊敬的读者：

感谢您购买、阅读和使用河南大学出版社的____________________一书，我们希望通过这张小小的反馈表来获得您更多的建议和意见，以改进我们的工作，加强我们双方的沟通和联系。我们期待着能为您和更多的读者提供更多的好书。

请您填妥下表后，寄回或发 E-mail 给我们，对您的支持我们不胜感激！

1. 您是从何种途径得知本书的：

□书店　□网上　□报刊　□图书馆　□朋友推荐

2. 您为什么决定购买本书：

□工作需要　□学习参考　□对本书感兴趣　□随便翻翻

3. 您对本书内容的评价是：

□很好　□好　□一般　□差　□很差

4. 您在阅读本书的过程中有没有发现明显的专业及编校错误？如果有，它们是：

____

____

____

5. 您对哪一类的图书信息比较感兴趣：______________________

____

6. 如果方便，请提供您的个人信息，以便于我们和您联系（您的个人资料我们将严格保密）：

您供职的单位：______________________________

您教授的课程（老师填写）：______________________

您的通信地址：______________________________

您的电子邮箱：______________________________

请联系我们：
电话：0371－86059750　0371－86059701
传真：0371－86059750
E-mail：zyjyfs2308@163.com
通信地址：河南省郑州市郑东新区 CBD 商务外环路商务西七街中华大厦 2408 室
河南大学出版社职业教育出版分社